梭梭自然更新与维持生态学

刘国军　张希明　吕朝燕
许　浩　梁少民　吕金岭　著

科学出版社

北京

内 容 简 介

　　本书聚焦温带荒漠区植被可持续的核心问题——自然更新与维持,以地带性建群种植物梭梭为主要研究对象,对课题组成员在自然条件下长达十余年的野外研究工作进行总结。内容涉及梭梭的分布区概况及研究进展、种群生态学基础、自然更新与种子特性和种子萌发、幼苗建成、成年植株的逆境适应机制、植被管理技术等方面。研究成果将为区域植被恢复重建和管理提供理论依据,为政府和相关部门提供技术支撑和科学依据。

　　本书可供生态保护、荒漠化防治等领域的科研人员和相关专业的研究生,以及关注干旱区生态建设与植被修复的各级生产和管理人员参考。

图书在版编目(CIP)数据

梭梭自然更新与维持生态学/刘国军等著. —北京:科学出版社,2019.10
ISBN 978-7-03-060205-3

Ⅰ.①梭…　Ⅱ.①刘…　Ⅲ.①梭梭树-植物生态学-研究
Ⅳ.①S792.990.2

中国版本图书馆 CIP 数据核字(2018)第 287222 号

责任编辑:任加林 / 责任校对:王万红
责任印制:吕春珉 / 封面设计:东方人华平面设计部

科 学 出 版 社 出版
北京东黄城根北街 16 号
邮政编码:100717
http://www.sciencep.com

北京虎彩文化传播有限公司 印刷
科学出版社发行　　各地新华书店经销
*
2019 年 10 月第 一 版　　开本:B5(720×1000)
2019 年 10 月第一次印刷　　印张:18 1/4
字数:349 000

定价:142.00 元

前　　言

梭梭是中亚荒漠区分布最广的荒漠植被类型，在我国西北干旱区温带荒漠具有广泛分布。新疆梭梭分布面积占我国梭梭总面积的73.35%，而准噶尔盆地又是新疆梭梭集中分布区（约占我国梭梭总面积的68.2%）。梭梭植被是农耕绿洲的天然屏障，具有不可估量的生态、经济和社会效益。20世纪50年代，准噶尔盆地梭梭面积为700万hm^2。由于滥垦、乱樵、过牧，到20世纪80年代其面积下降为237万hm^2，其中覆盖度大于10%的面积只有98万hm^2。梭梭林资源衰竭锐减的速度十分惊人，导致原本以固定、半固定沙丘为主的古尔班通古特沙漠沙丘活化。近些年来，各地采用各种方法恢复梭梭植被，但成效不一；也有一些部门采用模仿自然更新的方式进行梭梭植被的重建，但因缺乏系统的实验研究，没有掌握梭梭自然更新的生态规律，成效具有不确定性。因此，开展梭梭自然更新研究，掌握自然更新的生态规律，将为梭梭恢复重建技术的制定奠定科学基础，在理论和实践上都具有非常重要的意义。

根据林学的概念，更新是指在林冠下或迹地上形成新一代森林的过程。可以想象，没有自然更新过程的森林将无法自然延续，该森林的功能也将无法持续。由此可见，自然更新是天然林生活史得以延续的本质。具有自然更新能力是巩固发展现有植被、保持植被生态功能可持续的重要前提。只有掌握了自然更新规律，才能获得对天然植被实施恢复、保护和管理的"自由"。

自然更新既是植被延续的基础，又是植被延续的过程。对森林种群更新而言，它的成功与否与更新过程中种子的生产、种子的散布、土壤种子库状况、种子萌发与幼苗建成、成苗过程与维持条件等一系列环节密切相关。系统研究天然林种群自然更新的主要过程，掌握过程中的主要生态规律，可以对特定区域是否具备自然更新条件及其自然更新成功的可能性做出准确的判断。对于不具备自然更新条件的区域，则可以对所需要的人工干预措施和强度做出客观的预测（主要指资金与资源量的投入等）。此外，还可为天然林恢复与可持续管理方法的制定提供科学依据。

长期以来，中国在采用生物措施进行荒漠化治理方面进行了积极的努力和探索，获得了不少具有重要影响的成功范例。但是，从整体上看，西部荒漠化整体态势依然是"局部治理，整体恶化"。这说明长期以来我们所采取的措施难以适应荒漠化广域发生的实际和广域治理这一紧迫的国家生态恢复与保护需求。过去许多所谓的"大面积治理"成功业绩与荒漠化发生的广域性相比，仍然是有限的局部。而局部成功与整体改善之间存在着巨大的差距。如果我们的技术和措施缺乏自然性，那么这种在局部范围所获得的经验就无法在广域范围的推广和应用中获得成功。

过去在局部范围获得的成功经验与方法不能在今天西部生态环境建设的实际推广应用中获得成功的原因是，过去局部范围的成功是建立在对高资金投入和高限制性资源投入的高度依赖的基础之上的。显然，这种高投入的特征难以与我国的经济实力和区域限制性资源短缺的实际相吻合。因此，西部生态恢复与建设期待着适合于在广域范围使用的植被恢复重建的新思路和新方法早日诞生。而这种方法的主体思路是必须走"近自然"道路（Zhang et al.，2001；Michael and Zhang，2004；张希明和 Michael，2006），实行自然恢复和自我维持，这是荒漠生态保护、恢复与可持续发展的基础与根本。依据"近自然"思路，在掌握自然更新规律的基础上，寻求解决的途径，是扭转"局部治理，整体恶化"被动局面的希望和途径。

本书就是一本基于上述思路、着眼荒漠区植被恢复和可持续管理的学术专著。本书是对课题组成员在国家自然科学基金项目、中国科学院方向性项目、中国科学院 A 类先导专项及与林业基层单位合作项目等的支持下，聚焦温带荒漠区植被可持续的核心问题——自然更新与维持，以地带性植被主要建群种——梭梭为主要研究对象，在大漠自然条件下进行的长达十余年的野外研究工作的总结。

全书共分 7 篇、20 章。第 1 篇为温带荒漠梭梭分布区概况及研究进展，重点介绍梭梭分布区的地形、地貌、土壤、气候、水文、植被等概况及梭梭的研究进展；第 2 篇为梭梭自然更新早期阶段的种群生态学基础，主要从种群生态学层面对梭梭的种子生产、种子雨、土壤种子库进行量化分析；第 3 篇为梭梭自然更新与种子特性和种子萌发，从种子质量、活力维持、种子萌发特性及胁迫条件对梭梭种子萌发的影响开展工作；第 4 篇为梭梭自然更新的幼苗建成，作为梭梭自然更新的核心阶段，探讨了幼苗建成的主要影响因子、水分支撑条件、关键影响因子及关键影响阶段等，并对幼苗定居的早期标志问题提出了有利于实践中应用的建议；第 5 篇为梭梭的逆境适应机制，重点从生理生态层面对梭梭的气体交换、水势、PV 参数及根系适应等方面开展研究；第 6 篇为梭梭植被管理技术，重点对种群结构判断、根系调控、水源判定及植被的需水耗水等管理问题加以指导；第 7 篇为梭梭自然更新与植被持续管理中几个基本问题的探讨，作为全书的最后一篇，在前几篇分述梭梭自然更新过程中各个环节具体研究结果的基础上，再次对梭梭的自然更新过程的基本数量关系、自然更新过程的水分问题、梭梭种子的低温萌发问题、植物水分来源与植被可持续管理问题进行再讨论、再认识。

全书撰写分工如下：第 1 篇由张希明和刘国军撰写；第 2 篇和第 3 篇由吕朝

燕和张希明撰写；第 4 篇由刘国军和张希明撰写；第 5 篇由梁少民、许浩和刘国军撰写；第 6 篇由刘国军、吕金岭和许浩撰写；第 7 篇由张希明撰写。同时，感谢作者课题组的魏疆博士、阎海龙博士、单立山博士、谢婷婷博士、吴琦硕士、张世军硕士提供的资料，是大家的共同努力才能够完成这本著作。感谢中国科学院新疆生态与地理研究所李生宇研究员的支持与帮助。

本书得到了国家自然科学基金项目（项目编号：31000195、30870472）、国家重点研发计划政府间国际科技创新合作重点专项"中蒙草场荒漠化防治技术合作研究与示范"（项目编号：2017YFE0109200）、中国科学院 A 类先导专项"泛第三极环境变化与绿色丝绸之路建设"专题"公路风沙灾害防控技术和输油管线土壤风蚀防控技术研发"（项目编号：XDA2003020201）和中国科学院战略性先导科技专项（A 类）"美丽中国生态文明建设科技工程"（项目编号：XDA23060203）的共同资助。

本书的野外研究工作得到了中国科学院新疆生态与地理研究所莫索湾沙漠研究站、新疆奇台县林业局、新疆甘家湖梭梭林国家级自然保护区、新疆阜康荒漠生态系统国家野外科学观测研究站、中国科学院塔克拉玛干沙漠研究站和新疆策勒荒漠草地生态系统国家野外科学观测研究站的大力支持与帮助，在此对以上单位的帮助表示衷心的感谢。感谢 16 号、22 号和 72 号井房工作的朋友们，给予作者课题组的热情帮助和关心。我们将永远铭记你们对野外生态研究的支持。

作　者

2018 年 10 月

目　　录

第1篇　温带荒漠梭梭分布区概况及研究进展

第 5 篇 梭梭的逆境适应机制

第1篇　温带荒漠梭梭分布区概况及研究进展

梭梭隶属藜科，是国家二级保护植物，也是温带荒漠中生物生产力较高的植被类型之一。它耐旱、耐寒、抗盐碱，既能防风固沙、遏制土地沙化、改良土壤，又能使周边沙化草原得到保护，在维护温带荒漠区生态平衡方面具有难以替代的作用。梭梭材质坚硬，易燃且产热量高，火力为木材之首，稍逊于煤，堪称"荒漠活煤"。梭梭植被也具有重要的碳汇功能。在 20 世纪 50~90 年代相当长的一段时期内，梭梭植被因大规模的土地开发遭受到毁灭性的破坏。梭梭曾作为温带荒漠区优良薪炭材被高强度利用，梭梭植被也因此遭受大范围破坏。现在，随着全民生态意识的增强，梭梭植被正在得到保护与恢复。

梭梭荒漠是在亚、非荒漠区大面积分布的半乔木荒漠。在我国，梭梭荒漠总面积约 11.7 万 km^2，占我国沙漠、戈壁总面积（130 万 km^2）的 9%。其中 68.2%，即约 8 万 km^2 分布在新疆准噶尔盆地。

本篇重点介绍梭梭分布区概况及研究进展。梭梭荒漠在亚、非荒漠区内有大面积分布，形成水平地带性的独特景观。它在我国西北地区，约占整个荒漠（不包括山地）面积的 1/10，达 11 万 km^2（胡式之，1963）。为了撰写的方便，对梭梭分布区概况以我国梭梭荒漠植被分布最集中的区域新疆准噶尔盆地为代表进行介绍。

第1章 自然地理条件

1.1 梭梭的种类

梭梭隶属于藜科（Chenopodiaceae）梭梭属（*Haloxylon*），分布于欧、亚、非区域。关于该属植物种的数量问题，学者们持有不同的观点，有 4 种、5 种、8～10 种和 8～12 种不等。根据已知的种类记载，有以下 11 种，分别为关节梭梭 *H. articulatatum*、盐角梭梭 *H. salicornicum*、下弯梭梭 *H. recurvum*、吉伏特梭梭 *H. griffithii*、多花梭梭 *H. multiflorum*、白梭梭 *H. persicum*、黑梭梭 *H. aphyllum*、梭梭 *H. ammodendron*、施氏梭梭 *H. schweinfurthii*、施米特梭梭 *H. schimittianum* 和扫帚梭梭 *H. scoparium*（胡式之，1963）。

1.2 梭梭的地理分布

1.2.1 国内分布

梭梭属植物是荒漠区特有植物种，它横跨欧亚大陆，广泛分布于亚、非荒漠区，大致在北纬 21°30′～48°，东经 5°～111°30′。

梭梭为藜科梭梭属中比较古老的种，第三纪已经发生，属戈壁-吐兰种（内蒙古森林编委会，1989）。

梭梭分布于我国北纬 35°50′～48°、东经 60°～111°的干旱沙漠地带，自然形成林分或疏林。梭梭在新疆的准噶尔盆地古尔班通古特沙漠广为分布，特别是在乌苏一带集中成片，哈密盆地东部嘎顺戈壁、诺敏戈壁分布有疏林，霍城沙漠分布有少量散生林；南疆塔克拉玛干大沙漠北部库尔勒至阿克苏、尉犁一线、塔克拉玛干以东库姆塔格沙漠南侧，尚有零星散生林。根据地理、土壤、生态因子的影响程度和差异，将准噶尔盆地梭梭林划分为 4 个分布区（新疆森林编委会，1989），即古尔班通古特沙漠梭梭林区、乌苏沙漠梭梭林区、木垒沙漠梭梭林区和嘎顺荒漠梭梭林区；内蒙古额济纳旗除巴旦吉林沙漠北部拐子湖附近分布着带状、片状林分外，多散生树，阿拉善沙漠吉兰泰、苏红图、哈尔敖日布格、树贵湖、扎克图成带状分布有梭梭林，狼山北博克蒂沙漠、海里沙漠和中蒙边界也分布着一条断续的梭梭带。其分布区隶属于阿拉善盟、巴彦淖尔市和鄂尔多斯市，其中阿拉善盟的梭梭林分布最广，分布于东西戈壁、古阳湖（古日乃）、拐子湖、树贵、吉兰泰、敖龙布鲁格和庆格勒乡，有七大梭梭林区之称，其次为巴彦淖尔市，主要分布于乌拉特后旗，而鄂尔多斯市分布面积最小，在库布齐沙漠西部的杭锦旗巴音乌素乡有分布（内蒙古森林编委会，1989）；青海柴达木盆地东部铁圭沙漠、诺木洪山麓、塔尔丁和茫崖以西山间盆地的天然疏林呈连续或间断性分布（青海森林编委会，1989），如卜浪河以西、艾姆尼克以东的盐壳沙质戈壁带上分布着集中连片的原始林，而在沿青藏公路两侧，从都兰夏日哈至大格勒一线的沙砾质及盐渍化荒漠梭梭林呈间断性分布；甘肃河西走廊安西、敦煌、金塔、永昌、民勤、阿克塞等地分布的天然梭梭疏林，由于历史上遭受乱垦、滥牧等，如今所剩无几，只在人迹罕至的地方尚有极少量残存。现在民勤、金塔、临泽、高台、张掖、武威等地有少量人工栽培（甘肃森林编委会，1989）。

梭梭的垂直分布梯度较大，除在新疆准噶尔盆地、东天山山间盆地分布于海拔 150~500m 外，一般分布于海拔 800~1500m，而在青海柴达木盆地海拔 2800~3100m 的地带尚有分布。梭梭生态幅较宽，其分布西界为新疆霍城，东界到内蒙古杭锦旗，北到新疆莫索湾，南达青海都兰夏日哈至大格勒一线。据报道，截至 2000 年我国梭梭林约 652.6 万 hm²，其中新疆、内蒙古、青海、甘肃分别占 56%、39.8%、2.7%、1.5%（张景波，2010）。

1.2.2　世界分布

梭梭在亚非大陆上连续分布于阿富汗、伊朗东部、印度西北部、中亚和哈萨克斯坦南部、准噶尔盆地、塔里木盆地北部、嘎顺戈壁、中戈壁、柴达木盆地、阿拉善盟、蒙古的外阿勒泰戈壁和阿拉善戈壁，间断分布到叙利亚荒漠、阿拉伯荒漠、阿尔及利亚北部、西班牙南部。这一分布区的北界超出亚洲荒漠区，呈舌状伸入草原区，大体上不越过北纬 48°，唯在哈萨克斯坦斋桑盆地达北纬 48°10′。它的东限达蒙古的沙龙基尔（东经 111°30′）和我国阴山北二连以西（东经 111°30′）。至于它的南界和西界，因缺乏研究，尚未确定，只知它最南达伊朗米克郎山（约北纬 25°），最西达西班牙东南部约东经 5°（胡式之，1963）。

1.3　梭梭分布区地质与地貌

准噶尔盆地和中亚一带内陆盆地一样，由大陆内部特有的块断运动形成。因为环绕盆地的山系是古生代褶皱带，久已上升褶皱成陆地后又剥蚀夷平，在中生代和第三纪，这些山系重新剧烈上升，山前地带则急剧下陷。盆地南缘下第三系（始新世到渐新世）为红砂岩，向上变为灰绿色泥页岩堆积，厚约 1600m；盆地北部下第三系厚度减为 425m，以石英砂岩为主，夹砾岩透镜体。显然，南部是山前强烈下陷带的洪积和山麓堆积相，北部一般为河流相。盆地基底为前震旦纪结晶变质岩。根据新疆石油局资料，沙漠可能形成于中更新世至下更新世。由北向南沙粒由粗变细，反映风沙由北向南迁移的规律。沙粒分选性较塔克拉玛干沙漠为差，沙粒相对较粗。

由于沙漠中有一定降水，所以沙漠内部植物生长良好，绝大部分为固定半固定沙丘，其面积占整个沙漠面积的 97%，是我国面积最大的固定半固定沙漠。

古尔班通古特沙漠位于盆地中部平原，整个地势越向中部越低，沙漠以北为剥蚀高原。沙漠主要由两大地貌类型组成：以沙垄为主的沙丘体较高大地貌和以薄层沙砾质平原为主的、散布低矮短垄与新月形沙丘链地貌。前者分布在沙漠中、南部（乌尔禾、三个泉子以南），这一带的中段集中分布各种沙垄（线状、树枝状、梁窝状、平行状和复合型沙垄），大致为南北走向，高度 15~70m，长达 10km 左右，垄体宽 20~1000m，垄间距 150~1500m，沙垄西坡缓（10°~15°），东坡陡（20°~33°）。西段湖泊分布区与玛纳斯河流域沙漠地貌种类较多：其北乌尔禾地区以"风城"形态出现的风蚀地貌为主。中间为较矮短的格状和复合型沙垄，走向由西北向东南弧转，这与沙漠南缘莫索湾一奇台地区沙垄走向一致。南部绿洲间分布着流动的新月形沙丘和沙丘链；后者分布在沙漠北部和东北部（乌尔禾—三个泉子—大井一线以北），因沙源不丰富，地面有砾石覆盖，抑制风扬，难以形成高大沙丘。各种类型沙垄占沙漠地貌的 80% 以上。南部沙垄的形成除与沙源丰富有关外，主要受气流系统影响，在由奇台、大井一带进入的东风与精河一带形成的西风合力作用下，沙垄近于南北走向。而由西向东的沙垄是在沙漠主风向西北风与西南风合力作用下形成的。沙源主要包括：北部哈巴河、布尔津一带山麓风蚀碎屑及额尔齐斯河与乌伦古河河流冲、淤积细粒经北风吹积于此，西部乌尔禾、克拉玛依一带剥蚀物经西风吹积于此，南部厚层构造沉积经洪水、河流及风力搬运于此（张广军，1996）。

1.4　梭梭分布区土壤

梭梭对土壤条件的适应范围较广，在新疆广泛分布于石漠、砾漠、沙漠、土漠、盐漠，且均能开花结实繁衍后代；在内蒙古适生于地下水位 1~2m 的区域和基质较松散的或石膏性灰棕色、棕色荒漠土。从壤土到沙土以至砾质戈壁梭梭均能生长，但以在沙地上生长最好；青海分布区的土壤为灰棕色荒漠土，含有大量砾石、石膏及易溶性盐类，多呈强碱性反应，pH 为 8～9.5，含盐量为 0.32%～1.0%，地下水位在 7m 以上。梭梭能在风积沙丘、沙地、干涸河流沿岸、洪积-冲积扇，以及降水量几十毫米、蒸发量达 3000mm 的沙和沙砾戈壁上生长。梭梭适生于透气良好的沙地和沙砾质戈壁滩，在透气不良的低地或浸水地段最易死亡；甘肃分布区的土壤主要为灰棕色荒漠风沙土和半固定风沙土、沙砾质风沙土、盐渍化风沙土，天然林多出现在沙漠边缘或河流沿岸及湖盆周围，其显著特点是土壤中除含有丰富的碳酸盐外，易溶性盐分的积累很高（0.33%～0.42%），土壤多由风积沙中含盐或残余盐渍化形成。其盐渍化半固定风沙土有机质含量为 0.002%～0.138%，pH 为 7.1～8.4，可溶盐含量为 0.33%～0.42%。梭梭因立地不同，生长差异显著（崔望诚，1989）。例如，在新疆准噶尔盆地人工林中，弃耕地上梭梭生长初期，冠幅增长比树高快，3 年后树高生长快于冠幅生长，单株鲜重 1897g，干重 473g；活化沙地上梭梭则生长稳定，树高生长与冠幅生长同速进行，梭梭单株鲜重 400g，干重 95g；而在龟裂地上梭梭植株生长矮小，生长随林龄增加而减慢；在青海诺木洪东的砾质戈壁地带的梭梭林，平均树高 1.5～3m，而在艾姆尼克山南麓沙砾带上的梭梭林，平均树高 1.3m；在内蒙古的固定沙丘中，下部生长较黄土梁峁好，覆沙厚度大于 2m 的沙丘迎风坡梭梭生长较好，5～6 年生梭梭地上部分生物量干重达 770.7kg/hm²，分别比丘间低地和沙丘顶部高约 80% 和 70%；在含水率持续 20%～30% 的黏土上，梭梭林生长不良，而在沙层厚度大于 2m 的风成沙丘上，当 0.4～2m 沙层含水率为 2%～3.5% 时，生长较好，当含水率小于 1% 时，梭梭林严重衰亡（杨文斌和任建民，1994）。虽然沙丘是梭梭的适生地，但其高度对生长的影响是明显的，3m 高沙丘中部的 3 年生林木树高、地径及冠幅分别为 1.6m、2.5cm 和 1.86m×1.37m，而 4m 高沙丘中部的同龄木分别为 1.0m、1.6cm 和 0.87m×1.00m，而在青海铁圭的半固定沙地呈过熟梭梭林，沙丘相对高度约 10m，密度约为 750 株/hm²，平均树高仅为 1.2m。这说明 3m 以下沙丘是梭梭较为适宜的立地类型（张景波，2010）。

1.5　梭梭分布区气候

梭梭的集中分布区位于中纬度准噶尔盆地温带荒漠区，有别于其南面的塔克拉玛干沙漠暖温带荒漠区。由于其位于地球上最大的大陆欧亚大陆最内部的准噶尔盆地中心，四周有高山环绕，东面到太平洋、西面到大西洋、北面到北极海的距离都在 3000km 以上，海洋湿气难以到达，形成了非常干旱的气候，接近于极旱沙漠；不同于相近纬度的哈萨克斯坦沙漠、腾格里沙漠、乌兰布和沙漠，它比所列举的这几片沙漠都要干旱。总体来看，准噶尔盆地气候有以下特点（陈昌笃和张立运，1983）。

1. 冬季漫长而寒冷，但夏季热量足够植物生长

早期沙漠内部没有气象台站，仅南北边缘距沙漠不远处有少数台站，它们的记录在一定程度上可代表沙漠中的情况。根据这些台站的记录（1961～1970 年），月均温低于 0℃的达 5 个月（11～3 月）左右，最冷月 1 月在-20℃上下，无霜期135～150d，生长季很短。但夏季 6 月、7 月和 8 月的月均温都在 21℃以上，最热月 7 月的月均温达 23～27℃。高于 10℃的积温 3000～3500℃，全年日照时数2700～3100h，是全国日照时数较高的地区之一。虽然生长季短，但是生长期间的热量可满足植物生长的需要。

2. 干旱缺水，但降水季节分配均匀，冬春降水为春季短命、类短命植物提供了生存条件

沙漠的年降水量为 100～150mm，季节分配均匀，各月都有一定数量的降水。冬春有积雪，稳定积雪日数一般为 100～160d，最大积雪深度多在 20cm 以上。冬春干旱相对不明显，这是古尔班通古特沙漠不同于我国其他沙漠的主要特点。各地年平均相对湿度为 50%～60%，6～8 月一般在 45%以下，最小时为 0。年蒸发量在 2000mm 以上（顶山 2421mm，克拉玛依 3646.2mm，奇台 2164.5mm），蒸发量一般大于降水量的 23～31 倍。尽管冬春有一定降水，但年降水总量少，干旱仍旧是环境的主要特征，特别是在植物生长季节，雨水不足是限制植物生长的主要因素。

古尔班通古特是巨大的沙质荒漠，沙漠中没有地表径流，不形成水文网，地下水位又很深，沙漠边缘地下水深度为 6～16m，在广大沙漠内部大于 16m。地下水不仅深，而且矿化度很高。沙漠内部生长的植物一般不可能利用地下水，只能依靠湿沙层、少量的大气降水或沙层凝结水（赵运昌，1962）。因此，该沙漠的植物，除了短命和类短命植物（它们利用冬春降水迅速完成生活史，逃避干旱）及少数长营养期 1 年生植物外，大多数为旱生和超旱生植物。

3. 基质松散，养分贫瘠、易风蚀和温度变化剧烈

古尔班通古特沙漠由第四纪冰期的冰水沉积物形成，沙粒以石英矿物为主，粒级为中细粒沙。一般形成高度不大（30m 以下为主，北部少数超过 50m）的纵向沙垄（西部以线状为主，东部多为树枝状），也有沙垄-蜂窝状沙地。新月形流动沙丘仅见于边缘少数地区。这里的土壤大部分为半固定风沙土，少数为流沙，无结构，水分、养分都缺乏。植物不仅要能适应这种贫瘠的基质，还

必须要能适应风蚀。特别是春季及初夏（4～6月），近地层空气剧烈增温，空气层不稳定，气流活动较强，起沙风（大于6m/s）多，极易引起吹蚀，使植物根部暴露；又往往形成沙暴，打击和覆盖植物。此外，沙面温度变化剧烈，日、年差都较大。地面极端最高气温为67～76℃（梧桐窝子1974年7月12日记录到76.4℃），地面极端最低气温为-45～-42℃（莫索湾1969年1月29日记录到-46.6℃）。1966年综合考察队曾测得沙面最高温度达83℃，由此可见寒暑剧变的情况。植物必须忍耐温度的这种昼夜和全年剧烈变动。总之，生态条件是严酷的，但是，由于年降水量超过100mm，比塔克拉玛干、库姆塔格、巴丹吉林等荒漠多，而且全年分布均匀，冬春有一定降水，沙地水分条件较好，植物生长条件相对上述各荒漠优越，因此这里有比较茂密的植被，沙丘一般处于半固定和固定状态。

据前人资料，古尔班通古特沙漠的固定、半固定沙丘占沙漠面积的97%（中国科学院兰州冰川冻土沙漠研究所沙漠研究室，1974），为我国最大的一块以半固定为主的沙漠。

1.6　梭梭分布区水文

准噶尔盆地地表水由发源于天山北麓的南缘水系和发源于阿尔泰山南麓的北缘水系组成。南缘水系的特点是河、湖密度较大，河流流程短（除玛纳斯河穿过古尔班通古特沙漠西南角、头屯河进入沙漠南缘外，其余河流未进入沙漠即消失），河流流向为盆地中心（精河为东西向）。北缘水系的特点是西北部河流密度较大，流程短，东南部只有额尔齐斯河和乌伦古河流程长，为南东北西流向，北缘水系没有进入古尔班通古特沙漠。玛纳斯河以东的沙漠主体（占整个沙漠98%以上）没有地表径流。南部沙漠（东边大井到西边小拐一线以南）地下潜水埋藏较浅，常在10m以内，矿化度为1～3g/L，第四系自流水埋深在500m以内，为弱矿化水；北部沙漠（东边滴水泉到西边克拉玛依一线以北）自流水为第三系中生界高矿化水，埋深在500～1000m；中间地带为第三系弱矿化自流水，埋深在500m左右。古尔班通古特沙漠属于自流盆地矿化的含甲烷热矿水区（张广军，1996）。

1.6.1　地表水

地表水资源组成主要为山区的河、泉，多发源于阿尔泰山及天山山脉。大量西来水汽被两山脉的高大山体拦截，经山坡的抬升凝结作用，在山区形成比平原更大的降水量。宽广的山区汇集大量山区降水形成众多河流，为山前盆地提供水源。河川径流来源为大气降水，其补给成分一般包括冰川融水、季节性融雪、暴雨洪水及地下水。冰川主要分布在天山中部和西部山区。天山东部和阿尔泰山区冰川面积较小。冰川为山区河流的源头，处在高海拔、低气温的高山区，在夏季高温时节融冰成水补给河流；冰川以下环布山腰的森林草原带处于山区降水量高值带，此地带土质疏松，土层较厚，植被良好，因此是河流流域的主要蓄水带，也是冬春季河流枯水期水量的主要补给源；森林草原及其以下低山地区是季节性融雪和暴雨洪水频发地带，也是河流水源的重要补给来源。冬季气温最低时节，融冰融雪及降水停止，此时河流水源仅靠地下水补给。两大山系河流径流各补给成分占总水量的比例见表 1.1。

表 1.1　两大山系河流径流各补给成分占总水量的比例　（单位：%）

山系	冰川融水补给量	地下水补给量	季节性融雪水和降水补给量
天山山区	24	39	37
阿尔泰山区	3	25	72

　　结合表 1.1 进行分析，阿尔泰山区（包括准噶尔西部山区）河流是以季节性融雪水和降水补给为主的河流，其补给量占年径流量的 72%。由于冬春积雪在春季融化并且春季降水占比大，春季（3～5 月）水量相对较丰，最大流量常出现 5 月或 6 月。该区是新疆最早发生洪水的地区。该区河流一般在每年 8 月就已进入枯水退水期，因为当年降水形成的径流占比大，径流缺少冰川或地下水库的多年调节，所以该地区径流年际变化比天山山区河流大，特别是乌伦古河的年径流变差系数高达 0.52，在新疆各主要河流中位居首位。天山山区河流的冰川融水补给量比阿尔泰山区河流大得多，接近 25%，而地下水补给量与季节性融雪水和降水补给量相当，分别为 39% 和 37%，属混合补给型河流。其主要水文特征是春季有小春洪出现（冬季积雪融化而成），但水量占年径流的比例并不大，在 15% 以下。全年水量主要集中于 5～8 月，占 60%～80%，洪水一般由冰雪融化洪水叠加暴雨洪水而成。由于高山区冰雪融水与中低山季节性降水补给之间有一定的相互补偿作用，即在冷空气频繁入侵的冷湿多降水年份，高山冰雪融水少而中低山降水径流多；反之在干暖年份，高山冰雪融水多而中低山降水径流少，所以各河年径流的年际变化比较平稳。一般情况下，各河流的年径流变差系数多为 0.1～0.2。

　　另外，有少数以地下水补给为主的河流，如天山北坡东段的木垒河，其上游无现代冰川补给，径流大小受季节性融雪洪水和雨洪控制，春季水量高于秋季，年径流的比例接近 30%，最大月径流量占年径流量的 20%，出现在 5 月，年径流变差系数高达 0.44。现以出山口位置统计河流条数，对研究区进行流域及行政分区，以此计算各分区地表水资源量，分区统计见表 1.2（丁学伟，2014）。

表 1.2 研究区地表水资源分区统计

流域分区	行政区（地、州）	河流条数	山泉沟条数	地表水资源量/亿 m³	行政区（县、市）	地表水资源量/亿 m³	备注
准噶尔内陆区	塔城地区（部分）（含奎屯、石河子及克拉玛依市）	102	91	31.850	克拉玛依、奎屯、石河子三市	0.090	河流及山泉沟条数按整个塔城地区统计
					和布克塞尔	3.880	
					乌苏	19.400	
					沙湾	8.480	
	博尔塔拉蒙古自治州	46	45	23.530	温泉	9.280	
					博乐	5.730	
					精河	8.520	
	乌鲁木齐市（含乌鲁木齐县）	36	6	9.730	乌鲁木齐	9.730	
	昌吉回族自治州	47	17	29.660	玛纳斯	7.371	
					呼图壁	4.018	
					昌吉	5.265	
					米泉	0.359	
					阜康	2.448	
					吉木萨尔	3.270	
					奇台	5.067	
					木垒	1.862	

研究区内陆河流径流特点如下。

（1）径流形成于山区在雪线以上的高山区，固态降水转化为冰川和永久积雪，暖季其融水补给河川径流；在雪线以下的山区，各种形态的降水以季节性积雪融水、降水及地下水等形式补给河流，河流水量在山区沿程增加。

（2）径流散失于平原、盆地。

河流出山口后进入平原，在平原、盆地，因降水少、蒸发强，基本不产流，加之农业灌溉引水、河道渗漏、蒸发等损失，河流水量随流程增加而减少，研究区内多数中小河流最终消失于灌区或荒漠，仅有少数较大河流在盆地低洼处积水，形成尾闾湖。例如，艾比湖位于研究区西南隅的精河县境内，是博尔塔拉蒙古自治州境内的精河和博尔塔拉河形成的尾闾湖。两河年径流量均在 1 亿~5 亿 m³，属中小河流（丁学伟，2014）。

1.6.2 地下水

研究区内的地表水与地下水转换关系密切，地下水资源是与大气降水和地表水体有直接联系的浅层地下水，主要分布于平原区。其补给来源包括天然补给量（降水入渗、山前侧渗和河床潜流量及山前暴雨洪流入渗量）和转化补给量（河流和渠系入渗、田间和平原水库入渗量），井灌回归量不计在内。而平原区地下水主要指第四系含水层中，矿化度低于 2g/L 可利用的有补给保证的地下水资源。其分布特点如下：由山前至盆地中心，山前冲洪积扇地下水补给区的地下水埋藏较深，含水层颗粒粗大，不宜成井，而且远离居民区，输水困难；冲洪积平原地下水径流区的地下水最丰富，且便于开采利用；冲积平原地下水排泄区的地下水埋藏浅，潜水蒸发大，水质矿化度高，含水层薄，透水性差，致使单井出水量小，造成打井经济效益差。综上所述，开发利用地下水资源的理想地点是在地下水径流区，准噶尔盆地水资源总量为地表水资源量加地下水资源量再减去二者重复量。各行政分区地表水资源量、地下水资源量、地表水与地下水重复量、水资源总量统计结果见表 1.3（丁学伟，2014）。

表 1.3　准噶尔盆地水资源分区统计　　　　　（单位：亿 m^3）

行政区（地、州）	行政区（县、市）	地表水资源量	地下水资源量	地表水与地下水重复量	水资源总量
塔城地区	和布克塞尔	3.88	1.57	0.34	5.11
	乌苏	19.50	6.86	4.99	21.37
	沙湾	8.48	5.46	4.62	9.32
博尔塔拉蒙古自治州	博乐	5.73	3.90	2.24	7.39
	精河	8.52	3.14	2.14	9.52
	温泉	9.28	3.45	1.91	10.82
乌鲁木齐市（含乌鲁木齐县）	乌鲁木齐市（县）	9.77	5.56	4.48	10.85
昌吉回族自治州	玛纳斯	7.37	3.69	3.05	8.01
	呼图壁	4.02	2.26	1.63	4.65
	昌吉	5.27	2.14	1.36	6.05
	米泉	0.36	1.27	0.72	0.91
	阜康	2.45	1.76	0.92	3.29
	吉木萨尔	3.26	1.49	0.65	4.10

续表

行政区（地、州）	行政区（县、市）	地表水资源量	地下水资源量	地表水与地下水重复量	水资源总量
昌吉回族自治州	奇台	5.07	3.27	2.17	6.17
	木垒	1.86	1.34	0.26	2.94
区辖市（克拉玛依、奎屯、石河子）	克拉玛依、奎屯、石河子三市	0.09	10.33	7.46	2.96
总计		94.91	57.49	38.94	113.46

从表 1.3 可以看出，研究区地表水资源量为 94.91 亿 m³，地下水资源量为 57.49 亿 m³，水资源总量为 113.46 亿 m³，地表水与地下水的重复量达 38.94 亿 m³。也就是说，在研究区 57.49 亿 m³ 的地下水总补给量中，有 67.7%的成分为转化补给量，由地表径流入渗补给地表水；而转化补给量占地表径流的 41.0%，说明准噶尔盆地由于地形控制，河流出山口后从洪积扇到倾斜平原再到冲积平原之间存在较长距离，便于地表水与地下水之间相互转化，地表径流通过各种途径，有超过 1/3 的水量补给地下水，由此可见研究区地表水与地下水转化关系密切（丁学伟，2014）。

准噶尔盆地是一个三面被山地包围的半封闭性荒漠盆地，降水量有限，加之地表物质粗砺、松散，产流条件极不发育。源于周边山地的河流，或汇入外流水系，或流出山口后立即消失于山前洪积扇，或短距离流至沙漠边缘而消失，故古尔班通古特沙漠基本上是一个缺乏地表径流、无天然水体、水系网不发育的干旱内陆沙漠。

特别在近半个世纪以来，人们在沙漠外部进行农业开垦，并在河川上中游截流或构筑水库，致使一些毗邻或分布于沙漠外围的水体或湿地，因补给无源而干涸，如玛纳斯湖、东道海子的干涸。

沙漠腹地缺少河流的深入，地表径流极不发育，沙漠区的潜水埋藏很深。沙漠边缘的潜水位虽高些，但通常也在 5m 以下，沙漠腹地则深逾 16m。这种潜水一般植物根本无法利用，这是制约潜水中生植物在多样性组成中发育的关键性因素（张立运等，1998）。

古尔班通古特沙漠为巨大的沙质荒漠，沙漠中没有地表径流，不形成水文网，地下水位又很深，沙漠边缘地下水深度为 5～16m，在广大沙漠内部大于 16m。地下水不仅深而且矿化度很高，沙漠内部生长的植物一般不可能利用，只能依靠湿沙层、少量的大气降水或沙层凝结水（赵运昌，1962）。

1.7　梭梭分布区植被

1. 物种丰富度较高

与内亚其他沙漠（塔里木沙漠、柴达木沙漠、阿拉善沙漠等）相比，古尔班通古特沙漠的植物种类是比较丰富的，即它的物种丰富度较高。该沙漠共有高等植物 208 种，分属于 30 科 123 属。其中，多样性组成最丰富的科依次是藜科（24 属，53 种）、十字花科（16 属，22 种）、菊科（15 属，20 种）、豆科（8 属，18 种）、禾本科（12 属，13 种）、蓼科（3 属，11 种）、蒺藜科（4 属，8 种）和柽柳科（2 属，8 种）。上述 8 科，共含 84 属，153 种，分别约占该沙漠总属数的 68% 和植物总种数的 74%。此外，含种类较少的科有麻黄科（1 属，3 种）、杨柳科（1 属，1 种）、石竹科（4 属，5 种）、毛茛科（2 属，2 种）、小檗科（1 属，1 种）、罂粟科（1 属，1 种）、牻牛儿苗科（1 属，1 种）、大戟科（2 属，2 种）、胡颓子科（1 属，1 种）、锁阳科（1 属，1 种）、伞形科（2 属，4 种）、夹竹桃科（2 属，2 种）、蓝雪科（1 属，2 种）、旋花科（1 属，2 种）、紫草科（5 属，8 种）、唇形科（2 属，3 种）、茄科（2 属，2 种）、列当科（2 属，4 种）、车前科（1 属，1 种）、莎草科（2 属，2 种）、百合科（3 属，6 种）和鸢尾科（1 属，1 种）。一山（天山）之隔的塔克拉玛干沙漠面积为 33.76 万 km^2，大约是古尔班通古特沙漠的 7 倍，但植物种类却只有它的 38%。古尔班通古特沙漠每万 km^2 中有多于 42 种植物，塔克拉玛干沙漠只有稍高于 2 种植物的饱和度，仅相当于古尔班通古特沙漠的 1/20。因此，孤立地看，古尔班通古特沙漠植物的物种丰富度并不高，但与同为沙质荒漠的塔克拉玛干沙漠比较，显然丰富得多（张立运和陈昌笃，2002）。

2. 区系地理成分多样，中亚成分占优势

前人研究表明，古尔班通古特沙漠植物区系的地理成分有内亚（亚洲中部）成分、中亚成分、地中海成分、东北非-内亚成分和欧亚成分，表现出植物区系地理成分的多样性。其中，中亚成分最丰富，如白梭梭（*Haloxylon persicum*）、角果藜（*Ceratocarpus arenarius*）、对节刺（*Horaninovia ulicina*）、中亚胡卢巴（*Trigonella tenella*）、弯果胡卢巴（*Trigonella arcuata*）、沙漠绢蒿（*Artemisia santolina*）、木本猪毛菜（*Salsola arbuscula*）、荒地阿魏（*Ferula syreitschikowii*）、沙地粉苞菊（*Chondrilla ambigua*）、沙地生魏（*Ferula dubjanskyi*）、红果沙拐枣（*Calligonum rubicundum*）、淡枝沙拐枣（*Calligonum leucocladum*）、盐生假木贼（*Anabasis salsa*）、樟味藜（*Camphorosma monspeliaca*）、四齿芥（*Tetracme quadricornis*)、弯角四齿芥(*Tetracme recurvata*)、小车前(*Plantago minuta*)、东方旱麦草(*Eremopyrum orientale*)、莎薹草(*Carex bohemica*)、土大戟(*Euphorbia turczaninowii*)、螺果荠(*Sprirorhynchus sabulosus*)、叉毛蓬(*Petrosimonia sibirica*)等。这使刘瑛心(1985,1987,1992)得出关于准噶尔盆地的植物区系"在一定程度上反映着中亚植物区系的特色"和"该区是由中亚植物区系发展而来"的结论,这个结论也适用于古尔班通古特沙漠。内亚成分也有一定数量,如白茎盐生草(*Halogeton arachnoideus*)、沙蓬(*Agriophyllum squarrosum*)、碱韭(*Allium polyrhizum*)、蒙古韭(*Allium mongolicum*)、沙生针茅(*Stipa glareosa*)、霸王(*Zygophyllum xanthoxylon*)、膜果麻黄(*Ephedra przewalskii*)、短叶假木贼(*Anabasis brevifolia*)、沙蒿(*Artemisia desertorum*)等。这两种地理成分的共同出现,使古尔班通古特沙漠的植物区系表现出一定的过渡性质(张立运和陈昌笃,2002)。

3. 有一些古老种,特有现象微弱,但在我国境内仅分布于该沙漠的种类不多

中国西北沙漠都是古地中海退却后形成的,其植被都是古地中海沿岸干热植物区系的后裔。但古尔班通古特沙漠所坐落的准噶尔盆地,古地中海退却最晚,植物区系是第四纪形成的。在古尔班通古特沙漠这块形成较年轻的沙质环境中,虽然也有不少古老的高级系统分类群,但古老种并不多,现已知仅有梭梭、短叶假木贼、盐生假木贼、木本猪毛菜、盐爪爪(*Kalidium foliatum*)、盐穗木(*Halostachys caspica*)、盐节木(*Halocnemum strobilaceum*)、霸王、膜果麻黄、木本补血草(*Limonium suffruticosum*)、红砂(*Reaumuria soongarica*)、胡杨(*Populus euphratica*)等,远少于塔里木盆地。这些种类多出现于沙漠边缘的砾石质戈壁、盐化土壤或地表径流能达到的地境,无疑是周边植物区系的侵入种。

古尔班通古特沙漠的特有现象十分微弱,艾比湖沙拐枣(*Calligonum ebinuricum*)是现知仅形成于该沙漠西部的唯一特有种。特有现象虽然微不足道,然而,在我国仅分布于古尔班通古特沙漠中的植物种类却很多,如艾比湖沙拐枣、新疆紫罗兰(*Matthiola stoddarti*)、螺果荠、念珠芥(*Torularia torulosa*)、沙戟(*Chrozophora sabulosa*)、土大戟、莎薹草、异翅独尾草(*Eremurus anisopterus*)、簇花芹(*Soranthus meyeri*)、倒披针叶虫实(*Corispermum lehmannianum*)、早熟猪毛菜(*Salsola praecox*)、准噶尔无叶豆(*Eremosparton songoricum*)、茧荚黄耆(*Astragalus lehmannianus*)、镰荚黄耆(*Astragalus arpilobus*)、尖舌黄耆(*Astragalus oxyglottis*)、小花角茴香(*Hypecoum parviflorum*)、犁苞滨藜(*Atriplex dimorphostegia*)、尖翅地肤(*Kochia odontoptera*)、粗糙沙拐枣(*Calligonum squarrosum*)、淡枝沙拐枣、褐色沙拐枣(*Calligonum colubrinum*)等(张立运和陈昌笃,2002)。

4. 藜科植物在多样性组成中具有明显的优势地位

在古尔班通古特沙漠中，藜科植物有 24 属，53 种，分别占该沙漠植物区系组成总属、种数的 19.5% 和 25.5%，远高于十字花科（13%，10.6%）、菊科（12.2%，9.6%）、豆科（6.5%，8.6%）、禾本科（9.85%，5.3%）等优势科的属、种份额。显而易见，藜科丰富的属、种在古尔班通古特沙漠植物种类多样性组成中具有明显的优势地位。

古尔班通古特沙漠中的藜科植物不仅种类多，群落的成员型地位也十分重要。该沙漠中最具景观意义和代表性的白梭梭荒漠、大面积分布的梭梭荒漠、驼绒藜荒漠、短叶假木贼荒漠、无叶假木贼荒漠，即是由藜科植物为建群种构建的。若与邻近的沙漠相比，藜科植物在古尔班通古特沙漠植物多样性中的地位则更加一目了然。例如，塔克拉玛干沙漠中的藜科植物有 12 属，16 种，属数仅相当于古尔班通古特沙漠的 1/2，种数略高于 1/3，且零星分布，群落成员型地位也多为伴生种。

在哈萨克斯坦的沙漠中，组成植物区系的优势科依次是藜科、豆科、菊科、禾本科和藜科。其中，蓼科有大量的种和最多的植物群落类型，而藜科的重要性则较小（张立运和陈昌笃，2002）。

5. 旱生类型的植物占绝对优势

古尔班通古特沙漠处于干旱气候笼罩之下，加之地下水深埋，地表径流缺乏，在这里能生存下来的植物绝大多数是旱生类型，只在沙漠周围或内部极少数低洼部分地下水位较高或有地下水出露的地方，有个别中生性或湿生性的植物生长，如胡杨、芦苇、芨芨草等。下面将要谈到的短命和类短命植物，它们逃避干旱，也具有中生结构（张立运和陈昌笃，2002）。

6. 生活型多样

植物生活型是植物对生态因素综合影响长期适应的结果，可以从一个侧面表现出遗传多样性的状况。古尔班通古特沙漠的植物生活型可划分为 11 类（表 1.4）。根据各类生活型所含植物种数，其中占优势的生活型主要是 1 年生短营养期植物（1 年生短命植物，55 种）和 1 年生长营养期植物（42 种），以上两类生活型的植物共 97 种，占全部植物的 47%。其次为轴根植物（39 种）、灌木（29 种）和小半灌木（16 种）（张立运和陈昌笃，2002）。

表 1.4　古尔班通古特沙漠植物生活型多样性（按科统计）

科名	属数	占总属数/%	种数	占全部种数/%	乔木	小半乔木	灌木	半灌木	小半灌木	轴根植物	根状茎植物	丛生草类	类短命植物	1年生短命植物	1年生长营养期植物
麻黄科	1	<1	3	<2			3								
杨柳科	1	<1	1	<1	1										
蓼科	3	<3	11	<6			10								1
藜科	24	<19	53	<26		2	3	2	8					4	34
石竹科	4	<4	5	<3					1	3				1	
毛茛科	2	<2	2	<1			1							1	
小檗科	1	<1	1	<1									1		
罂粟科	1	<1	1	<1										1	
十字花科	16	13	22	<11						2				18	2
豆科	8	<7	18	<9			1		3	8			1	5	
牻牛儿苗科	1	<1	1	<1										1	
蒺藜科	4	<4	8	<4			2			4				1	1
大戟科	2	<2	2	<1										2	
柽柳科	2	<2	8	<4			7	1							
胡颓子科	1	<1	1	<1	1										
锁阳科	1	<1	1	<1						1					
伞形科	2	<2	4	<2									4		
夹竹桃科	2	<2	2	<1						2					
蓝雪科	1	<1	2	<1					1	1					
旋花科	1	<1	2	<1			1			1					
紫草科	5	<5	8	<4										8	
唇形科	2	<2	3	<2						1				2	
茄科	2	<2	2	<1			1							1	
列当科	2	<2	4	<1						4					
车前科	1	<1	1	<1										1	
菊科	15	<13	20	<10					3	8			2	6	1
禾本科	12	<10	13	<7							4	3		3	3
莎草科	2	<2	2	<1							1		1		
百合科	3	<3	6	<3						4			2		
鸢尾科	1	<1	1	<1							1				
合计	123	—	208	—	2	2	29	3	16	39	6	3	11	55	42

7. 长营养期 1 年生植物有一定比例

1 年生植物以种子休眠的方式度过不利的季节，其植物种群的更换完全依靠新个体的出现得以实现。荒漠地区有限的降水通常只能润湿土壤表层，对许多深根系植物的生态作用不显著，但对浅根系 1 年生植物的生长和分布具有重要生态意义。因此，1 年生植物普遍出现于荒漠地区，成为荒漠地区植物区系的重要成员。

在古尔班通古特沙漠中，除去生活期短促的春季短命植物外，长营养期的 1 年生植物有 42 种，而面积是它 7 倍的塔克拉玛干沙漠共有 19 种。前者远高于后者。这是由于古尔班通古特沙漠各季降水比较均匀，有一定的冬雪春雨，不仅能满足春雨型 1 年生短命植物生长发育的需要，还能满足夏雨型 1 年生长营养期植物生长发育的需要，故古尔班通古特沙漠中有较多的 1 年生植物，成为植物多样性的一个显著特色。构成长营养期 1 年生植物多样性的主体是藜科植物，共 38 种，约占 1 年生植物的 40%（张立运和陈昌笃，2002）。

8. 短命和类短命植物获得一定发育

短命植物和类短命植物是一类春雨型的短生长期植物，它们逃避干旱，利用冬春雨雪，短时期内完成其生活史。1 年生的是短命植物，仅留下种子越冬；在地下留下根茎，次年再萌发生长的多年生的是类短命植物。短命植物和类短命植物繁多是中亚荒漠的特点，古尔班通古特沙漠以外的其他内亚荒漠则完全没有。这也说明古尔班通古特沙漠植物区系处于中亚荒漠和内亚荒漠之间的过渡。

在北疆，由于西部降水稍多，生物气候状况更加接近于中亚，因此北疆西部的短命植物和类短命植物较东部更加丰富和茂密。古尔班通古特沙漠中的这两类植物虽然较北疆西部少些，但仍有 66 种之多，占北疆短命和类短命植物的 32.5%和该沙漠植物总数的 31.7%。另外，这两类植物还具有一定的群落学意义。其在莫索湾沙区白梭梭荒漠的植物区系组成中占 35%，在梭梭荒漠中占 45%，并分别占两种梭梭群落春季绿色产量的 58%和 83.3%。由上述可见，短命植物和类短命植物的发育不仅是古尔班通古特沙漠植物多样性的一个显著特色，还是与塔克拉玛干沙漠及我国其他沙漠不同的一个显著标志（张立运，1985；毛祖美，1991）。

在古尔班通古特沙漠中，短命和类短命植物主要只生长于砂质环境，它们大多是专性砂生植物。1991 年毛祖美指出，北疆的短命植物中有 25 种（含少数类短命植物），只生长在沙丘、沙地，而不进入其他基质环境，如土大戟、旱熟猪毛菜、螺果荠、沙戟等（张立运和陈昌笃，2002）。

9. 植物群落类型丰富

在干旱区，水是影响植被分布与变化最积极、最活跃的生态因素，往往微小的变化都会在植被上表现出来。古尔班通古特沙漠在基质质地方面虽然比较均一，但小地形的变化及丘间低地和个别旧河床的存在引起水盐状况的差异，沙漠中的植物群落类型（根据建群种或共建种确定）仍是多种多样的（表 1.5）（张立运和陈昌笃，2002）。

表 1.5　古尔班通古特沙漠的植被类型、生境及受威胁情况（张立运和陈昌笃，2002）

植物群落类型	种类组成数量	盖度/%	生境	人为活动影响方式及受威胁现状
梭梭	50~60	20~50	分布于外部沙漠的固定沙丘、丘间平沙地和盐化沙壤质或壤质土上，地下水位通常在 5m 以下	受樵采、开垦、放牧、采挖中草药和工程行为等影响，使该群落现已受到威胁
白梭梭	~60	15~30	分布于流动、半流动或半固定沙丘的顶部及向风坡的中上部	受樵采、放牧、鼠害和工程行为等方面的影响，该植物群落现已处于濒危状态
驼绒藜	>60	25~60	分布在沙漠的东北部，生境为缓起伏的固定、半固定沙丘和平坦的沙壤质土上，地下水位多在 5m 以下	放牧活动尚未构成影响其健康发展的威胁
短叶假木贼	>10	15~30	分布于沙漠的东北部戈壁与沙漠的交接处，生境为砾石质戈壁，或戈壁上覆有薄沙，地下水位多在 10m 以下	人为活动影响较轻，目前仍保持良好的自然状态
木本猪毛菜	~10	~20	奇台北部沙漠与砾石质戈壁的结合部，地表覆有薄沙，地下水位在 10m 以下	人为活动基本上没有构成对这类群落的威胁，目前仍保持良好的自然状态，但面积有限
无叶假木贼	<10	~30	分布于沙漠西南缘薄层沙地和丘间龟裂地，黏土质，地下水位在 10m 以下	有轻微的樵采，曾受开垦影响，目前保存面积有限
红砂	10~20	~30	沙漠南缘覆薄沙的丘间龟裂地，或盐化土壤上，地下水位一般为 3~5m，也有在 10m 以下的地段	开垦和放牧是人为活动的主要影响方式，现存面积较过去已大大缩小
东疆沙拐枣	10~20	~20	沙漠东南部半固定沙丘的迎风坡	影响主要来自樵采和放牧，但目前尚未构成严重威胁
红果沙拐枣	~10	15~25	沙漠北缘的半流动沙丘，风蚀强烈，基质不稳定	轻微樵采活动，未构成严重威胁
蛇麻黄	>10	30~60	固定、半固定沙丘的斜坡中下部及丘间窝状沙地	放牧影响使该群落分布空间缩小
准噶尔无叶豆	10~20	25~30	半固定或半流动沙丘的迎风坡和风蚀谷地侧坡	无明显的人为活动影响，仍保持自然状态
地白蒿	>35	35~45	缓起伏沙地和低缓沙垄向平地过渡的坡脚	放牧过度对该群落构成威胁
沙蒿	~30	25~30	半固定沙垄顶部和迎风坡中上部	放牧过度使群落受到威胁
西伯利亚白刺	~10	25~30	沙漠边缘高水位的低洼地周围，土壤为草甸盐土或典型盐土，地下水位为 1.5~2.5m	地下水位下降，群落衰退，目前面积已有缩小

续表

植物群落类型	种类组成数量	盖度/%	生境	人为活动影响方式及受威胁现状
混合柽柳	>20	15～50	沙漠边缘高水位的低地	樵采和地下水位下降造成该类群落衰退，缺乏地表径流则对其生态过程形成严重威胁
芨芨草	>10	40～55	奇台县城北部芨芨湖，草甸盐土和盐化草甸土，地下水位为1.5～2.5m	放牧、偷割、采药和地下水位下降是威胁该群落健康发展的重要因素
芦苇	<10	10～30	芨芨湖边，盐化草甸土或草甸盐土，地下水位为1.5～2m	地表水补给减少和地下水位下降是该群落生存的主要威胁
胡杨疏林群落	10～20	郁闭度0.1～0.2	沙漠南缘东道海子、梧桐沟和芨芨湖等地，地下水位为3～5m	人类樵采和补给水源断绝及湿地干涸使该群落目前已基本消失

第 2 章　梭梭自然更新与维持生态学研究进展

梭梭是古地中海区系的重要荒漠植物种，由梭梭构成的群落是亚洲荒漠区中分布最广的荒漠植物群落。梭梭属植物不但能忍受干旱、贫瘠和极端温度，而且抗盐性较强，是我国荒漠生态系统生物组分中个体最大、生物量和生产量最高的植物种类（胡式之，1963）。同时，荒漠梭梭林既是我国西北干旱区尤其是新疆地区的重要森林资源，又是荒漠生态系统的主体，还是荒漠中生物量较高的建群种植物之一。多年来，它为各族人民提供薪材、草场、药材和其他多种资源。更为重要的是，它是保护绿洲的天然屏障，具有防风固沙、改善气候、改良土壤等多种功能，在维护荒漠-绿洲生态平衡中具有极其重要的作用（贾志清等，2004）。荒漠梭梭林的盛衰存亡直接关系着绿洲的稳定发展和繁荣昌盛，因此，荒漠梭梭种群保护和恢复关系荒漠生态系统的稳定和北疆荒漠的生态安全，必须引起全社会的重视。近年来，油气资源的勘探开发、道路等工程的建设，过度放牧和滥挖肉苁蓉，导致生态环境恶化，使梭梭的分布面积进一步减少，其已被定为濒危物种并成为国家三级保护植物（国家环境保护局，1991）。作为荒漠地区主要建群种的梭梭，其自然更新与维持机制能否得到恢复，以及梭梭种群的命运，不仅成为人们关注的理论研究热点，同时也直接关系到梭梭种群的恢复与保育效果。

本章的核心是把握梭梭自然更新及维持生态学的研究动向。在对现有研究成果进行综述时，对梭梭自然更新与维持相关的研究，按照个体、种群、群落和生态系统等几个层次，进行了简要梳理。为便于基层从事生态恢复工作的技术人员参考，特将"种苗生态"方面的内容纳入本章。由于涉及的研究太多，挂一漏万的情况在所难免，请读者给予谅解。

2.1　个体生态

2.1.1　光合作用

梭梭是 C_4 植物（周培之等，1988），紧密的花环结构具丰富的光合薄壁细胞（侯天侦和梁远强，1991）。苏培玺等（2003）对内蒙古梭梭光合作用、蒸腾作用和水分利用效率的特征进行了研究，确定梭梭具有 C_4 光合途径，水分亏缺是梭梭在干燥状况下光合速率低的主要原因。Casati 等（1999）根据梭梭的光合碳同化途径、光合特征及地理分异研究，确定梭梭为具有较高光合能力的 C_4 植物。梭梭光合能力较强，6～9 月平均光合强度为 8.022mg/（$dm^2 \cdot h$）。所以，相比 C_3 植物，梭梭的光补偿点和 CO_2 补偿点都较低，而光饱和点和 CO_2 饱和点都较高（Su et al.，2004）。苏培玺等（2005）研究发现，梭梭同化枝的 CO_2 补偿点极低，只需 2μmol/mol 即能维持光合–呼吸作用的平衡，是 C_3 植物的 1/75～1/25（潘瑞炽，2001）。因此，通常情况下，梭梭的光合作用远大于呼吸作用（郭泉水等，2004），这保证了梭梭在干旱的荒漠区仍能利用低浓度 CO_2 进行光合作用。

　　荒漠植物梭梭光合能力相当强大，主要以细胞间隙中少量的 CO_2 进行光合作用（Pyankov et al.，2001）。梭梭同化枝净光合速率日变化曲线在旱季和雨季都呈双峰型，具有明显的光合午休现象。其午休原因可能是午间光合有效辐射和大气温度较高、大气相对湿度较低。在旱季，光合午休的另一原因是 RuBP 羧化酶活性的降低（江天然等，2001）。根据 Farquhar 和 Sharkey 提出的关于区分光合作用气孔限制和非气孔限制的两个标准，在旱季，梭梭的光合午休主要是由非气孔因素引起的；在雨季，光合午休主要是由气孔因素引起的（许大全，1997）。梭梭的这种光合午休，使同化枝一天中的气体交换主要发生在上、下午光合速率较高而蒸腾速率较低的时段中，从而使水分得到充分利用，这是梭梭对干旱生境的一种适应（江天然等，2001）。一般情况下，梭梭的光合作用远超过呼吸作用，达 20 倍之多。但是在高温干旱环境中，梭梭的净光合作用迅速下降，而呼吸能力却大幅提高，这种消耗超过积累的特性与梭梭具备的"休眠"特性恰好吻合（侯天侦和梁远强，1983，1991）。

　　梭梭的光合作用主要受光照、气温、土壤水分、盐分等因素的影响。张利刚等（2012）对绿洲–荒漠过渡带的研究发现，梭梭净光合速率随光合有效辐射的增大而迅速增大，当光合有效辐射达到植物的光饱和点之后，净光合速率开始下降。马全林等（2003）研究发现，梭梭的光合作用明显受到地下水位、土壤含水量、灌溉量的影响，地下水位在 1.4m、2.4m 和 3.4m 时，梭梭的光合速率、量子效率随着水位的下降而降低，光补偿点随着水位的下降而升高，在供水时，梭梭的光合速率比对照组明显提高，且随着灌水量的增加，梭梭的光合速率升高。吴琦和张希明（2005）在水分梯度条件下进行梭梭净光合特性研究，发现随着土壤含水率的增加，梭梭的净光合速率、蒸腾速率、气孔导度呈增加趋势；而光补偿点则随含水率的增加而下降；在土壤含水率为 2.25% 和 2.63% 时，梭梭的水分利用效率较高；在土壤含水率为 1.65% 时，梭梭的水分利用效率最低。刘帅华（2013）研究发现，随着盐分浓度的增加，梭梭的光饱和点、最大净光合速率均降低；表观量子效率降低；光补偿点的降低和盐分胁迫导致梭梭对弱光利用率的降低。

2.1.2 蒸腾作用

蒸腾作用是植物体内水分平衡的主要环节,它能调节植株体温,缩小细胞内水分饱和差与大气水分饱和差之间的梯度,调节水分的损失,保证体内水分的有效利用,借以抵抗或降低水分胁迫的影响(程积民,1989)。梭梭属于低蒸腾、高水势植物(杨美霞等,1995)。杨文斌和任建民(1994)研究认为,在覆沙盖度大于 2m 的迎风坡,梭梭林蒸腾速率日平均值为 354.5μg/(g·s),丘间低地和沙丘顶部梭梭林日平均蒸腾速率分别比沙丘迎风坡低约 32%和 52%。许浩等(2008)对塔克拉玛干沙漠腹地公路防护林内梭梭蒸腾耗水规律的研究表明,在 0:00~8:00 和 20:00~23:00 时段,梭梭的蒸腾作用很小,所以水分消耗量很少;在 10:00~20:00 时段,梭梭的蒸腾作用加强,水分消耗增加。赵从举等(2006)在非灌溉条件下,对不同年龄梭梭蒸腾耗水的比较研究发现:生长初期,不同年龄梭梭蒸腾速率差异不明显,在盛夏中龄梭梭蒸腾速率最大;生长后期,梭梭种群蒸腾速率随年龄的增加而降低;随着种群年龄的增加,梭梭长势停滞,水分消耗减少。目前对梭梭蒸腾作用的研究主要集中在梭梭蒸腾强度的日变化和梭梭蒸腾作用适应干旱、高温生境的特点。

现有研究表明,梭梭蒸腾强度对土壤水分变化响应的可塑性很大。当土壤水分条件较好时,其蒸腾强度较高,并随季节变化呈典型单峰曲线;当土壤水分不足时,其蒸腾强度大为降低,并随季节变化呈递减趋势,日进程曲线呈平缓波动型(高海峰等,1984)。就蒸腾速率而言,生长在较好土壤水分条件下的梭梭比生长在较差土壤水分条件下的蒸腾速率高。从影响梭梭蒸腾速率的因子分析,若土壤水分充足,其蒸腾速率主要受光照强度的影响;若土壤水分亏缺,其蒸腾速率主要受土壤质地及含水率的控制,两者之间有着极显著的线性关系,并不随外界环境条件和季节变化而变化,始终维持在较低水平(杨文斌等,1991;蒋进,1992)。韩永伟等(2002)对吉兰泰地区退化梭梭蒸腾生态生理学特性的研究结果表明,随着光强的增加,退化梭梭蒸腾速率以乘幂的形式增加,且优于生长良好的梭梭(对照);随着相对湿度的增大,退化梭梭蒸腾速率的减小要比对照快;随着温度的增加,退化梭梭的蒸腾速率以乘幂的形式增加。对退化梭梭蒸腾速率影响最大的生境因子是土壤含水量。退化梭梭蒸腾速率对环境因子的变化相当敏感,说明其抗环境影响的能力已有所减弱。

关于蒸腾速率的调节,一些观点认为,其主要通过气孔变化得到控制(侯天侦和梁远强,1991;蒋进,1992);但通过解剖观察发现,梭梭气孔半下陷,气室不显著,因此认为梭梭蒸腾作用的气体交换过程,气孔不是主要或唯一的方式(董占元等,2000)。当水分条件好时,梭梭以高蒸腾方式抵御高温;当水分条件差时,梭梭以低蒸腾方式抵御高温和干旱(蒋进,1992)。

2.1.3　水势

植物水势是反映植物吸水能力与保水能力的综合指标，其变化状况可以从一个侧面较为客观地反映植物体内水分运转及平衡状况（王喜勇，2006）。它的高低表明植物从土壤或相邻细胞中吸收水分的能力，代表植物水分运动的能量水平，是组织水分状况的直接表现，反映植物受环境水分条件制约的程度（曾凡江等，2002；蒋高明，2004）。清晨水势反映了植物水分的恢复状况，午后水势则可以用来表示植物的最大水分亏缺程度（曾凡江等，2002）。大量研究表明，梭梭属于低水势树种，最低值可达-3.48MPa，日平均值在-2.87MPa左右，早晚水势较高，中午水势较低（梁远强等，1983）。这是梭梭适应干旱环境较为重要的水分生理特征之一。占东霞等（2011）研究表明，准噶尔盆地南缘干旱条件下，2008年和2009年梭梭水势日变化趋势大体相同，呈双峰型，表现为清晨水势较高，随后逐渐降低，12:00～16:00为最低，20:00以后水势出现回升现象，逐渐上升至接近于清晨水平。造成这种变化的原因在于清晨时刻太阳辐射弱，气温低，空气相对湿度大，叶片气孔开度小，蒸腾失水少；随着时间的推移，气温逐渐升高，太阳辐射逐渐增强，空气相对湿度逐渐降低，叶片气孔开度逐渐加大，由蒸腾作用引起的叶片失水也逐渐增加，茎水势逐渐降低。吉小敏等（2012）对不同水分条件下种植梭梭的研究表明，在日变化过程中，梭梭清晨水势、正午水势和傍晚水势的变化呈V字形，清晨水势最高，伴随着气温的升高和蒸腾的加剧，水势在中午降到一天中的最低点，到傍晚又升高。许浩等（2008）对塔克拉玛干沙漠腹地公路防护林内梭梭蒸腾耗水规律的研究表明，梭梭清晨水势5月最高，为-1.77MPa；午后水势8月最低，为-4.49MPa。梭梭清晨和午后水势相差较大说明，在清晨梭梭水分状况良好，午后水分损失较多，水势相差达近2MPa；清晨水势高，表明梭梭在经过一夜的吸收以后，体内水分状况得到了很好的恢复，水势较高，通过几个小时的蒸腾，体内水分损失较多，午后水势降低。夜间保持一定液流速率说明，夜间根系吸收活动并未停止，而是通过夜间吸收来补充白天体内的水分损失，满足白天蒸腾作用的需要。

植物水势的变化是对外界环境条件变化的综合反映，土壤水分和盐分及气候因子的变化被看作影响植物水势的主要因子（付爱红等，2005）。杨文斌等（1991）测定并研究了梭梭同化枝清晨水势与沙土含水率间的关系。结果表明，沙土含水率的降低会引起同化枝水势降低，其变化过程存在一个明显的"临界阈"，位于由直线变化转变成曲线变化的转变点附近。这个"临界阈"在2.0%左右，对应的清晨水势约为-2.0MPa。同时，梭梭水势对环境条件的变化是可逆的（梁远强等，1983）。对龟裂地和蓄水沟所种植梭梭的研究表明，随着土壤含水量的减少，梭梭水势趋于下降；而当土壤水分条件改善以后，梭梭水势又趋于增加（李银芳，1986）。

梁少民等（2013）采用间断供水处理，对塔克拉玛干沙漠腹地防护林内梭梭的研究表明，梭梭水势均随着干旱胁迫程度增强而降低，梭梭的午后水势最低值降至-5.35MPa，说明梭梭是通过降低水势适应干旱环境的。梭梭初始质壁分离的相对含水量与质外体水分含量随着干旱强度增强而增大，说明梭梭也以增加体内水分含量的方式来适应干旱环境。梭梭的耐旱能力随着干旱胁迫程度的增强而增强，其耐旱能力有一个"干旱锻炼"的过程。

2.1.4　根系适应

根系是植物吸收水分和养分的重要器官，其形态结构和生理特性能反映根系对环境的生态适应。植物适应能力越强，其地上部分生长发育越旺盛，对环境的适应能力也越强（周艳松和王立群，2011）。根系形态结构和生理特性还与养分、水分的吸收密切相关，且根系形态和构型是植物水分及养分利用效率的重要指标（Dannowski and Block，2005）。梭梭根系倾向于鱼尾状分枝，根系空间拓展能力强，根系延伸（下扎或水平扩张）往往能获得更好、更广阔的水分和养分资源，并且，梭梭根系的总分枝率较小，然而其具有较长的根系连接长度，能够减少根系分枝和根系之间的交叠重复，拓展获取水分、养分的空间，降低根系内部分枝之间对水分、养分的竞争，提高根系的吸收效率，适应干旱胁迫环境（郭京衡等，2014）。单立山等（2007）对塔克拉玛干沙漠腹地梭梭有效根系密度分布规律的研究表明，在垂直方向上，梭梭幼苗的有效根长密度随土层深度的增加，大体呈先增加后减小的趋势，最大有效根长密度为 $6.2414\times10^{-2}\text{cm/cm}^3$，出现在 $40\sim60\text{cm}$ 的土层中，是其平均有效根长密度的 1.5 倍，梭梭幼苗的有效根重密度随土层深度的增加，大体呈先增大后减小的趋势，最大有效根重密度为 $2.2768\times10^{-5}\text{g/cm}^3$，是其平均有效根重密度的 1.4 倍；在水平方向上，梭梭最大有效根长密度为 $9.1319\times10^{-2}\text{cm/cm}^3$，是其平均有效根长密度的 2.2 倍，梭梭幼苗有效根重密度随距离植株水平距离的增大逐渐减小，最大有效根重密度均分布在 $0\sim30\text{cm}$ 的土层中。

水分是荒漠生态系统主要的环境限制因子，每一种荒漠植物都有其复杂的生存机制，以确保其能够在特定的环境中生存和发展（Gutterman，1993）。由于长期适应干旱，梭梭形成了对干旱生境的特殊适应方式，而其中根系分布状况最突出。魏疆等（2006）对塔克拉玛干沙漠腹地梭梭幼苗根系生长动态的研究表明，幼苗垂直根系生长速率的时间进程呈增加—减少—再增加模式。这种消长规律同土壤水分变化的关系，恰好呈现出根系对水分变化适应特性的呼应关系。5～7 月浅层土壤水分较大幅度的下降，正好是垂直根生长速率最快的阶段；随后土壤水分的变化幅度较小，根系生长速率减缓；当土壤水分进一步减少时，垂直根又表现出较高的生长速率。单立山等（2008）通过设置不同的灌溉量，对塔里木沙漠公路防护林植物梭梭幼苗生长及生物量分配的影响开展了试验研究。结果表明，随着水分的减少，植物幼苗垂直根的生长速率均呈增加趋势，地下生物量和细根生物量均有所增加，随水分的减少，梭梭幼苗的根冠比呈增加的趋势。可见，梭梭幼苗通过根系的伸长生长来适应水分减少，这有利于植物幼苗对深层土壤水分的有效利用。

2.1.5　水分来源

水是限制干旱与半干旱地区生态系统过程和发展的主要因子，植物的生长、分布状况与水的可利用性密切相关（Dube and Pickup，2001）。植物水分全部来自于外界，主要能利用的水源有降水、径流（包括融雪水）、土壤水及地下水等。对于梭梭而言，其适应干旱环境的水分来源问题一直受到广泛的关注。吕金岭等（2013）利用稳定性同位素技术定位取样，对准噶尔盆地南缘荒漠区梭梭维持水源进行了研究。结果表明，冬季梭梭基本没有直接利用降雪；随着融雪后浅层土壤含水率的上升，梭梭明显利用浅层土壤水；梭梭利用的水源中，地下水占有很大比例，这种比例在冬季和夏季最高，最大利用比例可达 80%，平均占 30% 左右；降雨也是梭梭利用的水源之一，在降雨后的 3~5d，梭梭木质部水 δ^{18}O 值有明显趋近降雨 δ^{18}O 值的趋势。因此，梭梭维持水源具有多途径特点，地下水、融雪形成的浅层土壤水是其主要水源，中、大量降雨也是其利用的水源之一。傅思华等（2016）对古尔班通古特沙漠南缘幼龄梭梭水分利用的研究表明，其 5 月主要利用 0~50cm 土层的土壤水，利用比例达 67.5%；7 月主要利用 250~400cm 土层的土壤水，利用比例达 94.2%。朱雅娟和贾志清（2012）对巴丹吉林沙漠东南缘人工梭梭林的研究表明，在巴丹吉林沙漠东南缘，随着林龄增加，梭梭对降雨补充的土壤浅层水分的利用能力降低，而对土壤深层水分与地下水的利用又不足以维持其正常生长需要，这可能是导致当地人工梭梭林大面积退化的一个原因。戴岳等（2014）在古尔班通古特沙漠南缘梭梭水分利用动态的研究中，将水源依据深度划分为 4 部分，即浅层土壤水（0~40cm）、中层土壤水（40~100cm）、深层土壤水（100~300cm）和地下水（300cm 以下）。然后，他们应用 IsoSource 模型计算了梭梭对潜在水源的利用比例。结果表明，4 月梭梭主要利用浅层土壤水，利用比例为 62%~95%；5~9 月梭梭主要利用地下水，利用比例为 68%~100%。梭梭对不同时期发生的两场相似量级的降水具有不同程度的响应。5 月 22 日，6.7mm 降水后第 1 天，梭梭对土壤水的吸收达到最大值，由降水前的 9.8% 增长为降水后的 40.4%，同时降低了对地下水的吸收，由降水前的 83%~98% 下降为 42%~81%。8 月 31 日 7mm 降水后，梭梭对土壤水的吸收没有增加，仍然保持对地下水的高比例利用，达 71%~98%。低的土壤含水量可能抑制了表层根系的活性，导致梭梭对降水不敏感。由冬季融雪和春季降水补给的浅层土壤水和地下水是梭梭种群可利用的两个重要水源。梭梭的水分利用动态反映了其对干旱环境的适应。

2.2　种群生态

2.2.1　种群结构

种群是生态学各个层次中最重要的一个层次，它是群落结构和功能的基本单位，也是物种适应的单位，其中种群年龄结构是其核心研究内容（李博，2000）。种群年龄结构是指种群内不同年龄个体数量的组配情况，反映了种群的数量动态及其发展趋势，并在很大程度上是由现实和过去种群与环境间的相互关系及其在群落中的地位和作用决定的（Harper，1977）。

梭梭年龄的确定是一个较为复杂的问题，其年轮并非如一般乔木那样一年生长一轮，而是生长多轮。李钢铁等（1995a）的研究选取已知年龄的梭梭标准木进行解析测量、分析，然后用多元回归统计的方法探讨生长轮与梭梭生长状况及年龄之间的关系，得出梭梭每年平均生长（5.3±0.6）轮，生长轮与生长状况间的关系表达式为 $y=6.7+2.3R+6.9H-1.1C$，其中 y 表示生长轮数，H 表示梭梭高度，R 表示梭梭地径，C 表示冠幅面积。王炜等（2001）借助数码影像技术探讨了梭梭解析木分析问题，发现梭梭年轮的径生长为线性模式，梭梭的高生长仍呈 Logistic 趋势和台阶式步进的特征，确定了伪年轮发生频率为 0.375，由此可推断梭梭的年龄。黄培祐等（2008）通过对梭梭人工林及自然林的研究发现，在不同生境下株高这一性状的个体差异相对较小，且其变异系数相对冠幅或地径而言最小，能较好地反映梭梭的龄级。宋于洋等（2011）对古尔班通古特沙漠不同土壤类型梭梭种群径级结构、年龄结构进行实地调查统计，分别比较不同种群结构模型及存活曲线。结果显示，梭梭个体大小与年龄呈直线关系；以径级和龄级划分结构时，径级结构和年龄结构类型表现一致；比较两个函数的总体误差和区间误差净高显示，径级方程和龄级方程的相近程度在误差允许范围内，且以径级结构和龄级结构应用到存活曲线的分析中效果良好。研究表明，梭梭种群可以采用径级结构代替年龄结构的方法进行研究。

在森林种群研究中，物种大小级结构能够有效而合理地代表年龄结构，因而得到广泛应用（Harper，1977；Johnson，1997）。因此，目前多数研究均采用基径和高度的大小级结构来分析梭梭的年龄结构,研究区域涉及新疆(李建贵等,2003；宋于洋等，2008；刘国军等，2011；袁宏波等，2011；吕朝燕等，2012a)、甘肃（张锦春等，2009）、内蒙古（孙利鹏等，2012）等，因不同区域自然环境和种群发育历史的差异，种群结构差异较大，部分种群呈增长型（李建贵等，2003；宋于洋等，2008；刘国军等，2011；袁宏波等，2011；吕朝燕等，2012a；孙利鹏等，

2012)，但幼苗数量相对较少，增长潜力有限，也有部分种群呈稳定型或衰退型（张锦春等，2009）。袁宏波等（2011）、刘国军等（2011）和吕朝燕等（2012a）采用植株基径（胸径）和高度分别对库姆塔格沙漠、准噶尔盆地东南缘和准噶尔盆地西北缘天然梭梭种群年龄特征进行分析，结果表明：梭梭种群年龄结构呈反 J 形曲线，属于稳定增长型种群，但其幼苗数量相对较少使其增长受限。宋于洋等（2008）和李建贵等（2003）对新疆石河子莫索湾地区和甘家湖自然保护区天然梭梭种群的研究表明，梭梭种群基本属于进展型或稳定型，幼龄个体多，中老龄个体少。孙利鹏等（2012）研究表明，乌兰布和沙漠天然梭梭种群的地径结构呈现明显的正金字塔形结构，属于增长型种群。张锦春等（2009）研究表明，甘肃民勤天然梭梭种群属于衰退型种群，在当地群落演替过程中，只是一个过渡阶段，在长期的群落演替中，将有可能被其他更新力较强的伴生种所取代。

2.2.2　生命表

种群统计的核心是建立反映种群全部生活史的各年龄组出生率、死亡率，甚至包括迁移率在内的信息综合表，即生命表（张文辉，1998）。周纪伦（1993）认为，生命表的结构分析是解释种群数量变化的前提和首要工作。生命表和存活曲线是研究种群结构及动态变化的重要工具，它能直观地展现种群各龄级的实际生存个体数、死亡数及存活趋势（洪伟等，2004）。常用的生命表主要有两类：特定年龄生命表和特定时间生命表。特定年龄生命表又称动态生命表，是以同生物种群为对象，根据其不同年龄阶段中的生死动态和命运建立的。编制动态生命表的难度较大，尤其是对于寿命长达百年或千年的木本植物种群甚至是不可能的，因而其多用于短命植物种群的统计。特定时间生命表也称静态生命表，是根据某个种群在特定时间断面上的年龄结构而建立的生命表。它提供了一个种群出生率和死亡率的一般概念，尤其是当动态生命表不能产生时，更具有特殊的意义，因此，静态生命表都用于长命的木本植物种群的统计研究（宋于洋等，2011）。

由于梭梭属于多年生灌木或小乔木，寿命长达数十年以上，动态生命表编制困难，因此目前采用静态生命表分析梭梭种群动态的研究较多。宋于洋等（2008）对石河子地区不同生境天然梭梭种群的分析表明，种群最高死亡率的龄期因生境不同而表现出不同情形：阳坡Ⅰ、Ⅴ径级较高，坡脊Ⅱ径级较高，坡谷Ⅰ、Ⅳ径级较高，阴坡Ⅲ、Ⅷ径级较高。不同种群期望寿命的高峰值出现的龄期也有差异：阳坡是Ⅵ径级，坡脊是Ⅲ径级，坡谷是Ⅱ径级，而阴坡是Ⅰ径级。刘国军等（2011）研究表明，准噶尔盆地东南缘的种群结构在Ⅰ～Ⅲ龄级个体占比较大，达 70%，Ⅳ～Ⅵ龄级占 26%，Ⅶ～Ⅹ龄级仅占 4%。吕朝燕等（2012a）对准噶尔盆地西北缘天然梭梭种群的研究表明，山前戈壁梭梭种群Ⅰ、Ⅱ、Ⅲ径级个体数占所有径级个体总数的 96.21%，大径级个体缺失，该种群发育时间较短，种群处于增长阶

段；干涸湖底梭梭群 I 、Ⅱ、Ⅲ径级个体数占所有径级个体总数的 63.38%，存在
一定数量的大径级个体，该种群发育历史较长，种群处于稳定阶段。

　　同时，动态生命表是根据同年出生的所有个体存活数量动态监测资料编制而
成的，又称同群生命表。动态生命表中的个体经历了同样的环境条件，更能客观
反映环境条件变化对种群个体数量动态变化的影响，可以较为准确地反映种群的
消长规律（方炎明等，1999；郝日明等，2004）。鉴于此，在梭梭幼苗动态生命表
编制方面，刘国军等（2010b）运用动态生命表方法，观察和分析了准噶尔盆地东
南缘天然梭梭幼苗生长动态，进行了有益的探索。研究表明，梭梭当年生幼苗存
在两个存活率下降快、死亡率和致死力高的阶段。第一阶段为 4 月 1 日～5 月 1
日，幼苗死亡率为 69.9%；第二阶段为 6 月 15 日～7 月 15 日，幼苗死亡率由 79.1%
增加到 85.1%。早期生长阶段的高死亡率，是由于受动物咬食和不利气候因素的
影响；而后一阶段死亡率较高，是由浅层土壤水分下降所致。

2.2.3　存活曲线

　　植物种群年龄结构和生命表及存活曲线不仅可以反映种群现实状况，还可以
反映种群数量动态及发展趋势，并在很大程度上展现植物与环境间的抗争关系，
尤其对于濒危植物的保护和利用研究具有重要意义（Molles，2005）。存活曲线是
根据生命表中标准化后的存活数相对于龄级绘制而成的；死亡曲线是将种群各龄
级死亡量标准化后相对于龄级绘制而成的。种群的存活曲线与死亡曲线相结合能
更直观地描绘种群发育过程中各龄级的死亡比率（宋于洋等，2008）。Deevey（1947）
将存活曲线分成 3 种类型：Ⅰ型存活曲线呈凸型，表示种群中大多数个体均能实
现其平均生理寿命，在达到平均寿命时几乎同时死亡；Ⅱ型存活曲线呈对角线型，
表示各龄级具有相同的死亡率；Ⅲ型存活曲线呈凹型，表示幼龄个体死亡率高，
以后的死亡率低而稳定。

　　宋于洋等（2008）对石河子地区不同生境天然梭梭种群的分析表明，处于阴
坡、坡谷和坡脊的梭梭种群的存活曲线接近于 Deevey Ⅲ型。宋于洋等（2010）
对五家渠、奎屯和精河天然梭梭种群的调查发现，梭梭种群的存活曲线基本接近
Deevey Ⅲ型。刘国军等（2011）研究表明，准噶尔盆地东南缘的种群 I 、Ⅱ龄级
个体数量不足，但Ⅲ、Ⅳ龄级个体数量明显高于后面几个阶段，种群存活曲线基
本趋于 Deevey Ⅲ型。吕朝燕等（2012a）对准噶尔盆地西北缘天然梭梭种群的研
究表明，山前戈壁和干涸湖底梭梭种群的存活曲线均趋近于 Deevey Ⅲ型。孙利
鹏等（2012）研究表明，乌兰布和沙漠天然梭梭种群存活曲线属于 Deevey Ⅲ型，
随着径级的增大，梭梭植株数量单调递减，而且减少情况是开始快中间慢，Ⅺ 径
级后又加快。可见，准噶尔盆地和乌兰布和沙漠周边，天然梭梭种群存活曲线均
属 Deevey Ⅲ型，由于竞争，梭梭种群幼年期个体大量死亡。

2.2.4　种子生产

植物在有性生殖过程中产生的种子数量（即种子产量）一方面反映了该物种的生物学特性，另一方面反映了其对环境的适应方式及环境对植物有性生殖过程的影响（Heydecker，1972；Solbrig，1981；Willson，1985）。种子产量对保证植物有足够的种子经散布后形成土壤种子库、避开不良环境、在适宜条件下达到幼苗建成、为种群补充后代、保持种群的稳定和发展具有重要作用。同时，种子阶段是有性繁殖植物个体一生中唯一有移动性的阶段，因此其对于植物种群的分布格局、种群动态及种群的调控等方面均有重要意义（Harper，1977；Steven，1991；谢宗强等，1998）。植物产生的种子数量除与植株营养状况有关外，还和该种植物的生活史对策及其在演替中所处的状况有关（Harper，1977），不同微生境间也常存在差异（Harper，1967；Heydecker，1972；Abrahamson，1979）。

现有的研究对于梭梭种子产量基本没有涉及，仅吕朝燕等（2016a）对准噶尔盆地 6 种典型生境上梭梭种子产量及其与植株形态参数间的关系进行了初步研究。结果表明，梭梭单株种子产量从 2.36g 到 256.90g 不等，平均产量为 48.61g，单株间种子产量差异较大。同时，相关分析和通径分析表明，冠幅、高度、基径与种子产量及它们彼此之间均具有较强的相关关系。冠幅对种子产量的贡献最大，其后依次为高度、基径。以冠幅（C）、高度（H）、冠幅和高度的乘积（CH）为自变量，梭梭单株种子产量（M）为因变量进行多元逐步回归分析，得到梭梭种子产量与植株形态参数间的预测模型为 $M=178.572+3.47×10^{-5}×CH^{-1.106}×H^{-0.007}×C$。

2.2.5　种子扩散

种子扩散就是植物通过自身或外界的力量将潜在繁殖体向周围空间扩散的过程（Fenner，1985）。种子扩散分为前扩散和后扩散（Willson，1993；Chambers and Macmahon，1994），前扩散又称种子雨，主要指靠种子或果实自身的重力或风力散布到地表的过程，后扩散指动物对地表种子进一步搬运、掩埋的二次迁移过程。现有的研究对于梭梭种子扩散基本没涉及，仅有吕朝燕等（2012b）对准噶尔盆地东南缘梭梭种子雨特征进行了研究。

研究显示：①梭梭种子雨的累积密度平均达 189 粒/m²，其中有活力种子约占 80%；②种子散布的高峰集中在 11 月初～11 月 15 日，其落种量占整个种子雨的 65%，其后种子雨密度随时间逐渐减小；③整个种子雨过程中，不同时期散落的种子雨质量存在差异，表现为不同时期散落种子的萌发率呈现先增大后减小的趋势；④变异函数分析表明，梭梭种子雨在 8.12m 的有效变程内具有明显的空间格局，其由空间自相关和随机因素引起的空间异质性各占 50.0%。准噶尔盆地东南缘梭梭种子雨密度大且质量较高，同时其时空分布异质性较高，这些特征均将影响梭梭种群的分布格局和种群更新。

2.2.6 土壤种子库

土壤种子库是指存在于土壤上层凋落物和土壤中全部存活种子的总和（Simpson，1989）。自从 Dawrwin 在 1859 年用幼苗数量表示种子数量，获得了人类第一个有关土壤种子库的数据以来（Fenner，1985），种子库一直受到生态学者们的关注。现有的研究对于梭梭土壤种子库涉及较少，吕朝燕等（2017）对准噶尔盆地古尔班通古特沙漠边缘 6 种典型生境下梭梭种群土壤种子库进行了研究。结果表明：①梭梭种群平均土壤种子库密度为 71～696 粒/m²，局部小环境甚至达 7534 粒/m²；②变异系数分析表明，各种群土壤种子库密度变异系数均大于 1，这说明梭梭土壤种子库的数量分布是非常不均匀的；③梭梭种群土壤种子库中种子萌发率为 2.08%～47.62%，平均约为 18%；④变异函数分析表明，梭梭土壤种子库中种子分布的空间变异较大。陈云龙等（2013）对奎屯、五家渠和精河 3 个梭梭种群土壤种子库的研究表明：梭梭土壤种子库数量为 16.05～152.58 粒/100m²，奎屯样地种子库变异系数大于五家渠和精河；梭梭土壤种子库空间分布格局强烈，且具有明显的各向异性特征；奎屯和五家渠样地中，随着抽样尺度的加大（5～25m），土壤种子库空间异质性增强，而精河样地在各个尺度下土壤种子库的空间异质性程度变化不大；空间克里格插值表明，各样地种子密度梯度变化清晰，呈明显聚集分布。

2.3 种 苗 生 态

2.3.1 种子萌发

种子萌发直接关系着物种繁殖及种群更新、扩展和恢复等生态过程（刘志民等，2003）。种子繁殖是梭梭种群更新的唯一途径，种子萌发行为直接影响种群的更新（黄培祐，2001）。种子更新成功与否与植物种子生产、种子性状、种子萌发、幼苗定居和幼树建成等阶段息息相关（李小双等，2007）。

梭梭的种子为短命种子，在自然状态下，种子的含水量为 8.5%，寿命约为 10个月，将梭梭种子含水量降至 2.5%～1.4%，其耐储藏力增强，超干种子表现出较强的抗老化能力。梭梭种子萌发的最适温度为 10℃，亚适宜温度为 15～20℃。从20℃起，温度越高，萌发比率越低。种子无论有光还是无光都能萌发，萌发率无显著性差异（Huang et al., 2003）。生物特性和遗传因素是影响梭梭种子萌发的主要因子，此外还有农艺措施和环境因素。黄振英等（2001a）研究了盐分和储藏对梭梭种子萌发的影响，结果表明浓度低于 0.2mol/L 的 NaCl 溶液对萌发的影响不大，但从 0.8mol/L 起，萌发率随着浓度增加而降低，直至为零；在种子含水量低于 5%时，通过低温或超干旱储藏可以延长种子活力。魏岩和王习勇（2006）研究温度周期对梭梭种子萌发行为的调控，发现梭梭种子在温周期为 5℃/25℃、5℃/15℃和 15℃/25℃（暗光 12h/12h）时均能快速萌发。李亚（2007）研究了不同盐分胁迫对梭梭种子发芽的影响，结果表明 NaCl 和盐土盐溶液对各种源梭梭种子的发芽能力均有一定程度的影响，且随着浓度的增加，影响程度逐渐加剧。吕朝燕等（2016b）研究了 NaCl 和 PEG 对梭梭种子萌发的影响，结果表明盐分胁迫和水分胁迫对其萌发均具有明显的抑制作用，即降低种子萌发率、推迟种子初始萌发时间并延长种子萌发时间。此外，梭梭种子带有果翅，它有助于增强种子的传播力度，但会抑制梭梭种子萌发性能，但随着梭梭种子的储藏时间延长，其抑制作用逐渐解除（魏岩和王习勇，2006）。魏岩和王习勇（2006）实施的果翅存留实验，表明不同的储藏阶段，果翅对梭梭种子萌发能力的影响也不尽相同。研究表明，果翅对当年成熟的梭梭种子萌发表现出很强的抑制作用（萌发率小于 50%），能使梭梭种子强迫休眠。

2.3.2 幼苗出土

在荒漠地区，植物生长发育环境十分严酷（Danin，1996）。生长在荒漠地区的植物、种子和幼苗经常会遭受不同程度的沙埋（Maun，1981，1998）。沙埋对种子大小、种子萌发、幼苗出土、幼苗定居及成年植物的进化有很强的选择压力（Maun，1996，1998）。沙埋是控制沙生植物分布及沙地植物群落建成的重要因子（Maun and Lapierre，1986）。一方面，一定深度的沙埋可以为种子萌发创造比较适宜的环境（包括温度和水分）（Harper and Benton，1966）；另一方面，过度的沙埋会造成氧气的缺乏，使种子难以萌发，幼苗不能出土（Vleashouwers，1997）。植物只有在其种子能够从一定深度的沙埋条件下萌发和出苗（黄振英等，2001a），并且在幼苗阶段忍耐一定程度的沙埋（Zhang et al.，2002），才能成功地在荒漠地区实现定居。这是荒漠地区植物特有的、重要的生理生态适应特征。

刘艳丽等（2009）、刘国军等（2010a）、李惠等（2011）、王国华和赵文智（2015）、吕朝燕等（2016b）均进行了不同沙埋深度对梭梭种子萌发影响的实验。结果表明，梭梭种子为喜光种子，种子萌发率随着沙埋深度的增加呈减小趋势，0.5～1cm 是萌发最佳沙埋深度，3～4cm 以下梭梭基本不可能再萌发。同时，李惠等（2011）研究表明，梭梭开始出苗所需时间受沙埋影响显著，沙埋越深，出苗所需时间越长。吕朝燕等（2016b）研究表明，沙埋深度对幼苗生长动态的影响主要表现在幼苗生长早期，0.5cm 沙埋深度幼苗的地上、地下部分生长及根冠比均大于 0cm 和 1cm 沙埋深度；随着时间的推移，差异逐渐减小，0.5cm 沙埋深度是梭梭种子萌发和幼苗生长的最佳深度。王国华和赵文智（2015）研究表明，幼苗生长高度受沙埋深度的影响显著，在 1~4cm 沙埋深度范围内，浅层沙埋出苗快但生长慢，而深层沙埋出苗慢而生长快，幼苗最大生长高度出现在 4cm 沙埋处理条件，第一年生长季最大生长高度为 21.5cm；幼苗最小生长高度出现在 0cm 沙埋处理条件，第一年生长季最大生长高度仅为 2.76cm。

2.3.3　幼苗建成

幼苗的早期生长速率强烈影响甚至决定幼苗能否成功定居（Huston and Smith，1987）。幼苗发育的子叶阶段，死亡率特别高，因为在这一阶段子叶中储藏的碳水化合物和矿物质较少，不能满足幼苗生长的需要，所以轻微的环境胁迫往往就能造成幼苗的死亡（Kozlowski，2002）。水分是影响幼苗生长的关键因子。水分胁迫明显地限制幼苗的生长（Fisher et al.，1991；Grubb and Turner，1996），叶片总数随着土壤水分水平的降低而减少，单个叶片的伸展也较小，从而导致叶片面积的减小。植物可通过改变生物量在不同器官之间的分配和提高净同化效率来抵抗水分胁迫。生物量分配向根的转移可能保证根系充分地与营养和水分接近，使植物的氮化物浓度增加，从而提高单位叶面积的光合作用能力（Lambers and Poorter，2004）。

在干旱区，水分是决定植物生存、生态系统结构与功能的关键因子，它在很大程度上决定了植物的分布及生长状况（Smith et al.，1995；Ehleringer et al.，1998）。在幼苗定居阶段，土壤水分往往是影响植物幼苗存活的主要限制因子（龙利群和李新荣，2003）。降水作为干旱区水分的重要补给来源，能够入渗到土壤中的那部分水分成为干旱区植物赖以生存的源泉。在炎热少雨的环境中，沙粒间较大的孔隙使表面蒸发剧烈，而在沙土表面形成干沙层。干沙层的出现抑制了深层土壤水向浅层的迁移作用，从而减少了沙土的表面蒸发，有利于沙土将更多的土壤水滞留在深层土体中（Seely and Louw，1980；Campbell et al.，2001）。在一次降雨过后，适合植物生长的湿沙层逐渐下降，或者说不适合植物生长的干沙层逐渐加厚。为了能够有效地从沙层中获得水分，植物根系的伸长速度必须大于湿沙层的下降速度（朱选伟，2004）。根系深度反映了植物对干旱环境的响应，幼苗的根系能否到达维持其存活的稳定水源是幼苗定居能否完成的关键（Schulze et al.，1996）。

每一种荒漠植物都有其复杂的生存机制，以确保其能够在特定的环境中生存和发展。梭梭作为荒漠地区重要的建群植物，探讨其环境适应特点，一直是荒漠生态学工作者关注的热点。目前相关研究主要集中在以水分为主的环境因子对梭梭生长与存活的影响，以及梭梭在胁迫条件下的形态适应特征。魏疆等（2006）对塔克拉玛干沙漠腹地梭梭幼苗不同生长阶段地上、地下生长指标进行了测定，结果显示在生长季持续旱化的生境中，幼苗的生长在时间和空间上表现出不同的适应特点。5 月、7 月、9 月和 10 月，垂直根的生长速率分别为 0.607cm/d、0.809cm/d、0.155cm/d 和 0.394cm/d；株高的生长速率分别为 0.093cm/d、0.076cm/d、0.408cm/d 和 0.136cm/d，说明幼苗根系在空间上具有生长速率的优势。幼苗垂直根和水平根的最大生长速率出现时间均早于地上株高和新枝的最大生长速率所出现的时间。不同时期垂直根增长速率和水平根增长速率分别是株高增长速率和新枝增长速率的 2～10 倍和 3～5 倍。整个生长季中幼苗地上、地下生物指标的生长速率呈现此消彼长相互交替的生长趋势，同时幼苗根冠比在不同时期分别为 0.41、0.3、0.39 和 0.88。这些特性是梭梭幼苗适应持续旱化生境生长策略选择的综合表现。田媛等（2010）以古尔班通古特沙漠南缘沙漠中的 1 年生梭梭幼苗为研究对象，对环境气象因子、土壤含水率、幼苗根系垂直伸展状况、幼苗死亡动态进行了全生长期连续监测研究。结果表明，尽管梭梭幼苗根系伸展迅速，当年可达 1.5m，但幼苗死亡率动态变化仍然与土壤表层含水率显著相关，而与根区或深层含水率相关性不显著。但统计分析结果显示，土壤表层含水率并不总是梭梭幼苗死亡率波动的主导因素。当土壤含水率低于 0.82%时，无论大气干旱程度如何，幼苗死亡率都急剧升高；而当土壤含水率高于 1.25%时，幼苗可以耐受大气干旱，幼苗死亡只与土壤表层含水率显著相关；当土壤含水率为 0.82%～1.25%时，幼苗死亡率与大气干旱程度（空气饱和差）显著相关。据此推测，当土壤表层含水率低于 1.25%时，大气干旱主导死亡率的变化；反之，则土壤水分主导死亡率的变化。

2.3.4　幼苗动态

幼苗是植物生活史周期中植物个体生长最脆弱、对环境变化最敏感的时期（Osunkoya et al.，1993；沈有信，2006），其在林下的存活和补充等方面的动态变化比较大，从而使林下幼苗数量的波动变化也较大，这种动态过程对森林生态系统的自然更新产生极为重要的影响。气候的变化、资源的竞争、林分格局及动物的破坏和取食都影响幼苗的存活。一般情况下幼苗自身生物量较小，对外界环境变化的忍耐、可塑性调节能力较小，因而对水热因子的变化比较敏感，也易受到不利因子的伤害。林隙、林缘及林冠下的微环境存在差异，这种微环境差异对不同林木幼苗生长的影响也不同（杨玲，2007）。因此，开展林下幼苗存活和补充的动态规律研究，对于认识幼苗在森林自然更新中的作用等具有重要的理论意义。同时，种苗的时空格局及其比例在一定程度上反映种群的繁殖更新能力和种子散布特征，对自然种群恢复能力及其恢复方式的认识有重要意义。

梭梭从萌发开始，便要面对严酷的自然环境及同种和不同种植物间的种间竞争，只有极少量的幼苗能够最终存活下来。目前关于梭梭幼苗动态方面的研究极其缺乏。吕朝燕等（尚未公开发表资料）通过长期野外观测，对梭梭幼苗密度分布的时空动态及其与环境影响因子间的关系进行了研究。结果表明：①幼苗密度在整个生长季（4～9月）随时间逐渐减小，从平均 213 株/m^2 下降到 19 株/m^2；②死亡率分析表明，生长季前期（4～6月）是幼苗死亡率最高的阶段，死亡率高达 84%；③幼苗密度随距离母株主干距离增加呈逐渐减小趋势；④死亡率分析表明，随距离母株主干距离增加，幼苗死亡率呈高—低—高的变化趋势；⑤幼苗密度的时空分布与气温、土壤水分等环境因子紧密联系。王国华和赵文智（2015）研究了梭梭种子密度对幼苗生长、存活的影响，结果表明幼苗生长高度会受到幼苗数量的影响，单位面积上一定范围内幼苗数量增加可以使幼苗生长高度增加，但当幼苗数量超过一定范围时，幼苗生长速率减缓。

2.4　群　落　生　态

梭梭群落具有由中亚荒漠向亚洲中部荒漠过渡的特点，具有干旱植物区系的明显特征（刘晓云和刘速，1996）。梭梭的生态适应性强，它不仅分布于沙地，还出现在黏土、砾质和盐土荒漠。梭梭生长凌乱，林相不齐，群落也以不郁闭为特征，植株间的平均距离在 2m 左右，总盖度为 15%～55%，以 25%～35%居多。胡式之（1963）依据不同的土壤基质，将梭梭划分为戈壁梭梭、壤土梭梭和沙地梭梭 3 类亚群系。宋于洋（2011）在对古尔班通古特沙漠不同土壤类型梭梭种群径级结构、年龄结构进行实地调查统计中，根据土壤类型的不同把梭梭群系划分为砾石梭梭群系、土质梭梭群系、盐土梭梭群系、沙质梭梭群系。王春玲等（2005）在新疆准噶尔盆地东南缘，以平缓低洼地、平缓沙地、半流动沙丘 3 种不同生境类型上的天然梭梭群落为研究对象，从物种结构、物种多样性、生物量及梭梭天然更新幼苗幼树种群分布格局等方面，研究不同生境条件下梭梭群落的结构特征。结果表明，以平缓低洼地上梭梭群落的植物种类最丰富，其次是平缓沙地，半流动沙丘上的植物种类最少。3 种生境类型上群落中的植物种类分别为 16 种、15种和 12 种；平缓低洼地上梭梭群落的总生物量为 19.39t/hm^2，平缓沙地上为9.32t/hm^2，半流动沙丘上为 6.69t/hm^2；平缓低洼地地面固定，土壤水分和肥力较好，比较适宜梭梭林木生长和梭梭群落的发育，平缓沙地和半流动沙丘的地面容易产生风蚀，土壤水分和肥力较差，生境条件比较严酷。

在梭梭群落中共记录到约 50 种植物。梭梭的适应性很强，出现于各种不同的生境，优势种随不同生境而变化，没有明显固定的伴随优势种类（高丽伟，2013）。刘晓云和刘速（1996）认为，准噶尔盆地南缘梭梭群落中建群层片的种类单一，与北疆其他荒漠植被类型相似，但伴生植物的种类组成比其他类型丰富，特别是短生植物及长营养期 1 年生植物种类较多。潘伟斌（1997）根据立地条件的差异，将古尔班通古特沙漠南缘中段梭梭群落分为 4 种不同类型：梭梭-淡枝沙拐枣群落、梭梭+白梭梭群落、梭梭-沙漠娟蒿群落、梭梭+细穗柽柳群落。赵鹏等（2017）应用 TWINSPAN 方法将民勤绿洲荒漠过渡带人工梭梭群落划分为 4 个群丛类型：群丛Ⅰ（梭梭+白刺-沙蒿-盐生草）、群丛Ⅱ（梭梭+沙拐枣-沙米）、群丛Ⅲ（梭梭+白刺-芦苇）、群丛Ⅳ（梭梭+柽柳+盐爪爪）。刘晓云和刘速（1996）研究表明，新疆准噶尔盆地梭梭群落的外貌随季节的更替呈现明显的周期变化。3 月底或 4 月初积雪融化，多年生短生植物独尾草和 1 年生短生植物珀菊、念珠芥、齿稃草及假狼紫草开始萌发。4 月中旬多数短生植物及长营养期 1 年生植物相继萌发，一些长营养期多年生草本植物及小半灌木地白蒿等也开始萌芽，群落下层一片鲜绿。4 月下旬木本植物梭梭、铃铛刺、淡枝沙拐枣等开始萌动，部分短生植物如独尾草、珀菊、近全缘千里光（*Senecio subdentatus*）、沙戟（*Chrozophora sabulosa*）等进入生殖期。5 月上旬绝大多数短生植物进入生殖期，长营养期 1 年生植物角果藜及建群植物梭梭也开始现蕾、开花。5 月中旬绝大多数短生植物及淡枝沙拐枣进入盛花期，群落季相十分华丽。5 月下旬短生植物及角果藜、淡枝沙拐枣等进入果期。6 月上旬短生植物营养周期结束，这一层片很快从群落中消失，群落下层长营养期 1 年生植物开始占据优势地位，群落的种类构成及各地段上植物的个体密度大大减少，此时铃铛刺、骆驼刺（*Alhagi sparsifolia*）、补血草（*Limonium aureum*）进入盛花期。7 月上旬多数草本植物进入果期，群落外貌呈黄绿色。8 月下旬梭梭、猪毛菜、盐生草等进入果期，梭梭当年生枝条顶端开始脱落，一些植物的植株开始干枯。10 月上旬整个群落的色调呈现灰绿色，开始进入冬季相。

2.5　生 态 系 统

我国现存梭梭荒漠植被的总面积约 11.7 万 km^2，主要分布于新疆、内蒙古、青海和甘肃，并且植被盖度普遍较小，植被景观的斑块特征是小斑块多，大斑块少，斑块面积大小差别悬殊，多数斑块间的距离较大（郭泉水等，2005）。徐德炎和韩燕梁（1996）对新疆梭梭荒漠的研究表明，梭梭林是新疆荒漠生态系统中的重要组成部分，它对维护荒漠生态系统的稳定起主导作用。它既改变了荒漠下垫面的物理性状，增加了地面粗糙度，又对近地层的太阳辐射能、空气动能和水分循环产生了良好的调节作用。具体如下：①梭梭密林地的粗糙度较空旷对照地提高 217.2 倍，使其近地层风速较之降低 82.6%～87.5%，疏林地的风速也较之降低

34.1%～56.9%，有效地防止了地面风蚀及风沙流的移动。②梭梭林对空气温、湿度具有良好的调节作用，林区 6～8 月平均气温、平均最高气温和 7 月平均气温分别比空旷区降低 2.2℃、1.4℃和 1.6℃，使冬季 1 月平均气温、平均最低气温分别提高 1.1℃和 1.6℃，气温年较差缩小 2.1℃；可使 6～8 月绝对湿度和相对湿度增加 5.3Pa 和 14%，水面蒸发减少 28.5%。③梭梭林能增加土壤有机质含量，也可生产相当多的生物产量。

同时，宁虎森等（2017）对新疆荒漠梭梭林的研究表明，新疆梭梭林生态系统保育土壤、固碳释氧、增加营养物质、净化大气、防风固沙、生物多样性保护所提供的生态服务总价值高达 4 839 546.23 万元/a，单位面积价值量为 3.48 万元/($m^2 \cdot a$)。具体来看，防风固沙功能产生的价值量最大，为 3 475 546.33 万元/a，该功能对新疆梭梭生态系统整体生态服务功能价值的贡献率最大，占 71.82%；生物多样性功能价值排在第二位，为 687 248.37 万元/a，占全疆的 14.20%；其次为保育土壤功能 385 775.54 万元/a，占 7.97%；固碳释氧功能排在第三位，生态服务价值量为 280 925.12 万元/a，占 5.80%；净化大气环境和积累营养物质的生态服务功能产生的价值较小，仅为 491.33 万元/a 和 9559.53 万元/a，分别占全疆的 0.01% 和 0.20%。

第2篇　梭梭自然更新早期阶段的种群生态学基础

　　种群是群落结构与功能的基本单元，是生物进化和物种适应的基本单位（李博，2000），种内个体通过非定向变异与自然选择得以不断适应与进化。自然更新是种群生态学关注的焦点，种群能否实现更新，是其能否实现可持续发展的关键。种群是群落种类组成和结构的基础，在群落中种群一直处于不断变化的过程中，从种子产生、扩散、萌发、幼苗定居和建成到衰老枯倒，每个阶段都面临着适应外界环境变化的挑战。因而，在这个过程中的每个阶段，各个因子都会影响种群更新的完成。为了适应外界环境压力，不同物种采取不同的更新策略。自然更新受到物种本身生物生态学特性、生境条件、与相邻物种的关系及干扰类型、尺度、强度、频率等诸多方面的影响。有些物种因受多种因素的制约，不能及时更新而被其他物种所替代，有些物种则能通过一种或多种更新策略，延续并保持其在群落中的地位，维持了群落的稳定（李小双等，2007）。

　　本篇立足种群生活史过程，重点关注种子生产、种子散布和土壤种子库三大过程，阐述梭梭自然更新相关过程的种群生态学基础。

第3章 种子生产

种子既是植物有性生殖的终极产物，又是有性生殖的起始开端，也是植物散布及度过环境不良时期的载体，对植物种群更新及扩展具有重要影响，因而在植物生态学及进化生物学研究中具有重要意义（Heydecker，1972；Harper，1977；Abrahamson，1979；Solbrig，1981；Bertin，1982；Quninn and Hodgkinson，1984；Hancock and Pritts，1987；Allan，1989）。植物在有性生殖过程中产生的种子数量（种子产量）一方面反映了该物种的生物学特性，另一方面反映了其对环境的适应方式及环境对植物有性生殖过程的影响（Heydecker，1972；Solbrig，1981；Wilson，1985）。种子产量对保证植物有足够的种子，经散布形成土壤种子库，避开不良环境或时机，遇适宜条件实现幼苗建成，维持种群数量补充机制，进而实现种群的稳定与发展具有重要意义。

本章重点关注不同生境条件、不同个体大小与种子生产之间的关系。探讨生境条件对单株种子产量（结实量）的影响，并以此为基础，构建植株个体形态参数（高度、基径、冠幅）与其种子生产量关系的数学模型。

3.1 种群概况

在梭梭主要分布区新疆准噶尔盆地开展大范围踏查的基础上，在古尔班通古特沙漠边缘选择了6种典型生境中生长的梭梭种群进行种子产量测定，作为种子生产建模样本种群，相应种群的生境气候特征、生境类型及特征和不同生境条件下梭梭种群的基本特征分别见表3.1～表3.3。

（1）Y-01和Y-02样地位于准噶尔盆地西北缘。

① 山前戈壁样地（Y-01）位于哈拉阿拉特山前部低山丘陵斜坡地，受常年西北风剥蚀的影响，该区山丘、沙漠交错，自然植被异常贫乏，山地严重缺水，地下水埋藏很深。

② 干涸湖底样地（Y-02）位于玛纳斯湖水体收缩后的古湖盆沉积区，该区属于乌尔禾盆地，地下水位较高。20世纪70年代以前，地表以下1m左右见水，90年代地表以下2m左右见水（乌尔禾区党史办公室，1999）。

（2）Y-03～Y-05样地位于准噶尔盆地西南缘新疆甘家湖梭梭林国家级自然保护区。这里有准原始状态下，世界上面积最大、保护最完整的荒漠梭梭天然次生灌木林区。该保护区内梭梭生境类型多样，长势差异明显。鉴于此，选取了黏质灰漠土（Y-03）、盐渍化沙地（Y-04）和沙壤质灰棕色荒漠土（Y-05）3 种典型生境上的梭梭植株进行种子产量调查。

① Y-03 样地：土壤黏重、板结，透水、透气性较差，不利于梭梭生长，植株较矮小。

② Y-04 样地：地表具有松脆的盐壳，盐壳以下为潮湿松软的沙壤土，表层积盐层含盐量很高，致使梭梭天然更新不良，植株生长稀疏，但较高大。

③ Y-05 样地：地形平缓，土层厚，质地较细，土壤水分条件补给优越，梭梭密布，生长旺盛而高大（新疆林业科学院，2000）。

（3）沙土样地（Y-06）位于古尔班通古特沙漠东南缘。该地区地下水位在 3m 左右，且随季节变化略有变动。冬季积雪厚度一般在 20cm 以上，冻土层厚度多在 1.5m 左右。区内主要为沙漠地貌，多由垄状沙丘组成，呈东南—西北走向，沙垄高度多为 5～20m，为固定半固定沙丘。土壤类型主要为风沙土，其下有少量黏土层（刘国军等，2010b）。

表 3.1 梭梭种群生境气候特征

样地	气温/℃				降水量/mm			平均蒸发量/mm
	1 月均温	7 月均温	1 月最低温	7 月最高温	平均值	最小值	最大值	
Y-01	−15.8	27.8	−40.2	43.8	96.4	56.0	117.8	3016.4
Y-02								
Y-03	−19.2	26.2	−42.1	43.7	150.0	97.2	180.0	2000.0
Y-04								
Y-05								
Y-06	—	—	−42.6	43.0	176.0			2141.0

表 3.2 梭梭种群生境类型及特征

样地	地理坐标	海拔/m	生境类型及特点	土壤理化性质				
				土层深度/cm	pH	电导/（mS/cm）	有机含量/（g/kg）	总盐含量/（g/kg）
Y-01	北纬 46°10.012′ 东经 85°33.087′	419	山前戈壁，基质大部分由物理风化的岩石碎片构成	0～10	8.90	0.095	4.294	0.755
				10～20	9.03	0.077	2.910	0.700
				20～30	9.04	0.083	2.341	0.750
				>30	8.95	0.108	2.836	0.800
Y-02	北纬 45°50.460′ 东经 85°55.593′	252	干涸湖底，土壤为盐化沙质土壤	0～10	9.37	7.940	6.699	25.350
				10～20	8.98	6.820	3.855	23.330
				20～44	8.66	2.480	3.064	9.550
				44～68	8.68	3.240	4.324	13.150
				>68	8.57	1.590	2.543	5.850

续表

样地	地理坐标	海拔/m	生境类型及特点	土壤理化性质				
				土层深度/cm	pH	电导/（mS/cm）	有机含量/（g/kg）	总盐含量/（g/kg）
Y-03	北纬 44°56.588′东经 83°32.268′	231	黏质灰漠土，地形平坦，土壤黏重、板结，透水、透气性差	0～17	8.67	1.430	11.266	4.525
				17～27	8.06	2.900	6.818	10.050
				27～57	7.73	5.680	10.120	20.950
				57～90	8.57	0.634	2.196	2.350
				90～97	8.24	0.891	2.026	3.250
				>97	8.22	0.923	2.017	3.175
Y-04	北纬 44°56.737′东经 83°32.368′	219	盐渍化沙土，地表有松脆盐壳，下部为潮湿松软的沙壤土，水分条件较好	0～10	7.16	15.150	46.236	42.050
				10～20	7.35	9.100	11.832	37.500
				20～34	7.45	8.040	9.477	31.550
				34～69	7.69	4.350	3.591	17.975
				69～72	7.77	3.780	3.779	13.850
				72～86	7.85	3.160	3.076	11.600
				>86	7.85	3.560	2.693	13.250
Y-05	北纬 44°56.224′东经 83°32.553′	208	沙壤质灰棕色荒漠土，地形平缓，土层厚，肥力较高，质地较细，水分条件优越	0～10	9.57	2.090	10.672	9.150
				10～20	8.12	1.770	10.511	6.875
				20～37	7.9	1.258	13.545	4.975
				37～40	7.68	1.254	60.597	4.825
				>40	8.03	0.930	9.815	3.775
Y-06	北纬 44°11.803′东经 89°33.632′	648	风沙土，下有少量黏土层，干燥少雨，地下水位较浅	0～30	8.53	0.123	1.510	0.060
				30～60	7.81	0.705	4.500	0.310
				>60	8.63	1.340	7.890	0.500

表 3.3　不同生境条件下梭梭种群的基本特征

样地	种群密度/（株/hm²）	平均冠幅/（mean±SD, cm²）	平均高度/（mean±SD, cm）	平均基径/（mean±SD, cm）	种子千粒重/（mean±SD, g）
Y-01	2 320±955	9 692.64±10 052.06	67.91±34.05	3.59±2.63	2.393 1±0.602 6
Y-02	568±159	61 879.59±79 621.91	198.27±84.22	9.38±8.43	1.735 7±0.244 1
Y-03	4 843±1 491	7 659.06±12 659.45	125.05±55.68	3.85±2.83	2.090 2±0.337 1
Y-04	2 261±1 164	13 904.50±23 512.89	162.58±81.28	5.37±5.09	1.673 4±0.300 5
Y-05	1 739±415	41 124.01±54 963.84	240.34±105.10	8.58±6.34	1.489 6±0.265 3
Y-06	500±165	37 402.74±27 778.98	181.37±70.38	5.76±2.90	2.442 0±0.390 1

注：mean±SD 为平均数±标准差。

3.2 种 子 产 量

在不同生境的每一梭梭种群内,根据种群内个体形态参数的分布范围(主要考察高度、基径、冠幅 3 个参数),尽可能间隔均匀地选取大小不同的个体 8~12 株,共选择 6 种不同生境条件下(Y-01~Y-06)的典型梭梭种群,标记为 P-01~P-06。在各典型种群内,分别选择样本 12 株、8 株、12 株、11 株、12 株、12 株,测量每一样株的高度、基径、冠幅参数,并测定单株种子产量。为准确统计种子产量,于梭梭种子即将成熟,但尚未脱落的季节,将所选植株用网目 1mm 的尼龙网整体封闭,处理好尼龙网与梭梭主干的密闭,以保证梭梭种子不会从结合部散失(图 3.1)。待梭梭种子成熟脱落后,以单株为单位,进行种子收集,并带回实验室。在实验室内,手工去除同化枝等各种杂质(梭梭种子与干枯同化枝等杂物的质量相近,分离困难,所有种子先经风力分离、簸箕筛分,再通过人工拣选,最后得到纯净种子,准确称量单株种子产量),并进行种子千粒重测定。

图 3.1　不同大小梭梭种子生产采样个体

不同生境梭梭单株种子产量差异较大(表 3.4)。P-03 梭梭种群单株种子产量最低,平均单株种子数量仅有 1056 粒;P-02 梭梭种群单株种子产量最高,平均单株种子数量高达 140 823 粒,是测定种群最低单株种子数量的 133 倍。从种子千粒重来看，梭梭种子千粒重的变异也较大。P-06 梭梭种群种子质量最好，平均千粒重为 2.44g；P-05 梭梭种群种子质量最差，平均千粒重仅为 1.49g。同时，从表 3.4 的数据可知，梭梭种子生产的数量非常高。

表 3.4　不同生境梭梭种群种子生产的基本特征

种群	单株种子产量/g			千粒重/g			种子数量/粒		
	平均值	最小值	最大值	平均值	最小值	最大值	平均值	最小值	最大值
P-01	58.66	0.50	339.56	2.39	1.56	3.67	24 338	239	133 901
P-02	256.90	1.50	1 555.63	1.74	1.39	2.02	140 823	920	782 825
P-03	2.36	0.02	7.81	2.09	1.63	2.77	1 056	7	4 108
P-04	6.70	0.02	41.15	1.67	1.23	1.99	3 856	16	20 638
P-05	8.65	0.08	44.3	1.49	1.15	2.06	4 951	67	21 501
P-06	24.32	0.10	109.91	2.44	1.58	3.22	9 815	43	42 736
综合	48.61	0.02	1 555.63	1.99	1.15	3.67	24 641	7	782 825

3.3　形态参数与种子产量

相关分析表明（表 3.5）：准噶尔盆地古尔班通古特沙漠 6 种典型生境上，梭梭植株形态参数冠幅、高度、基径与种子产量间均具有较高的相关系数。

P-01 梭梭种群：相关系数由高到低依次为冠幅、基径、高度，其中冠幅与种子产量的相关系数显著性检验达到显著水平。

P-02 梭梭种群：相关系数由高到低依次为冠幅、高度、基径，其中冠幅和高度达到显著水平。

P-03 梭梭种群：相关系数由高到低依次为高度、基径、冠幅，三者均达到极显著水平。

P-04 梭梭种群：相关系数由高到低依次为基径、冠幅、高度，其中仅基径达到显著水平。

P-05 梭梭种群：相关系数由高到低依次为冠幅、高度、基径，其中冠幅达到极显著水平，高度和基径达到显著水平。

P-06 梭梭种群：相关系数由高到低依次为高度、冠幅、基径，其中高度达到极显著水平，冠幅达到显著水平，基径不显著。

综合各样地数据，相关系数由高到低依次为冠幅、基径、高度，三者均达到极显著水平。同时，各样地植株形态参数之间相关关系明显，除高度与冠幅（P-01）、高度与基径（P-02）相关系数显著性检验达显著水平，高度与基径（P-01）不显著外，其余各相关系数均达到极显著水平。

表 3.5　植株形态参数与种子产量的相关分析

种群	形态参数	高度	基径	种子产量
P-01	冠幅（C）	0.684*	0.939**	0.693*
	高度（H）	—	0.439	0.513
	基径（D）	—	—	0.588
P-02	冠幅（C）	0.925**	0.893**	0.722*
	高度（H）	—	0.682*	0.673*
	基径（D）	—	—	0.593
P-03	冠幅（C）	0.894**	0.895**	0.742**
	高度（H）	—	0.939**	0.880**
	基径（D）	—	—	0.771**
P-04	冠幅（C）	0.890**	0.962**	0.499
	高度（H）	—	0.913**	0.490
	基径（D）	—	—	0.630*
P-05	冠幅（C）	0.784**	0.867**	0.669**
	高度（H）	—	0.855**	0.621*
	基径（D）	—	—	0.564*
P-06	冠幅（C）	0.953**	0.930**	0.648*
	高度（H）	—	0.940**	0.655**
	基径（D）	—	—	0.495
综合	冠幅（C）	0.743**	0.921**	0.672**
	高度（H）	—	0.752**	0.324**
	基径（D）	—	—	0.562**

* 相关性显著（$P<0.05$）。
** 相关性极显著（$P<0.01$）。

　　相关分析结果表明，冠幅、高度、基径与种子产量间及它们彼此之间均具有较好的相关性。其中，冠幅对种子产量的贡献最大，其后依次为高度、基径。从植物生长的角度来看，冠幅越大，植株将具有更多的同化枝，光合作用的面积也越大，使物质和能量的积累更多，为种子产量的增加奠定了物质基础。而高度越高，植株将占据更多的资源空间，有利于中下部的枝条更好地吸收阳光，进而提高光合效率。对于基径而言，基径变粗，会使植株高度增加，从而分枝数增多，冠幅也随之较大。基径对种子产量的影响主要是通过高度和冠幅间接反映出来的。种子产量是一个数量性状，与植株个体的营养状况密切相关。营养状况好的个体体积较大，生殖生长具有一定优势，从而生产出较多的种子（马绍宾等，1997，2001）。

3.4　通 径 分 析

相关系数是表示相关变量间平行关系的一个统计量，相关程度的高低并不能说明变量间作用的方向和大小，而通径分析是一种处理多元相关变量的统计方法，能有效直观地表示变量间直接、间接作用与相互关系，在生态学领域有较好的应用前景（郭继勋和祝廷成，1993；林全业，1996；孙书存和钱能斌，1999）。

通径分析表明（表 3.6）：为适应不同生境条件，植株形态特征存在较大差异。同样，与梭梭种子产量关系密切的形态参数也存在较大差异。

表 3.6　植株形态参数影响种子产量的通径分析

种群	形态参数	直接作用	间接作用（通过）			总作用
			冠幅	高度	基径	
P-01	冠幅（C）	2.033	1.000	−0.251	−1.088	0.694
	高度（H）	−0.367	1.391	1.000	−0.509	0.515
	基径（D）	−1.159	1.909	−0.161	1.000	0.589
P-02	冠幅（C）	2.085	1.000	−0.672	−0.690	0.723
	高度（H）	−0.727	1.929	1.000	−0.527	0.675
	基径（D）	−0.773	1.862	−0.499	1.000	0.590
P-03	冠幅（C）	−0.112	1.000	1.227	−0.373	0.742
	高度（H）	1.372	−0.100	1.000	−0.392	0.880
	基径（D）	−0.417	−0.100	1.288	1.000	0.771
P-04	冠幅（C）	−1.383	1.000	−0.379	2.261	0.499
	高度（H）	−0.426	−1.231	1.000	2.146	0.489
	基径（D）	2.350	−1.330	−0.389	1.000	0.631
P-05	冠幅（C）	0.652	1.000	0.325	−0.308	0.669
	高度（H）	0.414	0.511	1.000	−0.304	0.621
	基径（D）	−0.355	0.565	0.354	1.000	0.564
P-06	冠幅（C）	0.727	1.000	1.084	−1.163	0.648
	高度（H）	1.137	0.693	1.000	−1.175	0.655
	基径（D）	−1.250	0.676	1.069	1.000	0.495
综合	冠幅（C）	1.139	1.000	−0.266	−0.202	0.671
	高度（H）	−0.358	0.846	1.000	−0.165	0.323
	基径（D）	−0.219	1.049	−0.269	1.000	0.561

Y-01 和 Y-02 样地：冠幅对种子产量的贡献最大，其作用方向为正向。其后依次为基径和高度，两者的作用方向为负向，它们主要通过冠幅间接影响种子产量。

Y-03 样地：高度对梭梭种子产量的贡献最大，其作用方向为正向。其后依次为基径和冠幅，两者的作用方向为负向，它们主要通过高度间接影响种子产量。

Y-04 样地：基径对梭梭种子产量的贡献最大，其作用方向为正向。其后依次为冠幅和高度，两者的作用方向为负向，它们主要通过基径间接影响种子产量。

Y-05 样地：冠幅对种子产量的贡献最大，其作用方向为正向。高度对种子产量的正向作用也较大，基径对种子产量的作用为负向。高度和基径都主要通过冠幅对种子产量产生影响。

Y-06 样地：基径对种子产量的贡献最大，但其作用方向是负向的。其后依次为高度和冠幅，两者的作用方向均为正向，两者对种子产量的贡献也较大。

综合各样地的数据进行通径分析，结果表明：冠幅对种子产量的贡献最大，其后依次为高度和基径，它们主要通过冠幅间接影响种子产量。

种子产量与植株个体大小呈正相关具有一定的普遍性，马绍宾等（2001）在对桃儿七种群、杨允菲等（1995）在对星星草种群的研究中都得到了相同的结论。种子产量除和植物个体大小有关，还与一系列生境要素（如海拔、土壤、光照、温度、水分等）有关。影响植物种子产量的因素很多，过程也极其复杂。它是植物自身的生物学特性与环境影响长期适应的综合结果。同时，由于各样地自然环境的差异，梭梭种群的密度、植株的长势均存在较大差异，进而在不同生境条件下，同一形态参数对种子产量影响的大小也存在差异。

Y-01 样地：梭梭在水分稀缺、风多且大的恶劣环境下，水分吸收、运输的困难造成植株过早地产生组织分化，高度生长受到抑制，表现出匍匐生长的特性，植株高度差小，高度与其他参数间的相关性也较小。这说明高生长在受到强烈抑制后，变化趋向独立于其他参数。植株在高生长受到抑制的情况下，被迫选择横向发展，以扩大光合面积，表现为冠幅的增大，而冠幅的大小明显受分枝数制约。冠幅为植物暴露在空气中顶部面积的大小，由多数稠密的分枝及枝上叶构成，分枝数越多，冠幅越大；同时小分枝起源于基径部位，由于生长的相关性，分枝数的多少也受基径的影响，基径越大，产生分枝的可能性就越高（孙书存和钱能斌，1999）。因此，冠幅、基径与种子产量的关系可以表示为基径→冠幅→种子产量。可见，该样地的冠幅和基径对种子产量的影响较大，而高度的作用弱化。

Y-02 样地：该生境地下水位较高，水分条件优越，但该土壤表层聚盐现象十分严重，并形成一层坚硬的盐壳。这不利于种群自然更新，使种群密度较低，不过植株个体生长没有受到明显限制。植株形态参数对种子产量的贡献由大到小依次为冠幅、基径、高度。

Y-03 样地：虽然生境土壤板结严重、透水透气性较差，但该地区地下水位较高，水分供应充足，所以梭梭以高密度的小个体植株来适应立地的自然环境。但植株密度较高，冠幅的发展受到一定程度的抑制，植株选择通过高度增长来获取更大的资源空间，表现为高度增加，同时基径也增加，进而导致冠幅也有一定程度增加，最后使光合面积增加。因此在该生境下，高度对种子产量的影响最大，其次为基径，最后为冠幅。

Y-04 样地：由于土壤含盐量较高，不利于梭梭的水分吸收、运输，该生境梭梭植株整体高度较低。这缩短了根部水分到达叶部的距离，有利于水分的有效输送（Tyree and Ewer，1991）。同山前戈壁样地一样，该地梭梭在高生长受到抑制的前提下，通过基径的增加，进而增加冠幅，以获得更好的生存环境。所以，该样地基径对梭梭种子产量的贡献最大，其后依次为冠幅和高度。

Y-05 样地：由于土层较厚，土壤水分条件优越，植株个体生长没有受到明显的限制，植株形态参数对种子产量的贡献由大到小依次为冠幅、高度、基径。

Y-06 样地：该样地水分条件较差，又位于古尔班通古特沙漠边缘，蒸发强烈，植物为了减少蒸腾，叶面积较小，冠幅生长也受到一定限制。因此，该样地地基径对种子产量的贡献最大，其后依次为高度和冠幅。

由于生境差异，植株长势差异明显，对种子产量贡献最大的形态参数也将产生差异。这种差异是植物对异质性生境的积极响应，是植物生存策略在植株形态上的反映。

植物在进化过程中，不断与周围环境发生选择与被选择，最终形成许多外在形态和内在生理上的适应策略。然而环境总是存在不同程度的异质性，植物在与环境相互作用的过程中，总会以"扬长避短"的方式向有利的方向发展，最大限度地削弱不利环境的影响（胡启鹏等，2008）。具体表现为植株个体长势、水分利用策略、繁殖策略、种群密度等个体和种群水平上的适应差异。

3.5　种子产量预测模型

综合考虑各个样地相关分析和通径分析的结果，植株的形态参数对种子产量（M，g）的贡献由大到小依次为冠幅（C，cm^2）、高度（H，cm）、基径（D，cm）。同时引入冠幅和高度的乘积 CH 作为自变量。以 C、H、D、CH 为自变量，M 为因变量进行多元逐步回归分析，基径（D）由于与种子产量相关性相对较低，程序将其自动排除，最后得到回归方程：

$$M(g)=178.572+3.47\times10^{-5}\times CH^{-1.106}\times H^{-0.007}\times C$$

显著性检验表明：178.572、3.47×10^{-5}、-1.106、-0.007 及回归方程均达到极显著水平。相关系数 $R=0.830$，决定系数 $R^2=0.688$，回归方程整体拟合效果较好。

第 4 章 种 子 雨

种子雨阶段是植物自然更新的关键环节，直接影响植物种子的散布（于顺利等，2007），进而对种子萌发、幼苗存活、生长等一系列生态过程产生决定性的影响（Clark et al.，1998；Nathan et al.，2000b；Parciak，2002）。它影响种子密度、被捕食率、种子与母树的距离、种子到达的生境类型及建成的植株将与何种植物竞争等，从而影响幼苗的存活和建成，最终影响植物种群的生长和繁衍（Clark et al.，1999a；李宏俊和张知彬，2001；Seidler and Plotkin，2006）。它代表种子的扩散运动及寻求最佳萌发时间和空间的过程（班勇，1995）。由于种子雨格局受到植物物候、果实或种子特征（如大小、形态和开裂方式）等自身特性和外界环境（如风、动物等传播媒体）的影响，不同植物及同一植物不同种群之间都可能存在着差异，而这些差异正是物种或种群对特定环境长期适应的结果（胡星明等，2005）。认识不同区域种群种子雨的时空格局特征，对于种群的繁殖、种群的扩展、种群遭破坏后的恢复和物种抵抗不良环境有着重要意义。

种子雨过程直接影响土壤种子库储量与动态，是植物群落生态学研究的重要内容。由于林木自身的特点和生态环境的异质性，种子雨在发生时间、雨量、雨强及散布特征方面存在很大差异。本章重点关注不同生境条件下梭梭林种子雨的时空动态，以及不同时期散落种子的质量差异（萌发能力），以期对这一过程的基本特征有清晰的把握。

4.1 研 究 方 法

在古尔班通古特沙漠边缘选择两条东西向沙垄，在两条沙垄之间的丘间地设置天然梭梭林种子雨样地。样方呈东西向，南北宽 25m，东西长 150m。种子雨收集器布置采用典型网格法，以 5m 为间隔，在样方中均匀布置，共布设 96 个收集器。种子雨收集器由周长 1m 的圆形铁丝收集圈和网目 1mm 的尼龙网组成。圆形收集圈由 3 根长约 40cm 的粗铁丝支撑。收集圈圈口距离地面 30cm，尼龙网底部距离收集圈圈口 25cm，距离地面约 5cm。种子雨收集器的布设于 2008 年 10 月 20 日完成。种子收集工作自 2008 年 11 月初种子开始自然下落开始，直至 2009 年春季种子雨结束时为止。每月定时收回收集器中的种子和其他凋落物，带回实验室对收集物进行人工分拣，统计种子数量，保存备用。

取不同时间收回的种子，进行种子萌发实验，以掌握不同时期梭梭种子生活力状况的变异。将 50 粒种子均匀放入底部垫有两层滤纸的、直径 90mm 的培养皿中，加入蒸馏水至滤纸饱和，盖上培养皿盖，置于光照培养箱中，每天记录培养皿中萌发种子的数量，并将已萌发的种子拣出。种子萌发实验持续 10d，每一处理重复 4 次。萌发条件为 10℃恒温，每天光照 12h（黄振英等，2001b）。

种子雨密度计算公式为

种子雨密度=种子数量/收集面积

种子雨的空间分布用变异函数（胡星明等，2005）的主要参数块金值、基台值、尺度、空间结构比等来反映，并以此为基础用插值法分析空间格局。使用 GS+7.0 软件计算变异函数的主要参数。

4.2 种子雨密度

种群种子雨密度反映了树木结实能力及其潜在的更新能力。2008～2009 年，梭梭种子雨从 2008 年 11 月初开始，到 2009 年 1 月中下旬基本结束，持续近 3 个月。其间不同时间不同种子雨收集器所收集到的梭梭种子雨密度，从最少的 0 粒/m^2 到最多的 1175 粒/m^2，变异较大。整个种子雨过程，梭梭种子雨的累积密度平均达到 189 粒/m^2，局部小环境种子雨累积密度达到 2413 粒/m^2（表 4.1）。可见，梭梭种子雨的总量是比较大的。同时，梭梭种子雨中有活力种子约占 80%，说明种子雨过程中散落的种子大部分具有生命活力。综上所述，梭梭种子雨过程表现出种子雨强度大且质量较高的基本特征，体现了梭梭自身的繁殖特性及对沙漠地区严酷自然环境的适应。

表 4.1 不同取样时间种子雨的基本特征

取样时间	种子雨密度/（粒/m^2）			变异系数/%
	平均值	最小值	最大值	
2008-11-8	71	0	1175	259
2008-11-15	52	0	400	154
2008-11-22	38	0	788	337
2008-12-6	15	0	563	564
2009-1-15	13	0	388	378
总计	189	0	2413	201

注："总计"是对每一个种子雨收集器，在 2008-11-8、2008-11-15、2008-11-22、2008-12-6、2009-1-15 共 5 次采集到的种子数量的总和基础上计算平均值和变异系数。

梭梭种子雨中有活力种子约占散落种子总量的80%。相对于其他树种来说，川西亚高山65年人工云杉林（Tyree and Ewer，1991）无活力种子占种子雨总量的29.42%；东北帽儿山刺五加种群（Moles et al.，2004）种子雨中未成熟种子所占比例较高，平均为49.7%，最高达63.1%；辽东山区长白落叶松（Howe and Smallwood，1982）种子雨中无活力种子占种子雨总量的70%；川西南山地高山栲种群（邹春静等，1998）败育种子占种子雨总量的89.2%~94.7%。这说明梭梭种子雨中有活力种子比例较高，种子雨质量较好。

4.3　种子雨密度的时间动态

种子传播是一个随时间变化的过程。对一个种群而言，尽管种群内部个体之间种子成熟的时间早晚不同，但种子雨过程仍有一定期限（邹春静等，1998）。从开始到结束，梭梭种子雨密度随时间的变化表现出明显的不同（图4.1）。由图4.1可以看出，种子散布高峰集中在11月初~11月15日，其落种量约占种子雨总量的65%，随后种子雨密度逐渐降低。到12月初趋于稳定，种子雨密度保持在较低水平。到第二年1月中旬梭梭种子散布基本结束，此时也是梭梭种子雨密度最小的时期。

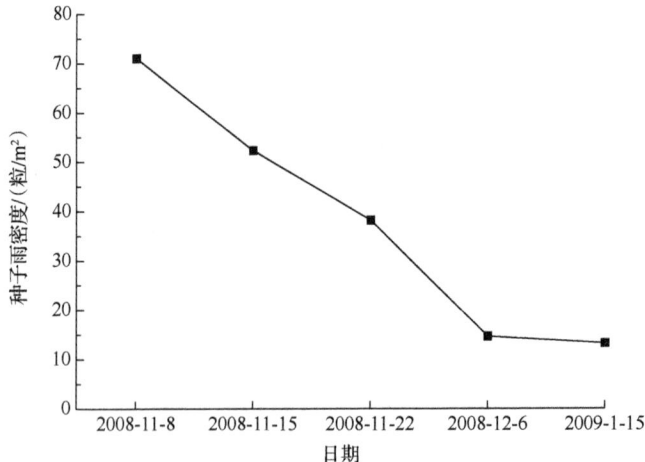

图4.1　种子雨密度随时间的变化

不同的树种种子雨降落的动态也不相同，黑龙江蒙古栎种子雨从8月20日开始下落，到9月20日结束，持续1个月的时间（王巍等，2000）；福建青冈天然林的种子和壳斗在 10 月中旬开始掉落，到 12 月下旬结束，历时 2 个月（沈泽昊等，2004）；湖北三峡柏木种子雨从 8 月开始降落到第二年的 5 月基本结束，历经 9 个月左右（王巍等，2000）。可见，梭梭种子雨持续时间相对较长。同时，高山栲（邹春静等，1998）、云杉（肖治术等，2003）、油松（Greene et al.，2008）、白背桐（韩有志和王政权，2002）等树种的整个种子雨过程中，种子雨过程初期开始，种子雨量较小，其后逐渐增大，直到达到最大值；种子雨过程后期种子雨量又逐渐减少至较低水平。而梭梭从种子雨过程一开始，种子雨量就达到整个种子雨过程的最大值，其后随时间逐渐减少，到种子雨后期，维持在相对较低的水平。造成这种现象可能的原因是梭梭种子雨过程与气象因子关系密切。据观察，梭梭种子在 10 月底～11 月初成熟，此时，偶然的一场大风或降雨（雪）都将会造成梭梭种子的集中大量散落。

4.4　种子雨质量的时间过程

植物个体结实枝条在空间分布上的差异，导致植株不同方向、不同部位种子的发育过程、营养条件及所处的微环境条件等均有差异。同时，光照、风力、风向等状况对不同部位种子的影响也有差异。因此，同一植株所生产种子的质量在时间（图 4.2）和空间上均具有异质性。在种子散落过程中的不同时期，所散落种子的萌发率差异显著（$P<0.05$）。种子雨过程初期散落的种子，其质量相对较差，平均种子萌发率相对较低，为 75.33%。其后，散落种子的平均萌发率逐渐升高。到 12 月初，散落种子的质量最好，种子的平均萌发率最高，达 82.57%。1 月以后，散落种子的平均萌发率较 12 月初降低，但在整个种子雨过程中仍处于较高的水平。整个种子雨过程，不同时期散落种子的平均萌发率呈现先增大后减小的趋势。同时，整体上梭梭种子雨中有活力种子约占全部散落种子量的80%（图 4.2）。

从梭梭种子雨种子质量的时间动态来看，种子雨过程初期，种子雨质量相对较差，种子活力相对较低。种子雨过程中后期，虽然种子雨密度较低，但种子雨质量较好（图 4.1 和图 4.2）。早期掉落的质量较差的种子有可能成为部分摄食动物的食物，有利于保护中后期饱满成熟有萌发能力的种子存留在种子库中，为实生苗更新提供了足够的种子保证（Gibson，1989）。同时，相对集中的种子散布高峰期（Simpson，1989；Greene et al.，2008），种子集中于较短时间内大量散落，使摄食动物的摄食量占种子雨量的比例减小，提高了不良环境条件下种子留存的机会，从而有利于种子存留在种子库中（Gibson，1989）。

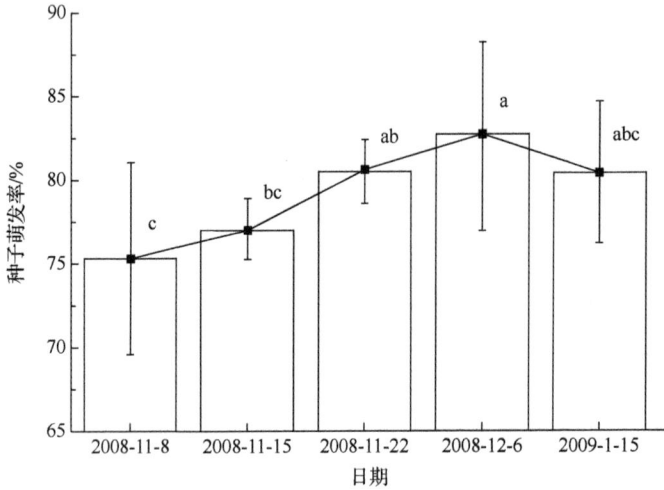

图 4.2 种子萌发率随时间的变化（$P<0.05$）

小写字母不同表示差异显著（$P<0.05$），小写字母相同表示差异不显著（$P>0.05$）

4.5 种子雨的空间分布

种子传播是一个空间过程。种子雨通过各种传播营力在三维空间中重新配置，对于植物种群内个体分布格局具有决定性作用（邹春静等，1998）。梭梭种子雨的分布具有较为明显的空间异质性（表 4.1）。种子雨由空间自相关引起的空间异质性占总空间异质性的 84.5%，而由随机因素引起的空间异质性仅占总空间异质性的 25.5%。同时，由图 4.3 可以看出，梭梭种子在空间上呈聚集分布，这可能与结实母株的集群分布有关。同时，不同取样时间种子雨收集器收集到的种子的数量差异非常大，其变异系数均大于 1（表 4.1），这在一定程度上也体现了梭梭种子雨在空间上的聚集分布格局及其较强的空间异质性。

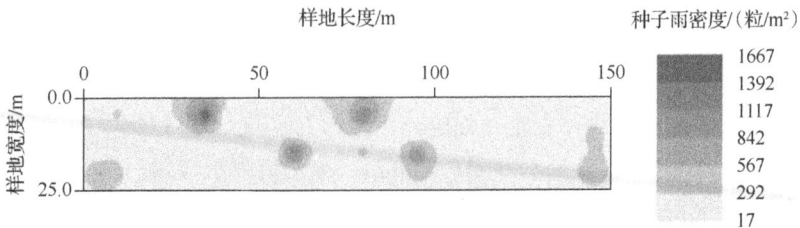

图 4.3 种子雨密度的空间变异

对梭梭种子雨进行各向同性的变异函数分析显示，滞后距离大于 40m 时，计算的变异函数值摆动性较大。但在 40m 的滞后距离内，变化具有规律性。即在小的分隔距离内，有较低的变异函数值，随着分隔距离的加大，变异函数值也增大，并逐渐趋于平稳。以 40m 为最大滞后距离进行理论模型拟合，结果显示种子雨的自相关尺度为 8.120m。在该尺度内，种子雨具有明显的空间格局。其空间结构方差与总变异方差的比值为 0.500（表 4.2），说明种子雨由空间自相关和随机因素引起的空间异质性各占 50.0%。而在这个尺度之外，种子雨在空间上的变化表现出随机性。同时，由图 4.3 可以看出，种子雨高密度斑块面积较大，梭梭种子在空间上呈聚集分布。

表 4.2　变异函数分析结果

理论模型	块金值	基台值	空间变异比	自相关尺度/m	决定系数 R^2
指数模型	85 500	171 100	0.500	8.120	0.662

梭梭种子在散落过程中主要依靠重力和风力的共同作用进行扩散，在群落内部不同植株树冠的相互阻挡减小了风的作用力，从而使种子主要降落在母树树冠范围内，而母树的聚集分布直接导致了种子雨的聚集分布（Uhl et al., 1981）。梭梭种子雨陆续下落的种子形成了异质性的空间分布格局。在母株附近，有聚集分布的特征。远离母株后，倾向于随机分布（图 4.3）。种子雨以母树为中心的扩散格局一直是许多生态学家研究的重点，并且大多得出一致的结论，即种子主要集中在母树周围一定范围内，并随距母树距离的增加而减小（Michael, 1985；Simpson, 1989）。

梭梭种子雨空间分布格局也得到了类似的结论。通过种子雨散落的种子或是其他繁殖体，必须经受环境筛的考验，只有那些落入"安全岛"的种子才有生根出苗的机会（Harper, 1977）。从格局尺度看，梭梭种子雨的自相关尺度较小（8.120m）。"逃逸假说"认为，种子扩散的意义在于减少幼苗与母树的竞争、幼苗之间的竞争及母树附近的密制约性死亡率。远离母树的种子和母树附近的种子相比，出苗成功率较高（Bakker et al., 1996）。小尺度的种子雨异质性格局，对种群更新具有深刻的意义。因为这样的格局，使扩散的种子分布于多种小生境或微立地，可躲避密度制约的摄食和死亡，从而有更多的更新机会（Adel et al., 2003）。

现有研究没有对影响格局的因素进行调查分析，实际情况中影响种子雨散布格局的因素非常复杂，可分为生物因素和非生物因素，前者主要包括母树的分布情况（Michael, 1985）、植株高度（仲延凯和张海燕，2001）、种子重量（孙书存和陈灵芝，2000）及动物捕食（于洁等，2015）等，后者主要包括地形（刘济明，

1998）和风向（邓自发等，1997）等。要对梭梭种群种子散布格局进行详尽的分析，需要将各种影响因素考虑在内，进行更进一步的长期定位研究。

4.6　梭梭种群更新的种子雨基础

种群能否实现更新，是种群能否长久存在与发展的关键。种子植物自然更新的过程大致包括 3 个阶段：种子生产、种子运动（主要为种子扩散过程）和种子在适宜的地点萌发、建成，最后发育为成熟植物（肖治术等，2003）。然而，最基础也最关键的是多样性种子的生产（Greene et al.，2008）。梭梭不同种子雨时期散落种子萌发率的差异，在一定程度上反映了梭梭种子的异质性。它体现了梭梭种子的多样性，也为自然选择提供了物质基础。

梭梭由于生殖特性及长期对当地环境条件的适应，形成了自身特有的种子雨格局（班勇和徐化成，1995）。梭梭种子于 11 月初开始下落，此阶段下落的种子从外形上看体积偏小、干瘪，数量较多，但种子质量相对较差。种子雨开始阶段质量较差的种子大量集中散落，这可能是由于早期形成的种子数量很多，竞争激烈，结果产生较多败育的种子。由于其生存活力较低，果实较早与母株形成离层，且质量较小，易受风、雨等外界因素的影响和干扰，容易在早期脱落。这表明种子季节散布动态的具体变化除了与植物自身的结实特点有关，还受到自然因素的强烈影响。在种子雨散落早期，即 11 月初～11 月 15 日，该地区刚刚入冬，地表尚未形成稳定的积雪覆盖。以沙鼠为代表的各种动物为了储备过冬的食物，活动频繁，对梭梭种子的取食量较大。早期掉落的质量较差的种子，有可能成为部分摄食动物的食物，对后期飘落的完整种子起到保护作用（查同刚等，2003）。同时，相对集中的种子散布高峰期（王巍等，2000），种子集中于较短时间内大量散落，使摄食动物的摄食量占种子雨量的比例减小，提高了不良环境条件下种子留存的机会，从而有利于种子存留在种子库中（查同刚等，2003）。从 11 月底开始，整个地区均处于冬季最寒冷的时期，大地被厚厚的积雪覆盖，此时虽然梭梭种子雨密度较低（图 4.1），但种子的质量较好（图 4.2），这在一定程度上体现了梭梭的生殖特性与环境条件的协同作用。这是因为随着气温的迅速降低，降雪量相应增加，地表形成了稳定的积雪覆盖。此后掉落的种子被降雪所覆盖，有利于种子的保存。同时，冬季动物活动减少，动物对梭梭种子的摄食也较少。这一时期是最有利于梭梭种子保存的时期，同时这一时期也是整个种子雨过程中种子质量最好的时期。最好的种子在最有利于种子保存的自然时期掉落，体现了梭梭的**繁殖策略**对自然环境的积极适应，有利于梭梭的自然更新。

种子散布的空间格局构造了一个潜在的空间模板，它对未来种群甚至整个群落都将产生重要的影响（Nathan et al.，2000b）。在种子雨的格局研究中，采用地统计学的方法研究种群种子雨散布格局是近年来生态学中常用的方法（刘双和金光泽，2008）。

第5章 土壤种子库

土壤种子库是指存在于土壤上层凋落物和土壤中全部存活种子的总和（Simpson，1989）。同地上植被系统类似，种子进入土壤后形成的种子库是组成植物群落的重要部分，其自身也是一个潜在的群落体系（Michael，1985）。在以高等植物为主的大部分生境中，进入土壤的种子多以休眠形式存在，数量巨大，远超地面上植株的数量。种子散落后受到不同生态因子限制，最终萌发或腐烂死亡。土壤种子库时期是种子植物生活史的重要阶段。一方面，土壤种子库为植物群落的更新与恢复提供种源（Uhl et al.，1981），可以重塑和维持植物群落的多样性；另一方面，土壤种子库对地上植被的演替历史具有重要指示作用（Bakker et al.，1996）。土壤种子库是植被重建与恢复的种源基础，是植被恢复的重要模板，对植被恢复的进度和方向具有决定性作用（Adel et al.，2003）。对于干旱荒漠地区，土壤种子库是种子度过不良环境的"安全岛"，其中种子数量、活力直接决定适宜萌发环境条件到来时，可以用于萌发的种子数量。同时，其空间分布格局直接决定种子萌发时所处的微环境，进而影响种子萌发及幼苗生长，甚至对植物种群的更新及分布格局产生影响。

土壤种子库内所含的种子是特定生态系统的潜在植物种群，是种群定居、生存、繁衍和扩散的基础。土壤种子库在植被的发生和演替、更新和恢复过程中起着重要的作用。本章侧重于对不同生境条件下梭梭土壤种子库的数量及其空间分布特征进行讨论。

5.1 种子库样品收集

为了确保取样的代表性，在准噶尔盆地古尔班通古特沙漠边缘梭梭集中分布区选择生长于6种典型生境的梭梭种群（标记为P-01～P-06），分别设置土壤种子库调查样地，大小为25m×150m，朝向因不同生境条件而异。6种典型种群采用种子生产调查时选用的样地，其基本理化性质及梭梭种群基本特征见表3.2和表3.3。对样地内出现的所有梭梭植株进行标记，测量其树高、冠幅和基径，并在梭梭种子自然萌发尚未开始前，将每一样地划分为150个5m×5m的网格，采用网格法取样，在每一网格的几何中心，用内径35mm环刀取样。鉴于沙漠地区种子库绝大部分分布于表层土壤，采样深度采用 0～5cm，对所采集土壤种子库样品编号、详细记录相关信息并用封口袋封存。野外采样完成后，将样品带回实验室，先后过 2mm 和 0.2mm 土壤筛，并分拣出能辨别的带果翅和不带果翅的梭梭种子，统计种子数量；并按采样点分装、保存，以备后续种子萌发实验使用。

5.2　土壤种子库密度

　　不同生境梭梭种群土壤种子库平均密度差异显著（$P<0.05$）。P-01 和 P-02 种群土壤种子库平均密度较接近，分别为 535 粒/m² 和 696 粒/m²，显著高于其他种群。P-06 种群土壤种子库平均密度是 6 个采样种群中最小的，为 71 粒/m²。P-03、P-04、P-05 种群土壤种子库密度相差不大，处于中等水平，介于最高密度和最低密度之间。整体来看，种群平均土壤种子库密度为 71～696 粒/m²，也有局部小环境甚至出现密度高达 7534 粒/m² 的情况。可见，梭梭土壤种子库密度比较大。同时，不同梭梭种群之间土壤种子库密度变异系数分析表明，各种群土壤种子库密度的变异系数均较大且都大于 1，这说明梭梭土壤种子库密度分布极不均匀（表 5.1）。

表 5.1　不同生境种群土壤种子库的基本特征

种群	土壤种子库密度/（粒/m²）			变异系数/%
	平均值	最小值	最大值	
P-01	535[a]	0	5650	193
P-02	696[a]	0	7534	195
P-03	132[b]	0	758	142
P-04	111[bc]	0	2778	275
P-05	116[bc]	0	505	134
P-06	71[c]	0	758	217

注："平均值"栏中小写字母不同表示差异显著（$P<0.05$），小写字母相同表示差异不显著（$P>0.05$）。

5.3　土壤种子库空间分析

　　空间分析用变异函数（胡星明，2005）的主要参数即块金值、基台值、自相关尺度、空间变异比等来反映，并以此为基础用插值法分析空间格局。使用 GS+7.0 软件计算变异函数的主要参数。经测算，不同生境梭梭种群土壤种子库的半方差函数最优拟合模型及相关参数见表 5.2。各种群 R^2 为 0.67~0.99，具有较高的模型拟合度，可以反映各种群土壤种子库的空间异质性特征。空间分析表明，P-02、P-03 和 P-06 种群变异函数模型分别为球状模型、球状模型和指数模型，分别在变程 9.13m、7.00m 和 4.56m 范围内，土壤种子库具有明显的空间自相关性；P-01、P-04 和 P-05 种群变异函数模型均为线性模型，其空间自相关范围大于 P-02、P-03 和 P-06 种群，分别为 31.00m、16.27m、16.27m。同时，不同生境梭梭种群土壤种子库具有差异明显的空间异质性程度。P-02、P-03、P-06 种群由于空间自相关所引起的空间异质性所占比例较高，分别为 91%、99%、83%，在空间上呈现聚集分布；而 P-01、P-04、P-05 种群空间变异比为 0，表现为空间上的随机分布（图 5.1）。

表 5.2 土壤种子库密度变异函数分析结果

种群	理论模型	块金值	基台值	空间变异比	自相关尺度/m	决定系数 R^2
P-01	线性模型	957 950	957 950	0.00	31.00	0.83
P-02	球状模型	176 000	2 020 000	0.91	9.13	0.68
P-03	球状模型	100	34 260	0.99	7.00	0.67
P-04	线性模型	95 683	95 683	0.00	16.27	0.99
P-05	线性模型	23 918	23 918	0.00	16.27	0.74
P-06	指数模型	4 460	26 700	0.83	4.56	0.68

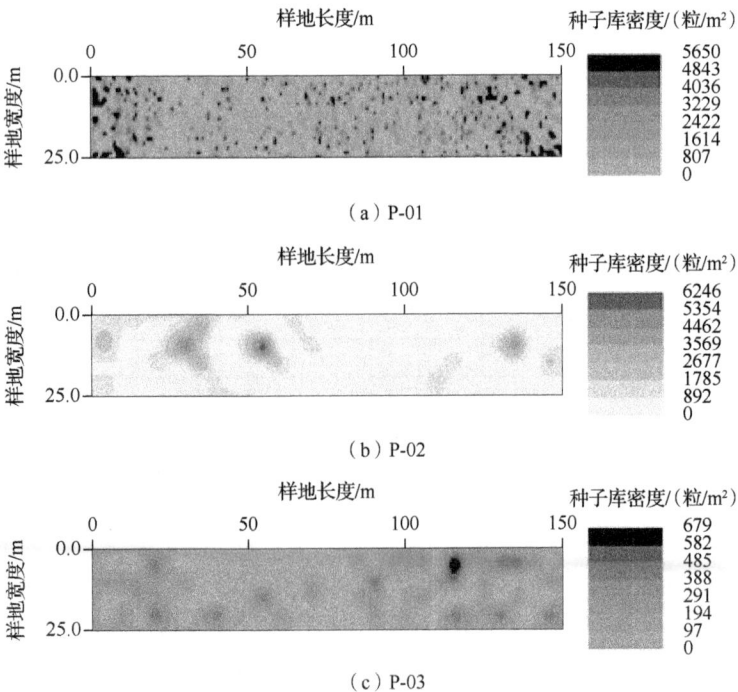

（a）P-01

（b）P-02

（c）P-03

图 5.1 土壤种子库密度的空间变异

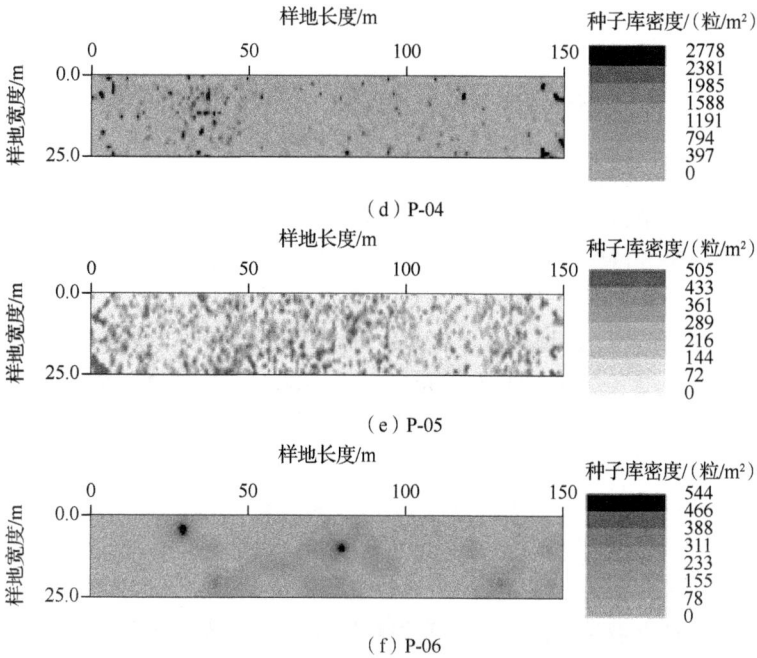

（d）P-04

（e）P-05

（f）P-06

图 5.1（续）

5.4　土壤种子库种子活力

不同生境梭梭种群土壤种子库中种子萌发率差异显著（$P<0.05$）。P-03 种群平均萌发率最低，为 2.08%。P-06 种群平均萌发率为 47.62%，在参试种群中种子萌发率最高。其他参试种群的平均种子萌发率在 9.09%～20.83%，萌发率较低。不同梭梭种群土壤种子库中梭梭种子萌发率从 2.08% 到 47.62% 不等，变异较大。整体来看，梭梭土壤种子库中有萌发能力的种子占参试种子库中所有种子的比例相对较高，平均为 18%（图 5.2）。

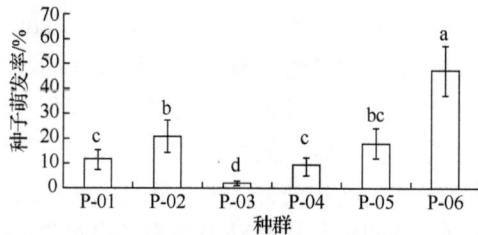

图 5.2　不同生境土壤种子库梭梭种子萌发率
小写字母不同表示差异显著（$P<0.05$），小写字母相同表示差异不显著（$P>0.05$）

5.5　梭梭种群更新的土壤种子库基础

土壤种子库是目前国内外比较活跃的植物生态学研究领域之一,研究范围几乎涉及全球主要气候带的各植被类型,包括热带、亚热带和温带森林、温带草原、荒漠,甚至寒带冻原及人工植被,研究对象包括乔木、灌木、1 年生草本和多年生草本等各种生活型(仲延凯和张海燕,2001)。由于种子抵达地表后的命运不同,种子库特征具有很大差异(孙书存和陈灵芝,2000)。从数量特征来看,沙生草本植物土壤种子库密度很低,如库布齐沙漠东段固定沙丘兴安虫实和尖头叶藜土壤种子库密度分别为 12 粒/m^2 和 102 粒/m^2(于洁等,2015);一般森林乔木土壤种子库密度也相对较低,如东灵山辽东栎土壤种子库存在时间约 100d,种子密度最高为 43 粒/m^2(孙书存和陈灵芝,2000);1993~1995 年梵净山栲树开始萌发时土壤种子库密度分别为 213 粒/m^2、57 粒/m^2 和 245 粒/m^2(刘济明,1998);而草原上的草本植物土壤种子库密度一般相对较大,如青藏高原矮嵩草草甸异叶米口袋和雅毛茛壤种子库密度分别为 2900 粒/m^2 和 4550 粒/m^2(邓自发等,1997)。本章所涉及的不同生境梭梭种群土壤种子库密度,从最少平均 71 粒/m^2 到最多平均 696 粒/m^2 不等。数量上,其与乔木树种土壤种子库相似,处于较低水平。陈云龙(2015)对古尔班通古特沙漠 3 种立地类型梭梭土壤种子库的研究得到类似结论。梭梭土壤种子库总是处于动态变化之中,它来源于种子雨,由种子雨不断输入,同时又通过腐烂、动物搬运、取食、衰老死亡、萌发而不断输出(孙书存和陈灵芝,2000)。按照 Thompson 和 Grime(1979)对土壤种子库的 4 种类型划分,梭梭土壤种子库属于类型Ⅲ,即许多种子在散布后就很快萌发,但一个小的活力种子库仍不萌发。整体来看,梭梭土壤种子库密度较大,这是梭梭种群在荒漠严酷生境条件下实现更新的重要保证。

土壤种子库中种子水平分布格局是种子向土壤扩散后初始分布状况的直接反映,决定了幼苗种群的分布格局。研究其空间异质性和变化规律,可以揭示未来种群的动态及其与环境因子间的互作关系(赵凌平等,2008)。从地统计学来看,土壤种子库的空间异质性源自种群结构因素和随机因素的综合作用。一般情况下,结构因素使其空间相关性加强,而随机因素减弱其空间相关性。对于梭梭而言,一般认为结构因素大多由母树的结实能力、空间分布、土壤环境、地被等组成,而随机因素多由流水、风吹、动物采食、搬运等组成(赵凌平等,2008)。

本章选择 6 种典型生境类型的梭梭种群作为考察对象,生境类型具有较好的代表性,能够大致反映准噶尔盆地梭梭种群土壤种子库空间分布的基本特征。研究表明，梭梭土壤种子库空间分布格局整体上主要呈聚集分布；部分生境出现随机分布，可能与这些生境条件下梭梭种群的年龄结构和空间分布有关（陈云龙等，2013；王猛等，2015）。马双龙等（2010）研究了沙生类短命植物粗柄独尾草种子库分布格局，得到了相似结论。由于梭梭植株在空间上多呈聚集分布，并且具有微环境空间异质性特点，以及"安全岛"的存在，梭梭土壤种子库在水平空间多呈聚集分布（Harper，1977）。这一方面导致种子萌发后，幼苗库密度过大，加剧了幼苗的种内竞争，并增加了种子被捕食而夭折的概率；另一方面，"安全岛"又有利于种子的保存和萌发，以致二者成为研究争论的焦点（Bigwood and Inouye，1988）。

　　土壤种子库作为潜在的植物种群，是植物种群生态学的重要研究内容，直接影响种群的动态变化（Leck et al.，1989；马双龙等，2010），它为植被在自然或者人为干扰后的恢复和更新提供了基础（Gibson，1989）。梭梭土壤种子库中所含种子数量相对较大，其中有活力种子平均占种子库中所有种子的18%左右。其中，土壤类型为风沙土的 P-06 种群，其土壤种子库中具有活力的种子甚至高达总量的40%左右，这对于荒漠植物而言是非常困难的。可见，梭梭土壤种子库中种子数量较大且活力相对较高，是梭梭种群补充更新的重要基础，同时也是梭梭种群应对自然灾害等突发事件、度过不良环境后种群恢复的有力保证，具有极其重要的生态意义。

第3篇　梭梭自然更新与种子特性和种子萌发

　　植物有性繁殖的基础是种子和种子的萌发特性，而种子的萌发特性和逆境萌发能力总是建立在种子质量的基础之上。虽然荒漠区梭梭土壤种子库密度较大，在通常非干旱、盐分胁迫条件下也具有较高的萌发能力，但面对严酷的荒漠干旱、盐分胁迫生境，其萌发能力往往要面临对种子质量及其寿命保持能力的严峻考验。因此，本篇将从梭梭种子的特性和种子萌发，萌发策略与萌发生态，干旱、盐分胁迫与种子萌发这几个方面进行研究。

第6章 种子质量与活力维持

种子质量与活力不仅是种子自身的重要性状,还是种群更新和延续的关键基础,一直为人们所重视。种子质量决定了种子捕捉适宜萌发机遇,实现自然更新的能力。种子活力则关乎这种能力的持续时间。种子活力是通过遗传基因表现出来的植物特性,一般在科、属、种间存在明显差异,同时也与种子储藏条件相关。种子活力维持时间一直是人们关注的种子生理生化研究课题。

6.1 种子质量

一般来说,种子质量主要包括遗传和生活两方面的性状。遗传性状是最根本的,再好的遗传性状也要通过生活性状得以呈现。同时生活性状也受到生境条件的影响。种子质量是幼苗逆境适应能力的度量,它在很大程度上决定种群更新的命运。关于种子的质量,一直缺少统一的衡量指标,一般借用千粒重、种子饱满度、种子的体积或种子萌发率等指标,来代表或者比较种子的质量。梭梭种子萌发率的高低与种翅和种子的颜色及形状无关,而与种子饱满度、大小、脱翅千粒重及脱翅/有翅有关(于晶等,2007)。这说明种子质量主要与其体积和重量相关,也可通过千粒重进行比较。已有不少涉及梭梭种子质量方面的研究(王烨和尹林克,1989;于晶等,2007;郭春秀等,2008;卢筱莉,2008;王葆芳等,2009;裴玉亮等,2012;吕朝燕,2013)。王烨和尹林克(1989)研究梭梭属不同种源种子品质较早。从表6.1和表6.3可以看出,吐鲁番梭梭、白梭梭种子直径、重量均显著大于原产地莫索湾的种子,这可能是吐鲁番与莫索湾两地梭梭生境条件差异的结果;由表6.1~表6.3可知,吐鲁番和莫索湾两地梭梭种子直径、厚度和重量均小于白梭梭种子,这是由梭梭属种间特性决定的。经计算,种子直径与种子厚度及种子重量与种子厚度之间均不存在相关关系,而种子直径与种子重量之间则存在极显著的相关关系,这说明梭梭属种子重量主要取决于种子直径。

表 6.1 不同来源梭梭种子直径 (单位:mm)

种子来源	新疆吐鲁番		新疆莫索湾	
植物种类	梭梭	白梭梭	梭梭	白梭梭
种子直径平均值	2.34	2.58	1.98	2.33

注:根据王烨和尹林克(1989)整理。

表 6.2　不同来源梭梭种子厚度　　　　（单位：mm）

种子来源	新疆吐鲁番		新疆莫索湾	
植物种类	梭梭	白梭梭	梭梭	白梭梭
种子厚度平均值	1.15	1.42	1.11	1.46

注：根据王烨和尹林克（1989）整理。

表 6.3　不同来源梭梭种子**重量**　　　（单位：g/100 粒）

种子来源	新疆吐鲁番		新疆莫索湾	
植物种类	梭梭	白梭梭	梭梭	白梭梭
种子重量平均值	0.361	0.509	0.252	0.356

注：根据王烨和尹林克（1989）整理。

由表 6.4 和表 6.5 的数据可知，梭梭种子的萌发率随储藏时间和储藏方法的不同变化很大，两种梭梭自然干藏保存半年后，萌发率在 80%以上（莫索湾梭梭除外）。

表 6.4　不同种源与储藏时间条件下梭梭种子萌发率比较（单位：%）

储藏时间	半年				一年			
种子来源	新疆吐鲁番		新疆莫索湾		新疆吐鲁番		新疆莫索湾	
植物种类	梭梭	白梭梭	梭梭	白梭梭	梭梭	白梭梭	梭梭	白梭梭
平均萌发率	86.53	83.19	70.92	82.60	56.9	25.72	17.95	36.97

注：根据王烨和尹林克（1989）整理。

表 6.5　不同种源与储藏方法条件下梭梭种子萌发率比较（单位：%）

储藏方法	低温				自然条件			
种子来源	新疆吐鲁番		新疆莫索湾		新疆吐鲁番		新疆莫索湾	
植物种类	梭梭	白梭梭	梭梭	白梭梭	梭梭	白梭梭	梭梭	白梭梭
平均萌发率	70.73	79.62	46.73	72.46	56.99	22.72	17.95	36.97

注：根据王烨和尹林克（1989）整理。

于晶等（2007）收集了 14 份不同单株的梭梭种子，比较它们的外观、发芽及出苗等性状（表 6.6），并利用 SPSS 软件进行数据统计分析，比较不同单株梭梭种子质量。比较结果发现，梭梭不同单株间种子质量性状存在显著差异。

表 6.6　不同单株梭梭种子性状

编号	种翅排列方式	种翅颜色	种子颜色	粒径/mm	粒厚/mm	饱满度/%	有翅千粒重/g	脱翅千粒重/g	脱翅/有翅
1	向中间翅	灰黄	黑褐	2.41±0.04	1.02±0.06	99.0±1.0	5.62±0.07	3.20±0.04	0.57
2	3上翅2下	黄白	黄褐	2.15±0.11	1.12±0.10	92.7±2.7	4.90±0.03	3.42±0.01	0.70

续表

编号	种翅排列方式	种翅颜色	种子颜色	粒径/mm	粒厚/mm	饱满度/%	有翅千粒重/g	脱翅千粒重/g	脱翅/有翅
3	3 上翅 2 下	灰白	黄褐	2.22±0.03	0.91±0.05	100	4.99±0.10	2.95±0.11	0.59
4	向中间翅	黄白	黄褐	1.57±0.10	0.96±0.07	45.7±3.5	3.91±0.21	1.47±0.26	0.38
5	3 上翅 2 下	灰褐	黑褐	1.90±0.14	1.07±0.03	97.3±1.5	4.86±0.20	3.19±0.12	0.66
6	3 上翅 2 下	灰黄	黑褐	1.74±0.12	1.04±0.09	87.7±1.5	3.31±0.11	1.77±0.02	0.53
7	向中间翅	黄白	黄	1.94±0.10	1.13±0.07	100	3.86±0.05	2.62±0.02	0.68
8	向中间翅	灰黑	黑	2.27±0.04	1.10±0.03	99.7±0.3	5.24±0.19	2.67±0.11	0.51
9	3 上翅 2 下	灰黑	黑	2.12±0.10	1.33±0.09	97.3±2.7	5.51±0.09	3.64±0.06	0.66
10	向中间翅	灰白	黑褐	2.09±0.06	0.96±0.04	98.3±1.7	4.66±0.05	3.00±0.03	0.64
11	向中间翅	黄白	黄褐	1.98±0.09	0.93±0.03	97.3±2.7	4.12±0.11	2.58±0.03	0.63
12	向中间翅	黄白	黄褐	2.30±0.07	1.03±0.05	100	5.27±0.06	3.14±0.07	0.60
13	3 上翅 2 下	黄白	黑褐	2.43±0.05	1.32±0.11	100	5.98±0.06	4.00±0.06	0.67
14	3 上翅 2 下	灰黄	黄褐	2.24±0.05	1.12±0.09	82.7±6.4	3.90±0.08	2.42±0.02	0.62

注：摘自于晶等（2007），其中粒径和粒厚为 10 粒种子的平均值，饱满度和千粒重为 3 次重复平均值。

梭梭种子的萌发率与种翅及种子的颜色和形状无关，而与种子饱满度、大小、脱翅千粒重及脱翅/有翅有关。萌发率高的梭梭种子，其种子饱满度好，种子也较大，脱翅/有翅较大，脱翅千粒重也重。所以我们初步判断，种子大且脱翅后千粒重重的，其种子质量好。从该试验可以看出，1、3、9、13 号单株种子千粒重较重（脱翅）、饱满度、发芽势、萌发率及出苗率高，说明这些种子质量较好。4 号种子各方面性状都低，其种子质量最差。

卢筱莉（2008）收集到来自新疆 5 个不同地理种源的梭梭种子，这些种子分别来源于吐鲁番白梭梭（A1），由吐鲁番沙生植物园提供；吐鲁番梭梭（A2），由吐鲁番市林业管理站提供；福海梭梭（A3），由准噶尔盆地北缘福海县林业局提供；甘家湖梭梭（A4），由准噶尔盆地西南缘古尔图牧场提供；奇台梭梭（A5），由准噶尔盆地东南缘奇台县林业局提供。对种子千粒重和萌发率进行测定，结果见表 6.7。

表 6.7　不同地理种源梭梭种子千粒重和萌发率

种子来源	净度/%	千粒重/g	萌发率/%	备注
A1	20.55	3.65	87.50	吐鲁番白梭梭
A2	31.3	2.50	82.00	吐鲁番梭梭
A3	20.2	1.73	72.00	福海梭梭
A4	24.3	2.63	90.10	甘家湖梭梭
A5	22.5	2.84	88.30	奇台梭梭

注：摘自卢筱莉（2008）。

从表 6.7 可以看出，不同地理种源的梭梭种子，质量存在一定差异。其中吐鲁番白梭梭千粒重最大，而福海梭梭千粒重最小；就萌发率而言，福海梭梭种子最低，种子质量相对较差，其余几种梭梭的质量差异不明显。

郭春秀等（2008）研究了来自 4 个不同种源地的梭梭种子，供试梭梭种子的种源地基本情况见表 6.8。对种子萌发能力、千粒重和种子含水率等反映种子质量的主要参数进行测定，结果见表 6.9。

表 6.8　梭梭种子种源地地理位置及水热条件特征

种子来源	引种时间	降水量/mm	年均气温/℃	地理位置	
				纬度	经度
内蒙古阿拉善右旗	2003 年	113.6	8.3	北纬 39°11′	东经 101°41′
新疆吉木萨尔	2003 年	173.4	5.0	北纬 43°36′	东经 88°57′
内蒙古塔木苏格	2003 年	108.2	5.2	北纬 40°35′	东经 103°36′
甘肃民勤	2003 年	117.0	7.6	北纬 38°38′	东经 103°05′

注：摘自郭春秀等（2008）。

表 6.9　不同种源梭梭种子特性

种子来源	千粒重/g	萌发率/%	发芽势/%	发芽指数	种子含水率/%
内蒙古阿拉善右旗	3.310	93.0	86.7	14.00	7.66
新疆吉木萨尔	3.312	86.0	78.2	12.50	7.68
内蒙古塔木苏格	3.289	80.0	70.2	12.00	9.06
甘肃民勤	3.477	93.6	88.3	13.20	8.21
极值差值	0.188	13.0	18.1	2.00	1.40

注：摘自郭春秀等（2008）。

从表 6.9 可以看出，来自不同区域的梭梭在千粒重、萌发率、种子含水率等方面存在一定差异，民勤种源种子的千粒重、萌发率、发芽势均为最高。各个种源千粒重的变幅为 3.310~3.477g，其中塔木苏格梭梭最低，民勤梭梭最高。萌发率也以民勤种源为最高，塔木苏格种源最低，其他 2 个种源的梭梭种子居中。种子含水率以阿拉善右旗种源最低，塔木苏格种源最高。不同种源梭梭种子萌发率由高到低，依次为民勤种源、阿拉善右旗种源、吉木萨尔种源、塔木苏格种源。

为给西北干旱地区优良梭梭种质资源筛选提供依据，为国家大规模生态工程、退耕还林还草工程及种子资源保存工程提供基础资料，王葆芳等（2009）选择内蒙古、青海、甘肃和新疆等天然分布区的梭梭种源，研究了不同种源地梭梭种子质量和幼苗生长状况。

梭梭种子来自梭梭天然分布区的 6 个种源地，分别为内蒙古磴口、内蒙古额济纳旗、内蒙古乌拉特后旗、甘肃武威、青海德令哈和新疆乌苏。各种源地自然条件见表 6.10。

表 6.10　梭梭种源地地理气候概况

种源编号	地理位置		海拔/m	年降雨量/mm	年均温度/℃	1月气温/℃	7月气温/℃	相对湿度/%
	经度	纬度						
1	东经 106°24′	北纬 40°29′	1056	142.7	7.6	-10.8	23.8	47.0
2	东经 100°06′	北纬 41°47′	982	37.9	8.2	-12.5	26.2	17.4
3	东经 106°32′	北纬 42°12′	846	98.8	6.5	-13.7	24.0	39.0
4	东经 102°51′	北纬 37°54′	1543	158.4	7.7	-8.7	22.9	50.0
5	东经 96°43′	北纬 37°18′	2844	156.4	3.5	-10.3	17.2	35.0
6	东经 83°50′	北纬 44°29′	1000	160.0	9.0	-20.0	30.0	35.0

注：摘自王葆芳等（2009）。1—内蒙古磴口；2—内蒙古额济纳旗；3—内蒙古乌拉特后旗；4—甘肃武威；5—青海德令哈；6—新疆乌苏。

梭梭不同种源间种子性状和幼苗生长性状比较见表 6.11。由表 6.11 可以看出，不同种源间梭梭种子质量和幼苗苗期生长性状有较大差异，梭梭种子的果翅长度、千粒重、单株种子质量和萌发率的最大值分别是最小值的 1.39、1.70、21.35 和 3.07 倍。

表 6.11　梭梭不同种源间种子性状和幼苗生长性状比较

种源编号	种子性状			
	果翅长度/mm	千粒重/g	单株种子质量/g	萌发率/%
1	6.46±1.46	3.75±0.67	53.17±27.26	75.00±11.68
2	6.18±1.34	2.21±0.39	16.51±10.36	51.11±24.11
3	6.12±0.54	2.61±0.40	13.50±8.01	53.50±20.20
4	6.91±0.62	3.09±0.81	21.54±10.91	51.53±23.81
5	7.14±1.14	3.40±1.17	8.44±4.70	53.45±23.34
6	5.13±0.34	2.30±0.18	2.49±0.85	24.45±6.73

注：摘自王葆芳等（2009）。1—内蒙古磴口；2—内蒙古额济纳旗；3—内蒙古乌拉特后旗；4—甘肃武威；5—青海德令哈；6—新疆乌苏。

方差分析结果显示，梭梭不同种源间种子的千粒重、单株种子质量和萌发率及幼苗的株高、新生枝长度、地径和成活率的差异均达到极显著水平（$P<0.01$），不同种源间梭梭种子果翅长度的差异达到显著水平（$P<0.05$），其差异与各种源地生态环境和立地条件不同所导致的适应性差异有关。梭梭种子性状及幼苗生长性状的差异与地理分布有关。经度与各性状呈正相关，其中，单株种子质量、种子萌发率、幼苗株高、幼苗成活率与经度呈极显著正相关（$P<0.01$）；经度与梭梭种子和幼苗各性状的相关系数由高到低依次为幼苗成活率、幼苗株高、种子萌发率、单株种子质量、新生枝长度、果翅长度、种子千粒重、幼苗地径。

青海德令哈、甘肃武威和内蒙古磴口 3 个种源地种子千粒重分别为 3.40g、3.09g 和 3.75g，内蒙古额济纳旗、内蒙古乌拉特后旗和新疆乌苏 3 个种源地种子千粒重分别为 2.21g、2.61g 和 2.30g，表现为低纬度区种源（青海德令哈、甘肃武威和内蒙古磴口，北纬 $37°18'\sim40°29'$）的种子千粒重高于高纬度区种源（内蒙古额济纳旗、内蒙古乌拉特后旗和新疆乌苏，北纬 $41°47'\sim44°29'$）。分布于内蒙古磴口的梭梭为优良种源；分布于甘肃武威、内蒙古乌拉特后旗、青海德令哈及内蒙古额济纳旗的梭梭为中等种源；分布于新疆乌苏的梭梭为较差种源。

　　梭梭为温带荒漠地区的地带性植被，在中国主要分布于北纬 $35°\sim48°$、东经 $60°\sim111°$ 的干旱荒漠地带。由于荒漠区地貌、基质、水分和盐分的局部变化造成生态条件差异极大，荒漠植被的复合和镶嵌现象十分显著，往往是以不同的荒漠群系斑块散布在荒漠植被中，梭梭是较具典型代表意义的荒漠群落之一。梭梭荒漠植被盖度低，植被景观破碎化现象比较严重，主要是由梭梭荒漠植被环境水热因素极度不平衡而造成的（郭泉水等，2005）。另外，因立地条件不同，其种源间种子性状和幼苗生长特性存在显著差异，这种差异主要取决于种苗的遗传基因和环境优劣（王葆芳等，2008，）。王葆芳等（2007）研究发现，梭梭幼苗的生长性状受环境影响较大，其表型相关程度较遗传力高，反映出环境效应对不同种源不同性状的耦合作用。

　　由上述结果可以看出，虽然分布于新疆的天然梭梭林面积最大，但其并不是适应性最好的种源，这在已有的研究中已得到证实（安守芹等，1996；郭泉水等，2004；郭春秀等，2008，），这与新疆独特的生态环境有关。

　　裴玉亮等（2012）选择 4 个种源地的两种梭梭，产于吐鲁番市沙生植物园、由中国科学院新疆生态与地理研究所提供的白梭梭（A1）；梭梭来自 3 个种源地，分别为产于吐鲁番市郊区砾石戈壁区、由吐鲁番市林业管理站提供的梭梭（A2），产于奇台县、由准噶尔盆地东南缘奇台县林业局提供的梭梭（A3），产于精河县古尔图荒漠区、由天山北坡经济带防沙治沙科技示范基地提供的梭梭（A4）。各种源地的自然地理概况见表 6.12。

表 6.12　梭梭属植物种源地概况

植物种类	种子来源	地理位置		海拔/m	年降雨量/mm	年均温度/℃	1月气温/℃	7月气温/℃
		经度	纬度					
白梭梭	吐鲁番	东经 89°11′	北纬 42°51′	-80	16.4	14.0	-9.5	32.7
梭梭	吐鲁番	东经 88°59′	北纬 42°20′	-20	16.6	13.9	-8.0	32.0
	奇台	东经 90°07′	北纬 44°25′	750	130.0	5.7	-18.9	24.0
	精河	东经 83°27′	北纬 45°05′	260	140.0	6.3	-16.0	26.0

注：摘自裴玉亮等（2012）。

　　4 种梭梭种子的萌发率和千粒重如图 6.1 所示。萌发率结果表明，精河梭梭最高为 90.1%，其次是奇台梭梭（88.3%）和吐鲁番白梭梭（87.5%），t-检验结果显示三者之间没有明显的差异，而吐鲁番梭梭的萌发率最低为 82.0%，显著低于以上 3 种（$P<0.05$）。千粒重的结果显示，吐鲁番白梭梭最大为 3.65g，显著高于其他梭梭（$P<0.05$），吐鲁番梭梭、奇台梭梭、精河梭梭分别为 2.50g、2.84g、2.63g。千粒重较大的种子储藏了较为丰富的营养物质，所以千粒重大的种子萌发率相对较高，但二者的相关系数为 0.54，差异不显著（$P>0.05$）。

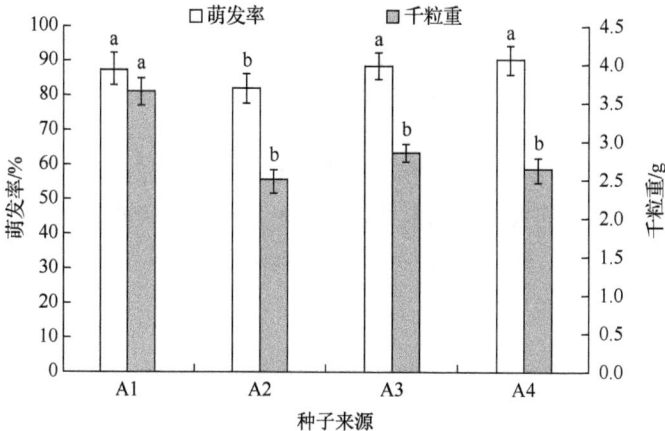

图 6.1　4 种梭梭种子的萌发率和千粒重

摘自裴玉亮等（2012）

小写字母不同表示差异显著（$P<0.05$），小写字母相同表示差异不显著（$P>0.05$）。

2009～2010 年，吕朝燕（2013）对中国梭梭主要分布区新疆准噶尔盆地周边 6 个典型区梭梭种子千粒重和萌发率进行了测定。所测定的梭梭种子千粒重和种子萌发率数据见表 6.13。可以看出，不同种群种子千粒重和萌发率具有较大的差异。

表 6.13　准噶尔盆地周边不同生境梭梭种群种子质量特征

种群	千粒重/g			萌发率/%		
	平均值	最小值	最大值	平均值	最小值	最大值
1 乌尔禾	2.39	1.56	3.67	56.00	48	60
2 乌尔禾	1.74	1.39	2.02	67.67	60	76
3 甘家湖	2.09	1.63	2.77	50.33	30	66
4 甘家湖	1.67	1.23	1.99	75.00	70	82
5 甘家湖	1.49	1.15	2.06	52.33	42	60
6 奇台	2.44	1.58	3.22			

注：数据摘自吕朝燕（2013）。

6 个种群种子千粒重为 1.49g～2.44g。来自准噶尔盆地东南缘奇台县的梭梭种子千粒重较大，而位于准噶尔盆地西南缘新疆甘家湖梭梭林国家级自然保护区 5 号样区的梭梭种子千粒重最小。1～5 号样区梭梭种子萌发率为 50.33%～75.00%。

以上来自不同时间、不同区域、不同作者关于梭梭种子质量的研究数据显示，梭梭种子质量复杂多变，影响因素众多。经分析可知，不同种源梭梭种子质量的空间分布差异基本呈现以下规律：虽然新疆梭梭分布面积占据中国梭梭分布区的最大空间，但新疆梭梭种子未能显示出质量上的优势，这可能与新疆干旱荒漠生境的极端严酷有关。就目前所收集到的、以上涉及内蒙古、甘肃、青海及新疆多地梭梭种子的质量特征数据比较显示：

（1）来自甘肃、青海和内蒙古的梭梭种子质量，一般优于新疆本地生产的种子。

（2）在新疆，吐鲁番的梭梭种子一般好于其他区域。

（3）采用千粒重评价种子质量，虽然较为方便，但可靠性欠佳，不推荐采用。千粒重与萌发率之间的关系较为复杂，既有呈正相关的（裴玉亮等，2012），也有呈负相关的（吕朝燕，2013）。推荐采用萌发率对梭梭种子质量进行评价。

6.2　种子活力维持

近自然保存条件下，来自不同生境梭梭种群的种子萌发率随保存时间增加而下降。在第2个月，不同生境梭梭种群平均种子萌发率降到75%左右；其后，各种群种子萌发率下降速度变缓；到第19个月时，各种群平均种子萌发率降到50%左右。此后，梭梭种子萌发率加速下降，到第30个月时，各种群种子的平均萌发率下降到20%左右（图6.2）。

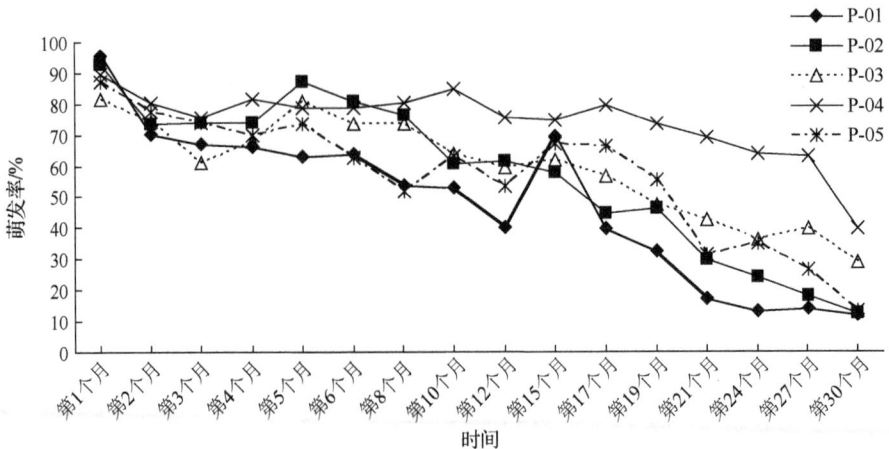

图6.2　近自然条件下不同生境梭梭种子萌发率随时间的变化

不同生境梭梭种群的种子萌发率随时间的变化有所不同。P-01、P-02、P-03、P-05种群不同时期种子萌发率随保存时间增加而下降，整体趋势相同，下降速度较快，经过 30 个月的保存，从平均 80%左右降到了平均 20%左右；P-04 种群梭梭种子萌发率随保存时间增加而下降的速度较慢，经过 30 个月的保存，仍有 40%左右的萌发率（图 6.2）。

自然环境中，梭梭种子活力的保持对种群更新的意义重大，直接关系着萌发条件适宜时具备萌发能力种子的数量，进而影响种群所能补充的幼苗数量。梭梭种子活力能够保持的时间越长，其遇到合适萌发条件的概率越大。我们的研究表明：近自然保存条件下，梭梭种子活力的保存时间较长，到第 30 个月时，仍有近 20%的萌发率。这体现了梭梭对于沙漠地区很少的、不规则降水及较高的气温等严酷环境的积极适应。

张树新等（1995）的研究表明，在通常保存条件下，梭梭种子的寿命大约为 10 个月，梭梭种子在 4、5 月的萌发率最高。黄振英等（2002）的研究认为，梭梭种子为短命种子，在自然状态下，种子含水量为 8.5%，寿命约为 10 个月。这些研究结果与我们的研究存在一定差异，其主要原因可能是保存条件的差异，同时不同的种子来源、不同的生境条件等也是产生差异的原因。

6.3　种子数量与质量的权衡关系

根据研究（刘会良等，2012），32 种藜科植物种子平均百粒重为（120.12±28.93）mg，中值为 61.6mg，对比其他沙漠地区，种子大小较小且范围窄（Leishman et al.，1995），说明藜科植物多为小种子。这种小种子策略可以逃避动物取食的风险（Hulme，1994）。此外，小种子容易沿缝隙进入土壤，从而形成短暂或永久的土壤种子库（Gutterman，2002），确保植物种子在条件适宜的情况下完成种子萌发和幼苗建成及种群更新过程。可见，小种子是沙漠植物生存过程中的重要环节，它保证植物在不可预测的沙漠环境下存活并完成生活史。这种策略是沙漠植物在长期自然选择下进化的结果。

种子大小是植物生活史重要的生态特征，影响植物幼苗成活、种子扩散及种子数量等生活史特性（Westoby et al.，1992；Fenner，2000）。Lorenzi（2002）研究巴西热带雨林 169 种树种发现，种子大小和平均萌发时间存在显著的正相关关系；而对青藏高原高寒地区 558 种植物和河西走廊地区 69 种中旱生植物的研究结果发现，种子大小和萌发率间存在显著的负相关关系（Bu et al.，2007a；Wang et al.，2009）；Liu 等（2007）研究发现，83 种科尔沁沙地物种种子大小和萌发率存在负相关关系，但相关性不显著。我们的研究结果显示，32 种藜科植物种子大小和萌发率间存在负相关关系，但不显著。此结果与 Liu 等（2007）研究科尔沁沙地地区相似，暗示环境可能影响种子大小和萌发特性的相关性。巴西热带雨林地区物种丰富，资源竞争激烈。为了躲避竞争，小种子植物通过快速萌发完成定居占据资源优势，而大种子储存大量物质能够克服恶劣的竞争环境（Norden et al.，2009）。青藏高原地区和河西走廊地区辐射强，气温低，干湿季分明，小种子萌发率高有利于占据空间和时间优势，而大种子通过推迟萌发或者休眠来适应多变的环境（Venable and Brown，1988）。而古尔班通古特沙漠南缘地区干旱和盐渍化是主要的影响因素，因此，小种子植物在沙漠不可预测的降水下迅速萌发完成定居，而大种子植物则要克服休眠，才能在更加适宜的水分条件下萌发（Venable and Brown，1988）。主成分分析和聚类分析把32种藜科植物种子萌发分为4种类型，即爆发型、缓萌型、过渡型和低萌型。结合种子萌发特性，说明32种植物具有3种萌发策略，即机会主义萌发策略、下注萌发策略和谨慎萌发策略（Philippi and Seger，1989；Norden et al.，2009）。有些植物，如灰绿藜、梭梭、囊果碱蓬、藜、白梭梭、里海盐爪爪、樟味藜、无叶假木贼、角果藜、叉毛蓬、钠猪毛菜、钩刺雾冰藜、盐爪爪和盐生草等，主要分布在底土潮湿、轻度或中度的盐渍化土壤生境（郗金标等，2006）。这类植物种子萌发率高、萌发开始时间早、萌发持续时间短、平均萌发时间短，是爆发型植物类型，属于机会主义萌发策略。此策略能够保证植物在其较高土壤含水量的生境下快速萌发并定居，完成生活史（Norden et al.，2009）。有些植物，如雾冰藜、刺藜、高碱蓬、钝叶猪毛菜、刺沙蓬、倒披针叶虫实和浆果猪毛菜等，主要分布在轻度盐渍化戈壁或干燥的砾石戈壁（郗金标等，2006）。这类植物种子萌发率低、萌发持续时间长和平均萌发时间长，是低萌型植物类型，属于下注萌发策略。此策略能够保证植物在土壤含水量较低的生境和难以预测的降水条件下生存（Philippi and Seger，1989）。有些植物，如对节刺、盐角草、沙蓬、杂配藜、鞑靼滨藜、盐地碱蓬和褐翅猪毛菜等，植物种子萌发率低、萌发开始时间晚、萌发持续时间长和平均萌发时间长，是缓萌型植物；有些植物，如盐穗木、刺毛碱蓬、小叶碱蓬和伊朗地肤等植物种子萌发率适中，萌发持续时间长、平均萌发时间长，是过渡型植物。缓萌型植物和过渡型植物属于谨慎萌发策略，这些植物主要分布在强盐渍化土壤或结皮盐土生境（郗金标等，2006）。此策略可以确保植物在降水后土壤盐分被稀释缓慢萌发，当盐分浓度升高后萌发抑制，因此不至于使物种在一个时间段全部萌发，可以有效避免种群灭绝（Norden et al.，2009）。主成分分析和聚类分析显示，在这4种萌发类型中，多数植物为爆发型和低萌型，少数植物为缓萌型和中间型，暗示机会主义萌发策略和谨慎萌发策略是古尔班通古特沙漠南缘藜科植物的主要萌发策略，这与植物所处土壤盐渍化程度存在差异有关。综上所述，在干旱荒漠地区，多数藜科植物在自然选择压力下结小种子，在有效逃避动物捕食的同时，有利于形成短暂或永久土壤种子库来分摊种子萌发风险。此外，种子萌发策略各异，以适合自身萌发的策略（机会主义萌发策略、下注萌发策略或谨慎萌发策略）来完成生活史。总之，无论是种子大小还是萌发策略，都是沙漠植物与环境相互作用适应环境的结果。

种子大小是植物重要的繁殖特征（Jong，2005）。对植物的繁殖投入来说，既可以生产少量的大种子，也可以生产大量的小种子，即种子输出存在大小与数量之间的权衡（Leishman and Westoby，1992）。植物对资源的利用程度，随植物个体大小、年龄及生境等一系列环境因子的变化而不同。植物对此的响应是保持种子大小不变而改变种子输出数量，还是相反的对策？表现型选择模型指出，对于特定种群都存在一个最优的种子体积，而且资源匮乏时减少种子输出数量可以保证此种大小种子的存在。体积过小的种子将无活力或适合度低，太大的种子浪费母体的资源，同样会降低适合度（Haig and Westoby，1991；Zhang，1998；Bonser and Aarssen，2001；Koelewijn，2004）。Lloyd 等（2006）提出种子大小适合度曲线模型，指出最优的种子体积是继续增加亲体的投资反而降低适合度。

种子大小在物种间存在着极大的差异，但是某一物种种子的平均重量是基本恒定的，这属于该物种的一个固定特征（Fenner，1985）。但是，生长在不同生境的同一物种，其种子大小也存在差异，这种差异与该物种种群所在生境条件紧密联系。陈小勇（1994）认为，种子大小变异状况是种子对其形成及萌发条件长期适应的结果。青冈种子的研究结果表明，种子越大，出苗率越高，以有性生殖为主的种群，倾向于产生较大的种子。Fenner（1985）认为，个体营养状况对种子大小具有影响，并指出除营养条件之外，尚有诸多因素影响种子产量和大小，如日照时间和温度等。吕朝燕（2013）研究了不同生境条件下梭梭种子的千粒重。结果表明，生境水分条件较差的种群（P-01、P-03、P-06），其种子千粒重大于生境条件相对较好的种群（P-02、P-04、P-05）。同时，千粒重较大的种群种子产量相对较低，反之亦然。这体现出生境与梭梭种群种子生产在数量和质量上的权衡关系，是梭梭繁殖策略对生境条件的积极适应。

第7章 种子萌发策略与萌发生态

7.1 种子萌发策略

种子是高等植物生活史过程的重要阶段，为植物在新生境条件下的成功定居提供了机会和可能，并使其有可能在时间和（或）空间上避开不利环境条件（Bu et al.，2007b）。种子萌发是植物生活史的关键阶段（Godnez-Alvarez et al.，1999；Valverde et al.，2004），是植物个体发育早期生活史特征（Cheplick，1996；刘志民等，2003；Valverde et al.，2004；Fenner and Thompson，2005）。对不同植物种子的萌发行为进行研究和比较，有利于全面清晰地认识植被更新过程（Grime et al.，1981；Wang et al.，1998）。因此，研究植被更新过程，必须从研究种子的萌发行为开始。

种子萌发过程的一般规律，首先是种子遇水吸涨，只有在吸水后，子叶或胚乳中的营养物质才能被激活而进入运动状态，实现向胚根、胚芽、胚轴等器官的转运；随后胚根发育，突破种皮，形成根系；胚轴伸长，胚芽发育形成茎和叶；至此，幼苗形成，种子萌发过程结束。虽然沙漠地区的植物种类不是非常丰富，但不同植物的种子依然具有不同的萌发特性和多样化的萌发策略。例如，遇少量降水，种子立即迅速萌发，并完成幼苗建成的机会主义萌发策略（Gutterman，2002）；或者尽管萌发生境条件适合，但仅有一小部分种子萌发，并推迟种子萌发的下注萌发策略（Philippi and Seger，1989）；以及降水发生后，仅部分种子萌发的谨慎萌发策略（Gutterman，2002）等。这种多样性从整体上保证了种群更新的安全性，同时也是维持区域生物多样性的一种安全保障机制。

藜科植物是集中分布于温带荒漠区的优势种群，在古尔班通古特沙漠南缘大面积盐渍化土地具有广泛分布（张立运和陈昌笃，2002）。这类植物的分布与强盐渍化土壤或盐土生境相联系，一般形成多汁盐柴类半灌木和小半灌木荒漠（夏阳，1993）。

古尔班通古特沙漠位于北纬 44°11′～46°20′，东经 84°31′～90°00′，面积 4.88 万 km²，是中国第二大沙漠，也是最大的固定-半固定沙漠（张立运等，1998）。该区年降水量虽然比较少，但季节分配相对均匀，特别是有着较为可观的冬春积雪（最大积雪厚度多为 20～30cm）及埋藏不深且比较稳定的湿沙-悬湿水层，这为植物的生存和植被的形成提供了重要保证（张立运等，1998；陈荣毅等，2007；吴楠等，2007；吴涛等，2009；钱亦兵等，2009）。古尔班通古特沙漠南缘的地域范围，包括该沙漠南侧的边缘沙漠及其相毗邻的平原地区，其地理坐标是北纬 44°10′～44°30′，东经 85°～90°。这里远离海洋，并处于欧亚大陆腹地，降水少，干燥度大，但冬春有一定雨雪；该区无外流水系，加之蒸发强烈，土壤普遍含有可溶性盐。该区的地理分布格局和水热状况，决定了这里的水平地带性植被是以多汁盐柴类的小半乔木、半灌木和小半灌木为优势种形成的荒漠（夏阳，1993）。藜科植物生活类型多样，在该区形成了以梭梭、驼绒藜、木本猪毛菜和无叶假木贼等为建群种的群落景观类型（张立运和陈昌笃，2002）。

为探讨荒漠植物的种子萌发特性，进而探讨分析相关种类种子的萌发策略，刘会良等（2012）对分布在古尔班通古特沙漠南缘的 32 种藜科植物（其中包括本书关注的梭梭）的种子萌发特性进行了研究。研究所选择的研究对象为该区常见的 32 种藜科植物，分属 17 属，占古尔班通古特沙漠藜科属的 50% 以上。他们重点探讨了种子萌发的生态适应与生态进化，全面了解了供试植物的种子萌发特性，揭示了它们的萌发策略，为该区藜科植物的生态修复和生物多样性保护提供了丰富的资料和可靠的依据。

刘会良等（2012）所采用的研究方法是首先在种子成熟期采集植物种子，种子自然风干后，在室温（约 23℃，相对湿度 20%～40%）条件下储藏；然后参照 Grime 等（1981）和 Wang 等（1998）的方法，在光照培养箱中进行种子萌发实验。具体操作为将种子放入直径 90mm 的培养皿，为确保种子萌发所需的水分，在培养皿底部垫两层湿润的滤纸。实验模拟原生境春季气温和光照条件：白天温度 25℃，光照强度 9000lx，12h；夜晚温度 10℃，光照强度 0lx，12h，相对湿度 50%～60%。每个培养皿放置 50 粒种子，重复 4 次。实验开始后，每天统计种子萌发的数量（种子出现胚根视为萌发），同时每天加入适量蒸馏水以保证滤纸湿润。持续记数 60d，连续 5d 无萌发种子，则视为该植物种子萌发结束。

实验结束后，进行相关参数的计算。萌发率，即萌发结束后总的萌发百分数（%）；萌发开始时间，即从实验种子放置于培养皿开始到第一粒种子萌发的时间（d）；萌发持续时间，即从种子开始萌发到萌发结束的时间（d）。平均萌发时间为

$$MGT = \frac{\sum_{i=0}^{n}(G_i \times i)}{\sum_{i=0}^{n} G_i}$$

式中，i 代表从萌发实验开始（0d）计算的萌发天数；G_i 代表第 i 天的萌发种子数量。

通过对以上几个反映种子萌发特性参数（萌发率、萌发开始时间、平均萌发时间和萌发持续时间）的分析，得到了以下研究数据和结果。

32 种藜科植物种子的萌发率曲线呈双峰型，萌发率大于 80% 和小于 20% 的占大多数；种子萌发开始时间曲线呈单峰型，28 种植物在 1～3d 内开始萌发；平均萌发时间也呈单峰型，平均萌发时间小于 5d 的植物有 21 种，平均萌发时间最

长的为杂配藜（23.7d）；萌发持续时间的种间差异较大，其中 15 种植物萌发持续时间小于 15d，10 种植物萌发持续时间为 15~30d，5 种植物萌发持续时间大于30d。经主成分和聚类分析，32 种植物被划分为 4 种萌发类型，即爆发型、过渡型、缓萌型和低萌型。

　　32 种藜科植物中，最终萌发率达 90% 的植物有 5 种，包括灰绿藜、里海盐爪爪、藜、樟味藜和盐爪爪，占 15.6%，除盐爪爪（17d）外，其余 4 种植物全部在15d 内萌发结束；最终萌发率在 80%~90% 的植物有 3 种，包括囊果碱蓬、伊朗地肤和钩刺雾冰藜，占 9.4%；最终萌发率在 60%~80% 的植物有 5 种，包括梭梭、盐穗木、无叶假木贼、叉毛蓬和盐生草，占 15.6%；最终萌发率在 40%~60% 的植物有 4 种，包括白梭梭、角果藜、小叶碱蓬和钠猪毛菜，占 12.5%；萌发率在20%~40% 的植物有 5 种，包括高碱蓬、盐地碱蓬、刺毛碱蓬、钝叶猪毛菜和褐翅猪毛菜，占 15.6%；最终萌发率小于 20% 的植物有 10 种，包括对节刺、倒披针叶虫实、盐角草、沙蓬、杂配藜、鞑靼滨藜、刺藜、雾冰藜、刺沙蓬和浆果猪毛菜，占 31.3%，其中浆果猪毛菜和倒披针叶虫实未萌发。

　　刘会良等（2012）的研究结果中有关梭梭萌发的特性参数见表 7.1。

表 7.1　梭梭种子萌发特性参数

萌发率/%	种子大小/mg	开始萌发时间/d	持续萌发时间/d	平均萌发时间/d
76.78±5.04	388.80±11.50	1	11	1.56±0.09

注：根据刘会良等（2012）整理。

　　梭梭主要分布在基质较为潮湿、轻度或中度盐渍化的生境（郗金标等，2006），梭梭种子萌发率高、萌发开始时间早、萌发持续时间较短、平均萌发时间短，属于爆发型萌发类型，为机会主义萌发策略。该策略能够保证植物在较高土壤含水量生境条件下快速萌发，完成生活史，并实现定居（Gutterman，2002）。此外，梭梭种子为小种子，不易被动物采食，易于沿缝隙进入土壤，形成短暂或永久种子库，这也是沙漠地区植物生存策略的一个重要方面。

7.2　梭梭种子萌发的温度条件

　　种子萌发时，种子内部将产生一系列物质变化。这些变化都是在各种酶的催化下进行的，而酶的作用需要满足一定温度条件才能进行，所以温度也是种子萌发的必要条件之一，对种子的萌发具有重要的生理作用。种子萌发对温度的要求表现为 3 个基点温度，即最高温度、最低温度和最适温度，最高温度和最低温度是两个极限，只有最适温度才是种子萌发的理想条件。温带植物种子萌发所要求的温度范围比热带植物低。例如，温带起源植物小麦萌发的 3 个基点温度分别为 0～5℃、25～31℃和 31～37℃，而热带起源植物水稻的 3 个基点温度分别为 10～13℃、25～35℃和 38～40℃。

　　种子萌发的最适温度与植物生存环境有密切关系。温带荒漠植物梭梭种子的最适萌发温度是 10℃，温度达 30℃时，种子萌发就会受到严重抑制（黄振英等，2001b）。此外，许多植物种子在昼夜变动的温度条件下比在恒温条件下更易于萌发。梭梭种子萌发的温度条件是梭梭生态学研究早期学者们关注的问题。有的学者通过大量研究得到了较为丰富的梭梭种子萌发与温度关系方面的研究成果（杨美霞等，1995；张树新等，1995）。

　　在 0℃条件下，梭梭种子不能萌发；当温度为 2℃时，梭梭种子的萌发率达 81.2%，但萌发速率减缓，种子完成萌发过程所需时间延长。梭梭种子萌发受高温抑制作用较强烈，当温度达 30℃时，虽然萌发率还能达 90.7%，但胚芽已有灼伤现象；到 40℃时。胚芽已受到严重灼伤而难以成苗。梭梭种子萌发成苗的适宜温度为 15～30℃（杨美霞等，1995）。张树新等（1995）通过实验室工作，获得了种子萌发温度关系方面的数据，见表 7.2 和表 7.3。

表 7.2　梭梭种子萌发率与温度的关系

温度/℃	2	6	10	15	20	25	30	35	40	45	50	55	60
萌发率/%	1.3	11	61	87.1	91.5	93.5	90.7	83.5	72.8	66.7	70.2	60	64

注：摘自张树新等（1995）。

表 7.3　在 0～10℃条件下梭梭种子的萌发率

温度/℃	0	2	6	10
发芽时间/h	24	24	24	24
萌发率/%	0	81.1	82.0	87.5

注：摘自张树新等（1995）。

　　通过以上两表的数据可以看出，梭梭仕较低的温度（2℃）下就能萌发，但在低温条件下，实现萌发所持续的时间较长。随着温度的升高，梭梭种子的萌发率逐渐增大。但当温度上升到 25℃左右时，随着温度的进一步升高，梭梭种子的萌发率反而呈下降趋势。

　　根据黄振英等（2001b）的研究，不同生境条件下梭梭种子对萌发所要求的温度不同。生长在吐鲁番的梭梭最适萌发温度为 10℃（黄振英等，2001b），而生长在内蒙古吉兰泰的梭梭最适萌发温度为 25℃，甚至在 60℃时仍有 64%的萌发率（张树新等，1995）。

　　张世军（2004，2010a）在人工气候箱条件下研究了温度对梭梭种子萌发的影响。实验所使用种子于 2002 年 11 月采自中国科学院吐鲁番沙漠植物园，实验用沙采自奇台县绿洲北部边缘沙丘。实验通过人工气候箱模拟奇台县梭梭种子萌发期（春季融雪期 3 月）的自然条件，控制温度、光照等因子的变化范围，在适宜梭梭种子萌发的积雪厚度条件下观测梭梭、白梭梭种子的萌发情况。为了接近自然条件，采用容器播种方法，在直径 9cm、深 11cm 的圆柱形塑料容器中装入 10cm 厚沙土，将梭梭和白梭梭种子播在沙土的表面，不覆盖。每个容器中播种 20 粒，将容器放在人工气候箱中；根据古尔班通古特沙漠边缘多年冬季积雪厚度资料，设定 8 个积雪厚度梯度，分别为 4cm、10cm、16cm、22cm、28cm、34cm、40cm、46cm，每个梯度 3 个重复，并设 1 个空白。将与积雪融化等量的水加入容器，保持沙表面湿润并无积水，剩余水量每天陆续加入，以保持沙表湿润而没有积水为标准，每个实验周期为 10d。采用变温设置，两种变温范围分别为 0～5℃和 0～10℃。光照设置为每天 12h。每天进行种子萌发状况观测记录，以根长超过 5mm 为种子萌发标准。

根据张世军（2004，2010a）的研究，梭梭种子萌发对土壤水分的要求大致相当于 16～22cm 积雪厚度的融雪灌溉量。为了排除水分不足对梭梭种子萌发与温度关系实验的影响和干扰，可忽略图 7.1～图 7.4 中 4cm、10cm、16cm 及高于 22cm 的 28cm、34cm、40cm、46cm 等几个积雪厚度对梭梭种子萌发率的影响曲线。在这里，仅对 22cm 积雪厚度对梭梭种子萌发的影响曲线进行简要的分析。从图 7.1 可以看出，在 0～5℃变温条件下，到第 5 天梭梭种子萌发率超过 60%，在第 7～8 天梭梭种子萌发率明显提升，从 60%多迅速提升到 90%以上。从图 7.3 可以看到梭梭种子萌发率的相似情况，所不同的是在 0～10℃变温条件下，梭梭种子萌发率达到与图 7.1 中相同数值所需要的时间大大缩短，达到 90%仅需 4d。

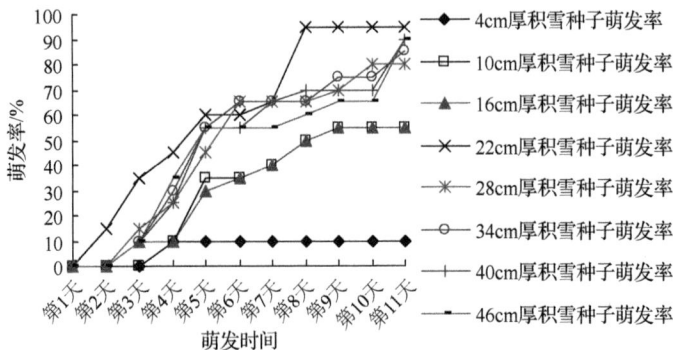

图 7.1　积雪厚度对梭梭种子萌发率的影响（0～5℃变温条件）

在水分得到满足（相当于 22cm 积雪厚度的融雪灌溉量）的前提下，0～5℃的变温条件，梭梭萌发率可达 90%以上，但萌发时间较长，萌发速率较慢；白梭梭的状况也是如此，如图 7.1 和图 7.2 所示。0～10℃变温条件，梭梭和白梭梭种子的萌发率也都达 90%以上，但萌发时间较 0～5℃变温条件短，萌发速率较快，梭梭仅需 5d，而白梭梭需 10d，如图 7.3 和图 7.4 所示。由此可见，虽然萌发率基本相同，但温度较高条件下，种子萌发所需时间较短，萌发速率较快。在相同条件下，梭梭种子萌发状况优于白梭梭。

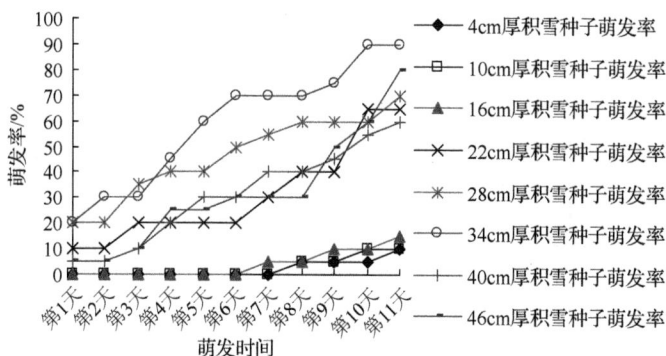

图 7.2　积雪厚度对白梭梭种子萌发率的影响（0～5℃变温条件）

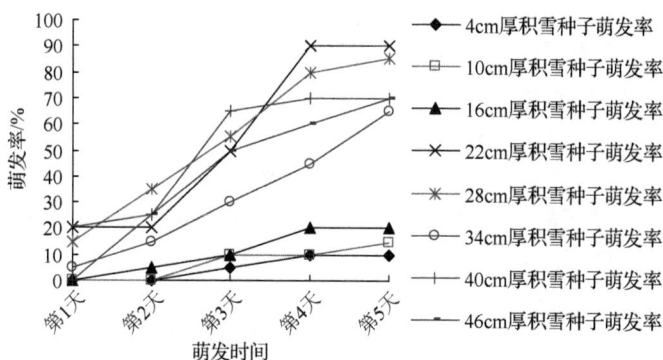

图 7.3　积雪厚度对梭梭种子萌发率的影响（0～10℃变温条件）

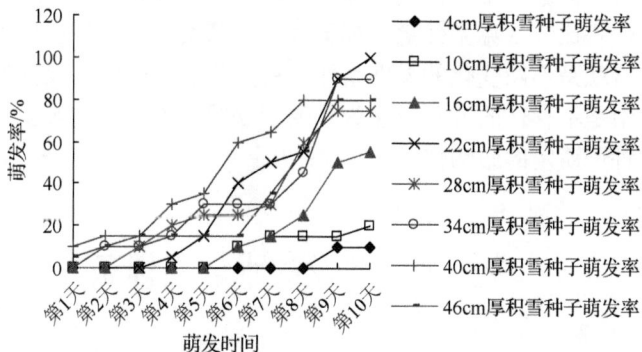

图 7.4　积雪厚度对白梭梭种子萌发率的影响（0～10℃变温条件）

　　由图 7.5 和图 7.6 可知，梭梭的萌发温变周期较宽，5℃/25℃、15℃/25℃和 5℃/15℃这 3 个温变周期均为梭梭的适宜萌发温变周期，且梭梭种子的萌发率都在 85%以上（图 7.5）；且萌发速率快，发芽指数高（图 7.6）；梭梭种子适宜萌发温变周期为 5℃/25℃，亚适宜萌发温变周期为 15℃/25℃（王习勇和魏岩，2006）。

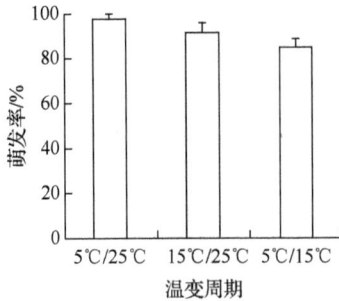

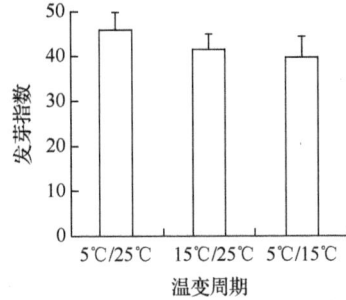

图 7.5　不同温变周期条件下梭梭种子　　　　图 7.6　不同温变周期对梭梭种子
　　　　10d 的最终萌发率　　　　　　　　　　　　发芽指数的影响

　　在现有的研究成果中，梭梭种子萌发与温度关系的实验设计涵盖 0～60℃的温度范围，获得了丰富的研究资料。由于种源、实验方法与实验设计等条件的差异，不同学者的研究得到了不尽相同的研究结果。归纳起来大致如下。

　　截至目前，绝大部分梭梭种子萌发与温度条件关系的实验是在实验室人工气候箱的近恒温状态下完成的，在 0℃条件下，梭梭不萌发（杨美霞等，1995）；在 2℃条件下，梭梭种子能够萌发，且萌发率超过 80%（杨美霞等，1995；张树新等，1995）；在 5℃条件下，萌发率可达 96%（Tobe et al.，2000a；黄振英等，2001b）。关于梭梭的最适萌发温度，学者们得到了不同结果：10℃（Tobe et al.，2000a；黄振英等，2001b）、25℃（张树新等，1995）和 15～30℃（杨美霞等，1995）。还有部分学者进行了变温实验，温度变化为 25℃—35℃—25℃，结果表明变温对梭梭种子的萌发有促进作用（杨美霞等，1995；张树新等，1995）。

　　与恒温条件相比，变温条件更有利于种子的萌发，而在现实世界中，植物种子所面临的恰恰就是不断变化的温度条件。将实验的温度条件设置为恒温（恒温条件在自然界中是不存在的），仅仅是为了便于获得理论探讨的实验数据和讨论特定温度条件对种子萌发的影响作用。

7.3　梭梭种子萌发的水分支撑条件

　　种子萌发过程的第一步是从外界吸收充足的水分，为随后种子内部生理、生化反应奠定基础。各种植物种子的吸水能力不同，这与种子的自身特性有关。种子成熟后期极度脱水，只有在水分充足的条件下，经过吸涨才能萌发。吸涨程度取决于种子成分、种皮和果皮对水分的透性及基质水分的有效性。同种植物的种子吸水量不同，可能导致种子的萌发率不同。瓜尔豆种子吸水量达自身干重的160%，种子几乎 100% 萌发；而吸水量为 146% 时，种子萌发率只能达最高萌发率的 50%。瓜尔豆种子充分吸水后，在含水量 0.15% 的干沙中，仍有 80% 的种子出苗，而在含水量 2.2% 的湿沙中，干种子依然不能发芽（郑光华，1980）。

由此可见，种子萌发首先需要有水的参与，用于启动种子萌发过程。那么，面对荒漠植物自然更新，有哪些可能的"启动水源"可以利用呢？荒漠地区水资源的稀缺性决定了适宜充当"启动水源"，并且与种子本身萌发适宜期相吻合的水源少之又少。对梭梭这一具体对象来说，就是早春积雪融化、春季较大降雨，或者二者的结合。

所以荒漠植物种子萌发，所依赖的最重要的要素是各种形式的自然降水。当然，种子萌发最本质的水分条件取决于基质含水率。例如，土壤湿度是调节种子萌发的重要因素之一。不同种的荒漠植物种子仅能适应其各自生境的土壤湿度（黄振英等，2001b）。

与温度对种子萌发的影响相比，水分条件对梭梭种子萌发影响的研究难度较大，因此相应的研究成果也较少。

7.3.1 土壤含水量对梭梭和白梭梭种子萌发的影响

土壤含水量是梭梭种子萌发的重要因素，直接控制着种子的萌发率和萌发速率。种子萌发对土壤含水量的不同要求，也是植物长期适应生存环境的结果。种子萌发速率的差异，体现了植物对各自生境的适应能力（Gutterman，1993；Huang and Gutterman，1999）。干旱地区种子的萌发速率体现了植物在降水不确定生境下的生存机制（Gutterman，1993）。植物种子如果完全响应于某一次降水，即有活力的种子同时全部萌发,则之后的干旱可能会导致全部个体的死亡(Ungar, 1987)。荒漠地区的植物可通过保持长时间连续萌发或综合依赖多种因素来延缓萌发，降低风险（Gutterman，1993）。

在含水量为 2%～16% 的土壤中，梭梭和白梭梭种子 3d 后开始萌发；在含水量为 1% 或 20% 的土壤中，梭梭和白梭梭种子第 6 天开始萌发；而在含水量为 0.5% 的土壤中，直至实验结束仍未见梭梭种子萌发。考虑到统计分析对数据正态性分布的要求，0.5% 处理的数据没有用于统计分析。

方差分析显示，土壤含水量对梭梭（$F=26.178$，$P<0.01$）和白梭梭（$F=8.094$，$P<0.01$）种子萌发影响显著；梭梭与白梭梭种子萌发率之间差异极显著（$F=26.378$，$P<0.01$）。由图 7.7 和图 7.8 可看出，在相应的土壤含水量条件下，除了 1% 外，梭梭种子的萌发率和发芽指数均明显高于白梭梭，并且随着含水量的

增加，种子的萌发率和发芽指数都是先增加后降低；在土壤含水量 3%～16%条件下，梭梭种子萌发率均大于 75%，且无显著差异（$F = 0.433$，$P = 0.820 > 0.05$）；在土壤含水量为 20%时，梭梭种子的萌发率下降到 45%，表明梭梭种子萌发的适宜土壤含水量为 3%～16%；白梭梭种子较高的萌发率出现在土壤含水量 3%～12%条件下，萌发率相对较低（44%～58%），且无显著差异（$F = 1.611$，$P = 0.211 < 0.05$）。随着含水量的继续增加，萌发率开始下降，到 20%时仅为 12%。

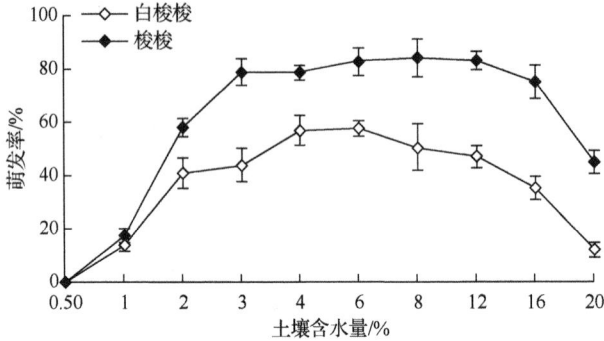

图 7.7　土壤含水量对梭梭和白梭梭种子萌发率的影响（培养 30d）

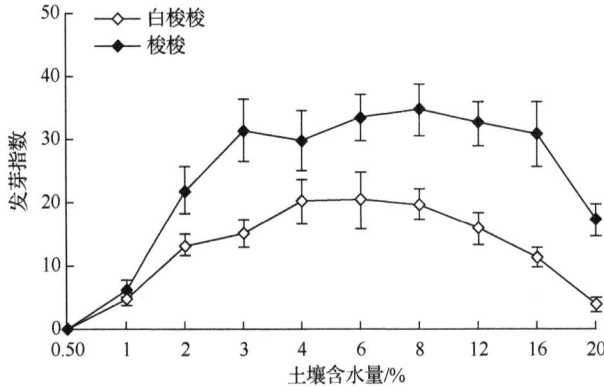

图 7.8　土壤含水量对梭梭和白梭梭种子发芽指数的影响（培养 30d）

可以看出，梭梭种子萌发的适宜土壤含水量为 3%～16%，随后受抑制而下降；而白梭梭较高的萌发率出现在土壤含水量为 3%～12%时，但其萌发率为 44%～58%，在相同土壤含水量条件下，梭梭种子萌发率明显高于白梭梭（$F = 26.378$，$P < 0.01$）（王习勇和魏岩，2006）。

7.3.2　积雪厚度对梭梭种子萌发的影响

张世军（2004，2010a）在人工气候箱内进行了模拟降雪厚度对梭梭种子萌发影响的梯度实验，目的是探讨水分条件对梭梭种子萌发的影响。根据古尔班通古特沙漠边缘冬季多年积雪厚度资料，结合研究目标，设置了 8 个积雪厚度梯度，分别为 4cm、10cm、16cm、22cm、28cm、34cm、40cm、46cm，每梯度 3 个重复，并设 1 个空白。以积雪融化后等量的水加入容器，保持容器内沙表湿润而无积水，剩余水量每天陆续加入，但以保持沙表湿润而无积水为标准，每个实验周期为 10d。

观测梭梭、白梭梭种子在不同水分条件下的萌发情况。结果显示，当灌溉量与 22cm 厚度积雪等量时，梭梭、白梭梭萌发率分别达 90% 和 85%。此后，随灌溉量增加，种子萌发率变化不大，基本保持稳定（图 7.9）。这说明积雪厚度达到 22cm 时，能够满足梭梭、白梭梭种子达到较高萌发率所需的水分条件。这与张树新等（1995）的研究结果一致，即在满足种子萌发所需水量的前提下，基质含水量对种子萌发率的影响不大。这说明遇到这种积雪厚度条件，同时梭梭种子丰富的情况下，古尔班通古特沙漠边缘将出现大量梭梭、白梭梭幼苗，能够为梭梭种群的自然更新提供幼苗基础。

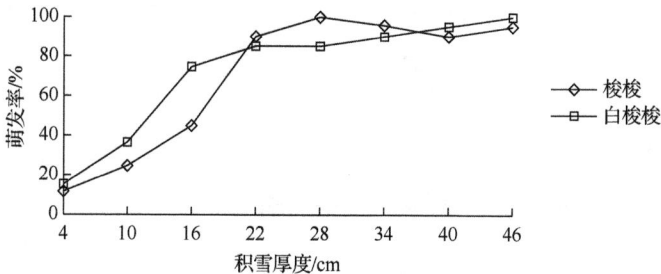

图 7.9　积雪厚度与梭梭、白梭梭种子萌发率的关系

张世军（2004）也在自然条件下布置实验，观察积雪厚度对梭梭种子萌发的影响。自然条件下，外界干扰因子较多，梭梭、白梭梭种子萌发受到较大影响。在积雪融化的同时，梭梭和白梭梭种子也开始萌发，且一直持续到积雪融化完成、沙丘表面干燥之前，因积雪融化期间气温和地温都较低，整个萌发过程持续两周左右。一些种子的胚根伸长后未能及时扎入沙土深部，气温升高后因缺水干枯致死。部分幼苗虽然胚根能够伸入沙土中，但由于生长速率慢，无法到达湿沙层而死亡。

由于梭梭和白梭梭种子在成熟后直接散落在沙丘表面，因而沙丘表面特别是地表到 10cm 范围的水分状况直接影响梭梭和白梭梭种子的萌发。根据两年的野外观测，不同积雪厚度样地导致积雪融化时间上的差异，由此造成地表保持湿润的时间各不相同。积雪较厚的样地表层保持湿润的时间较长，能够为种子萌发提供相对较好的水分条件，使种子萌发周期略有延长。随着积雪厚度的增加，种子萌发率和幼苗保存率均提高（图 7.9 和图 7.10）。

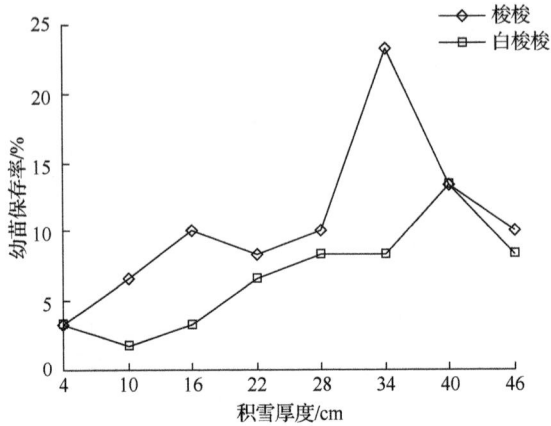

图 7.10　积雪厚度与梭梭、白梭梭幼苗保存率的关系

　　但并非所有萌发的种子都能实现幼苗的建成，4～5 月降水较少，且超过 10m/s 的风况较为频繁，导致流动沙丘表面风蚀严重，绝大部分幼苗死亡，致使萌发率与幼苗保存率相差较大。实际观测到的萌发率范围为 23%～58%，幼苗保存率范围为 3%～23%。从 22cm 厚度积雪样地开始，幼苗保存率基本保持稳定，梭梭和白梭梭的幼苗保存率分别保持在 10% 和 8% 左右。根据观测，流动沙丘上幼苗死亡主要是受大风影响。

7.3.3　春季降雨对种子萌发和幼苗存活的影响

　　孙园园（2015）就春季降雨对古尔班通古特沙漠多种植物种子萌发和幼苗存活率的影响进行了研究。种子萌发期的日均土壤体积含水量和日均土壤温度变化如图 7.11 所示。当没有降雨时，2cm 土壤层体积含水量日均值始终比 5cm 土壤层体积含水量日均值低，土壤层温度日均值始终比 5cm 土壤层温度日均值高。当有降雨时，2cm 土壤层体积含水量急剧升高，随降雨时间的延长，5cm 土壤层体积含水量也逐渐增加，最终和 2cm 土壤层维持相接近的水平。3 月 18 日左右，温度迅速升高，土壤体积含水量显著增多，3 月 21 日（融雪第 4 天）左右是植物生活史周期中土壤体积含水量最高的时期，2cm 土层土壤体积含水量可达 52.4% 左右，而此后随温度的升高，土壤体积含水量迅速降低。

　　17 种植物在自然降雪+降雨条件下的种子萌发比在单独降雪条件下的波动性大。有后期降雨条件下第一次降雨后的 3d（融雪第 8～10 天）内，达到萌发高峰的物种有 11 种；而没有后期降雨条件下，在第一次降雨之前的相同时间已经有 3 种物种达到萌发高峰期，有 10 种物种在第一次降雨 3d 内达到萌发高峰。当后期有波动性降雨时，种子的萌发数目也相应增多，而没有后期降雨时萌发数目逐渐减少，且大多比有后期降雨时萌发结束时间早（图 7.12）。

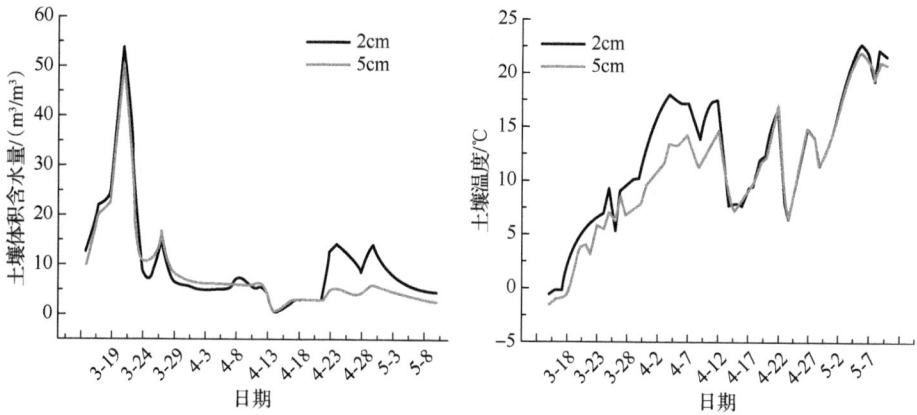

图 7.11　自然降雪+降雨条件下日均土壤体积含水量、温度的变化

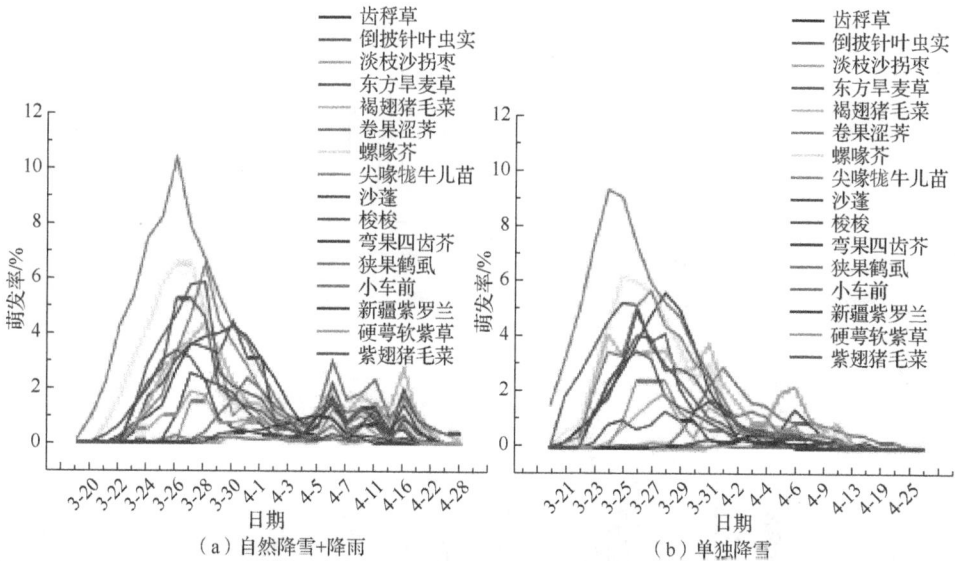

（a）自然降雪+降雨　　　　　　　（b）单独降雪

图 7.12　自然降雪+降雨和单独降雪条件下 16 种植物的种子萌发进程（未统计白梭梭）

春季积雪消融后，表层土壤含水量增大，进而影响种子萌发出土，对种子萌发数量起着决定性作用。由图 7.13 可知，各物种在没有后期降雨与有后期降雨条件下萌发率没有显著差异，且大部分物种在有后期降雨条件下的萌发率略高，说明冬季融雪水是影响种子萌发的关键因子，而春季降雨对种子萌发仅起有限的促进作用。除倒披针叶虫实、淡枝沙拐枣和沙蓬在两种处理条件下变化显著（$P<0.05$），其余各物种萌发开始时间没有显著差异。这主要是由于冬季有相同覆雪，春季积雪融化时土壤含水量没有差异，因此萌发开始时间在两种条件下没有

显著差异。倒披针叶虫实、淡枝沙拐枣、卷果涩荠、沙蓬、硬萼软紫草和紫翅猪毛菜在有后期降雨与没有后期降雨条件下达到最终萌发率 50%的时间差异显著（$P<0.05$），除白梭梭、齿稃草、倒披针叶虫实、尖喙牻牛儿苗、梭梭和新疆紫罗兰外，其余 11 个物种的萌发持续时间在有后期降雨条件下显著高于没有后期降雨条件下（$P<0.05$）。这可能是由于有后期降雨条件下有水分补充，达到最终萌发率50%的时间和萌发持续时间显著延长。

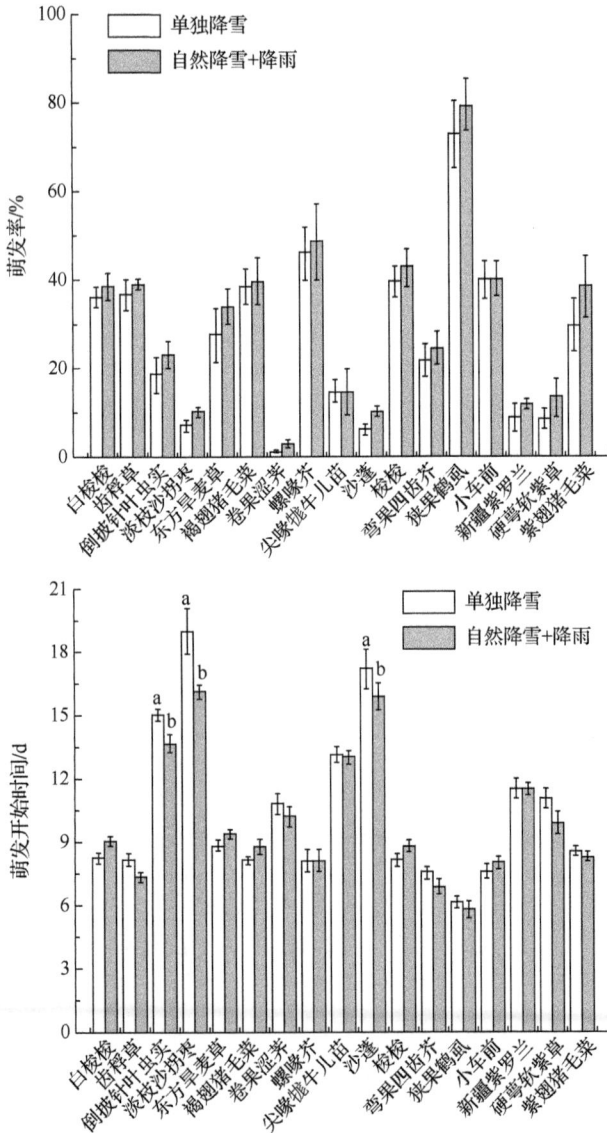

图 7.13　自然降雪+降雨与单独降雪条件下各萌发特性的差异

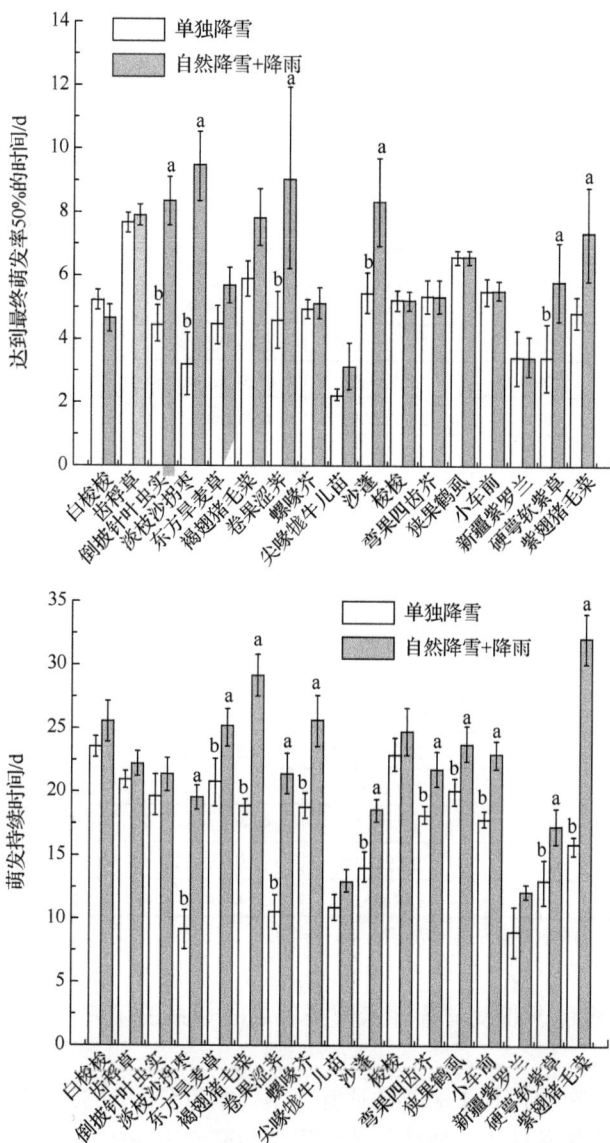

图 7.13（续）

小写字母不同表示差异显著（$P<0.05$），小写字母相同表示差异不显著（$P>0.05$）。

　　所有物种在自然降雪+降雨条件下比在单独降雪条件下单位面积幼苗数量高，齿稃草、倒披针叶虫实、淡枝沙拐枣、褐翅猪毛菜、沙蓬、弯果四齿芥、狭果鹤虱和小车前在两个处理之间差异显著（表 7.4）。除齿稃草和淡枝沙拐枣外，其余 15 个物种虽然在有后期降雨与没有后期降雨条件下的存活率差异不显著，但幼苗密度却很大程度上影响存活率（密度依赖）。有后期降雨对土壤水分有一定的补充，因此使幼苗的存活数量高，但大部分物种在有后期降雨较没有后期降雨条件下并没有表现出显著差异。这主要是由于单位面积幼苗密度过大时，对有限水资源的竞争激烈，使种内竞争增强，因而造成幼苗死亡的数目增大。

表7.4　自然降雪+降雨和单独降雪条件下物种间幼苗存活率差异的协方差分析

物种	播种数/粒	单独降雪		自然降雪+降雨	
		密度/个	存活率/%	密度/个	存活率/%
白梭梭	150	34.22±2.78	69.52±4.68	40.33±3.40	69.59±2.98
齿稃草	500	133.00±11.68	72.95±2.80	171.00±7.57*	87.29±1.93*
倒披针叶虫实	75	2.83±0.60	45.54±10.00	7.14±1.05*	94.05±3.95*
淡枝沙拐枣	200	28.33±7.92	65.53±9.82	28.89±4.42*	57.93±7.61
东方旱麦草	150	29.56±6.77	74.84±4.15	34.22±3.53	70.81±6.50
褐翅猪毛菜	100	29.56±3.54	76.73±4.08	34.50±6.33*	86.32±8.05
卷果涩荠	50	6.78±1.28	91.11±4.47	7.00±2.51	93.83±3.63
螺果荠	500	3.75±1.10	59.17±11.98	11.67±3.54	85.87±7.36
尖喙牻牛儿苗	100	29.22±5.10	63.86±7.12	50.44±5.87	55.76±8.25
沙蓬	300	10.11±1.20	60.91±7.02	19.00±3.50*	61.64±7.61
梭梭	150	41.56±4.98	69.93±4.71	44.11±4.17	68.97±2.30
弯果四齿芥	500	72.00±14.50	66.40±5.86	77.56±13.14*	60.98±4.50
狭果鹤虱	200	105.00±11.61	71.51±4.01	125.22±10.58*	78.16±3.41
小车前	300	73.44±9.72	65.52±8.42	79.56±11.73*	63.13±4.67
新疆紫罗兰	100	3.83±0.75	58.99±11.92	10.00±0.94	89.66±6.34
硬萼软紫草	100	2.75±1.49	53.50±13.48	8.63±2.87	68.79±8.50
紫翅猪毛菜	150	32.44±5.55	78.47±4.36	50.44±11.13	85.86±6.47

* 自然降雪+降雨与单独降雪方差分析差异显著，$P<0.05$。

从以上梭梭种子萌发与各种水分条件之间关系的研究，可以得到以下重要结论。

（1）梭梭、白梭梭种子萌发的适宜土壤含水量分别为3%～16%、3%～12%，在相同土壤含水量条件下，梭梭种子萌发能力高于白梭梭。

（2）相当于22cm厚度积雪的等量灌溉量，能够满足梭梭、白梭梭种子萌发率大于85%所需的水分条件，该条件下梭梭幼苗的保存率为8%～10%。

（3）古尔班通古特沙漠多数植物种在有降雨条件下的萌发率略高，说明冬季融雪水是影响种子萌发的关键因子，而春季降雨对种子萌发仅起有限的促进作用。

第8章 干旱、盐分胁迫与种子萌发

　　种子萌发是植物生活史的开始，对植物种群建成非常关键（Ungar，1995；Khan and Gulzar，2003）。荒漠地区气候干燥，降水稀少，干旱胁迫是种子萌发的主要障碍之一。同时，气温高且日照强度大，地表蒸发强烈，促使地下水位上升的同时，将地下水含有的盐分带到并残留在土壤表层。另外，降水量小且季节分配不均，不能将土壤表层积累盐分淋溶排走，致使土壤表层的盐分越积越多，尤其以 NaCl 等易溶性盐类的累积最常见。可见，盐分是荒漠地区限制种子萌发的另一重要因素。干旱荒漠环境高温少雨，其对植物的生存是极端严酷的。植物能够在荒漠条件下生存，大多形成了特殊的环境适应机制（Gutterman，1993）。种子繁殖是大多数荒漠植物的主要繁殖方式，因而种子在荒漠环境的萌发策略是荒漠植物生存对策的重要方面。荒漠植物种子特殊的萌发机制是种子在合适的时间与地点萌发及幼苗生长发育的有利保证（张勇等，2005）。关于种子萌发阶段对干旱和盐分适应能力的强弱，国内外研究者均进行了大量的研究（Levitt，1980；Evans and Etherington，1990；Tobe et al.，2000b；Zheng et al.，2004；李利等，2005；张勇等，2005）。对在干旱、半干旱地区生长的植物而言，种子在水分和盐分胁迫下的特殊萌发机制体现了其对生境条件的适应性，也是荒漠地区植物自然更新成败的关键。

　　本章重点关注干旱、盐分胁迫等不同生境条件下梭梭种子的萌发特性，探讨梭梭种子萌发策略对荒漠严酷环境条件的适应途径与适应能力。

8.1 NaCl 胁迫下的种子萌发

　　不同水势 NaCl 溶液对不同生境梭梭种子萌发率的影响如图 8.1 所示。低盐浓度下（0、-0.23MPa、-0.46MPa 时），不同生境各种群梭梭种子的萌发率差异不显著（$P<0.05$），其后差异逐渐显现。总体来看，梭梭种子的萌发率随水势的降低而降低。其中，P-04 种群梭梭种子萌发率高于其他种群。P-04 种群梭梭种子萌发率从-2.26MPa 开始，随水势的降低而迅速降低。P-01 种群从-1.35MPa 开始，其余种群从-0.46MPa 开始，梭梭种子的萌发率随水势的降低而迅速降低。到-4.15MPa

时，所有种群梭梭种子萌发率均接近于零。可见，P-04 种群的种子耐盐性强于其他种群，表现出不同生境梭梭种群间的异质性。

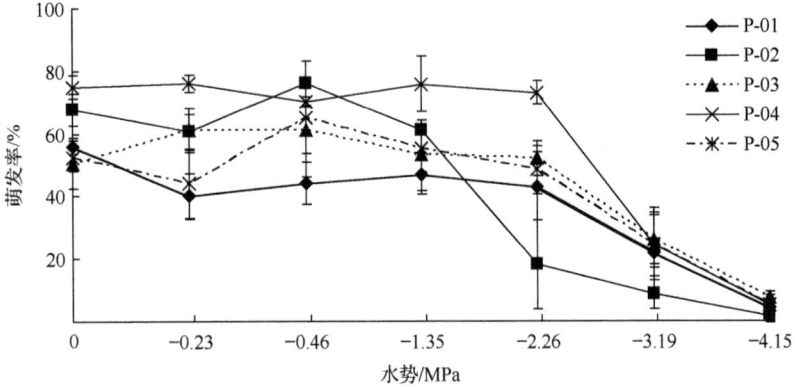

图 8.1　不同水势 NaCl 溶液对不同生境梭梭种子萌发率的影响

8.2　PEG 胁迫下的种子萌发

不同水势 PEG 溶液对不同生境梭梭种子萌发率的影响如图 8.2 所示。高水势下（0、-0.23MPa、-0.46MPa 时），P-02、P-04 种群梭梭种子的萌发率显著高于其他种群，且萌发率随水势下降而缓慢降低（$P<0.05$）。而 P-01 种群梭梭种子萌发率随水势降低而快速降低，表现出明显的种群间差异。当水势从-0.46MPa 下降到-1.35MPa 时，各种群梭梭种子的萌发率迅速下降到接近于零。到-2.26MPa 时，各种群梭梭种子的萌发率均为零。

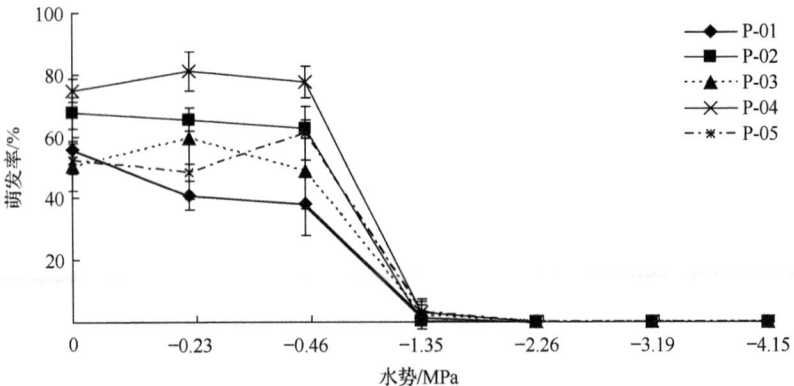

图 8.2　不同水势 PEG 溶液对不同生境梭梭种子萌发率的影响

8.3 蒸馏水恢复萌发

将上述 NaCl 溶液中不萌发的种子进行清洗并转入蒸馏水处理后，采自不同生境梭梭种群的种子都迅速恢复萌发，且恢复萌发率较高，最高达 80%（图 8.3）。在 NaCl 溶液中不萌发梭梭种子的恢复萌发率均随着水势的降低而迅速增加。蒸馏水处理条件下，其恢复萌发率表现为 P-04 梭梭种群恢复萌发率最高，其后依次为 P-02、P-05、P-01 种群，P-03 梭梭种群种子的恢复萌发率最低。

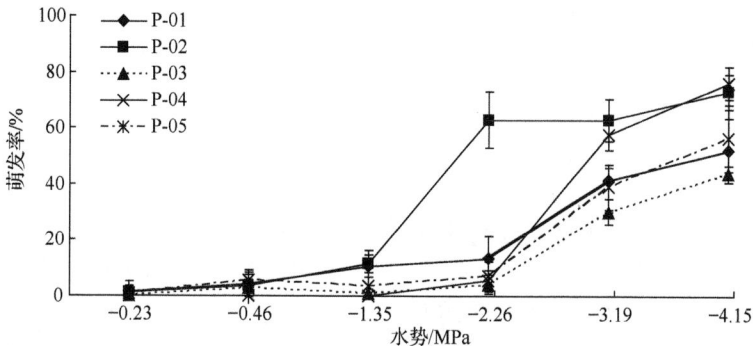

图 8.3 不同水势 NaCl 溶液对不同生境梭梭种子恢复萌发率的影响

将上述 PEG 溶液中不萌发的种子进行清洗并转入蒸馏水处理后，采自不同生境梭梭种群的种子都迅速恢复萌发，且恢复萌发率较高，最高达 80%（图 8.4）。在 PEG 溶液中不萌发的种子在水势为-0.23～-1.35 MPa 时，其种子恢复萌发率均随着水势的降低而迅速升高；其后，恢复萌发率不再增加，并基本保持稳定。蒸馏水处理条件下，恢复萌发率表现为 P-04 梭梭种群恢复萌发率最高，其后依次为 P-05、P-03、P-02 种群，P-01 梭梭种群种子的恢复萌发率最低。

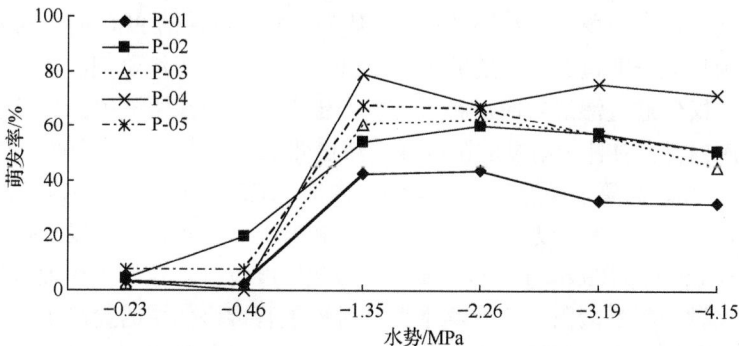

图 8.4 不同水势 PEG 溶液对不同生境梭梭种子恢复萌发率的影响

8.4　盐分和水分胁迫对种子萌发的影响

种子萌发是植物生活史和自然更新过程的重要阶段（Ungar，1991；Khan and Sheith，1996；Tobe et al.，2000b），对植物能否在盐渍、干旱环境中成功定居起着重要的决定性作用。实验结果表明：来自不同生境梭梭种群的种子，其萌发能力在 NaCl 溶液中均受到一定程度的抑制，随着盐溶液浓度的增加，抑制程度逐渐加剧。P-04 种群梭梭种子萌发率在水势低于-2.26MPa 时才开始迅速下降，其余种群梭梭种子萌发率在水势低于-0.46MPa 时就开始迅速下降。这表明 P-04 种群的种子耐盐性要强于其他种群，体现了不同生境梭梭种群间的异质性。黄振英等（2001b）、薛建国等（2008）、李宏等（2011）在其各自对梭梭种子萌发的研究中均得到了类似的结论。荒漠地区干旱、盐渍环境以地表温度较高、土壤水分蒸发强烈、地表积盐较多为主要特征，土壤盐渍化现象比较普遍，而植物种子大多散布于地表且其整个萌发过程也大多在地表进行，地表含盐量过高将直接影响种子的萌发和幼苗的生长（Ungar，1978；曾幼玲等，2006）。部分旱生植物和盐生植物在低盐浓度下的种子萌发率较高，体现了其对生境的积极适应，但在高盐浓度下，种子的萌发会受到抑制（Khan and Sheith，1996；赵可夫和范海，2005）。

等水势 PEG 溶液中，不同生境各种群梭梭种子的萌发均受到强烈的抑制，随水势降低，梭梭种子萌发率迅速降低为零。梭梭种子的萌发在 PEG 溶液水势低于-2.26MPa 以后受到完全抑制，萌发率降低为零；而在 NaCl 溶液中只有水势下降到-4.15MPa 以下时，梭梭种子萌发才可能被完全抑制。可见，不同生境梭梭种群种子萌发在 PEG 溶液中被抑制的程度远远大于在 NaCl 溶液中。这与薛建国等（2008）对梭梭的研究结果一致，同时王娅等（2007）在对盐生植物猪毛菜的研究中也观察到类似的现象。王娅等（2007）认为，非透过性的 PEG 胁迫对种子萌发的作用机制与盐分胁迫有着本质的不同。PEG 作为高分子渗透剂，其本身不能渗入活细胞，仅仅通过渗透效应对种子萌发产生影响；而盐溶液中的盐离子可以渗入种子细胞内部，对种子萌发的影响除了渗透效应，还伴随有离子效应（Li et al.，2006）。一方面，盐离子能够渗入种子细胞内部，造成细胞内外的水势差，促进种子吸水并快速萌发；另一方面，盐离子在细胞内部逐渐累积，造成直接的毒性，抑制萌发（Yan and Shen，1996）。如果盐溶液浓度过高，盐离子在细胞内部积累过多，超过种子耐受阈限，或者其本身是对种子有毒害作用的盐离子，则可能造成细胞的永久性损害，使种子丧失萌发能力（渠晓霞和黄振英，2005）。

8.5 环境胁迫诱导休眠现象

对 PEG 溶液和 NaCl 溶液中未萌发的梭梭种子进行清洗并转移至蒸馏水处理后，不同种群梭梭种子均迅速恢复萌发。NaCl 溶液中转移来的梭梭种子的恢复萌发率高于 PEG 溶液中转移来的梭梭种子。可见，相对于等水势 PEG 溶液来说，NaCl 溶液处理只是暂时抑制了梭梭种子的萌发，并没有对梭梭种子造成永久伤害，其仍具有较高的恢复萌发能力。同时，高浓度 NaCl 溶液中转移来的梭梭种子的恢复萌发率高于低浓度 NaCl 溶液中转移来的梭梭种子，可能的原因是盐浓度并没有超过梭梭种子的耐受极限，没有造成永久性的伤害。这与黄振英等（2001b）的研究结果一致。Ungar（1995）研究了部分 1 年生盐生植物（*Salicornia europaea*，*Spergularia marina*，*Suaeda depressa* 及 *Suaeda linearis*）的种子萌发，其在不同浓度 NaCl 溶液处理后的萌发恢复实验中观察到了类似的现象。他认为，在不超过植物种子耐受阈限的盐浓度下，盐溶液的渗透压限制了种子的萌发，而不是金属离子的毒性伤害了种子，当盐分胁迫减轻或消失以后，种子仍具有较强的萌发能力。

Ungar（1991）指出，很大一部分盐生植物种子在萌发过程中表现出盐诱导休眠现象。高盐度产生的渗透效应可以抑制大多数盐生植物种子的萌发，推迟其萌发时间，直到有足够的淡水补充来减轻盐分胁迫时，才能解除这种抑制作用（Ungar，1995）。该研究表明，来自不同生境梭梭种群的种子在高浓度 NaCl 溶液和 PEG 溶液中，种子萌发均受到一定程度的抑制，将其中未萌发种子转移到蒸馏水处理后，梭梭种子以较高的恢复萌发率迅速恢复萌发。这说明梭梭种子萌发过程中具有干旱胁迫、盐分胁迫引发的诱导休眠现象，这体现了梭梭种子萌发对于生境条件的积极适应性，是其对恶劣生态环境的一种适应策略。准噶尔盆地梭梭集中分布区属于大陆性荒漠气候，其特点是降水稀少，蒸发强，日照长，温度变化剧烈。短暂少量降雨后，表层土壤水分会被快速蒸发，进而造成表层土壤含盐量的持续升高。较高的表层土壤含盐量将诱导种子休眠（Khan and Ungar，1997），以度过不良的环境条件，等待适宜的萌发时机。等到充分的降雨、雪来临以后，表层土壤盐分被雨雪淋溶掉，种子休眠被打破，种子才能顺利萌发（Khan and Sheith，1996）。梭梭种子在表层土壤盐分胁迫条件下所表现出的较高恢复萌发率，在一定程度上体现了其萌发策略对严酷生存环境条件的适应，是其种群存在与发展的基础。

第4篇 梭梭自然更新的幼苗建成

除了种子，幼苗与种群自然更新关系最紧密。幼苗是生活史中最关键的阶段，幼苗的存活不仅对植物种群密度、持久性及遗传变异能力有重要影响（Kitajima and Fenner，2000；Grime，2002），同时也是植物完成种群更新、扩散，群落演替及维持生物多样性极为关键的环节（Hanley，1998）。种子萌发出土并不意味着幼苗定居过程的结束或定居的完成和实现。由于生活型不同，植物能独立进行光合作用并不意味着它能够稳定地存活，所以定居过程仍在延续中，直到其对环境胁迫具有一定的抵抗力（Harper，1977；Harper et al.，1997）。幼苗阶段是植物生活史中对环境条件反应最敏感的时期（班勇，1995），幼苗成功地定居并生长发育为成熟个体，需要不断地与各种不利因子抗争，不同的种群采用不同的生活史对策，从而得到不同的命运，有些个体半途夭折，有些则成功长成大树（Harper，1977）。群落生态学家常把物理环境视如"筛子"（Harper，1977；Nicotra et al.，1999），这个"筛子"在很大程度上决定着种群能否成功地完成其生活史，完成自然更新。

本篇着眼于种子萌发后幼苗定居的主要生态过程，探讨梭梭自然更新过程幼苗阶段的几个重点生态学问题。

第9章 幼 苗 建 成

9.1 梭梭定居成功的早期标志

幼苗阶段是植物生活史周期中最关键的时期，幼苗的存活不仅对植物种群大小、持续及遗传变异能力有重要影响（Harper，1977），还在植物种群更新、扩散，群落演替及生物多样性的维持中起关键作用（Nicotra et al.，1999）。尽管幼苗阶段在植物生物学中的地位已经非常明确，但是人们对"幼苗阶段"的概念始终未能达成共识（Harper，1977）。胚根从种皮伸出时即认为是幼苗阶段的开始（Harper，1977），但关于幼苗阶段的终止还没有得出一致性的结论。然而，一般情况下，生态学家认为植物幼苗是所有幼龄的且在形态上比较矮小的植物个体的集合。

"幼苗阶段"是一个模糊概念，人们不但面临对"幼苗阶段"难以判断的概念性难题，而且这种判别在同行中也面临无法达成共识的困惑。类似问题还有一些，如对"定居过程完成"这样一个早已有定义的概念，在研究实践中，常常感觉该定义的时间尺度过长，不利于缩短研究周期、提高研究效率，同时也不利于实践中对植物生长发育阶段的划分与判断。

在生物学领域，定居指传播体的萌发、生长发育直至成熟阶段的过程。植物在裸地上的定居过程是对新的生境不断适应的过程。植物传播到裸地上能够萌发，幼苗能生长发育至成熟并繁殖后代，这就标志着定居过程的完成或实现（简称定居完成或实现定居），并有效地形成群落。

按照这种现行的标准定义，很多研究工作实验周期过长，对于我们的研究对象梭梭而言，就存在这样的问题和困惑。

地带性植被建群种在长期自然选择中，均已形成了对生境条件的高度适应关系，并在竞争中成为该生境区的优势种。根据实践经验，这些植物种，即干旱区地带性植被的主要建群植物，均能适应生境条件，逆境适应能力很强。萌发后经过一段时间的生长，其根系一旦与维持水源建立了联系，则意味着植物具备了稳定的水分供给。处于这种状态的植物，将能够正常生长发育、繁殖后代，完成其生活史过程。我们认为，对这类植物的这类现象，完全可以借以建立早期判别标志，以利于缩短实验周期，提高研究效率。

"定居"及与其含义相近的"种群生活史过程"和"自然更新"的定义相似，是一个相当漫长的时间过程。虽然这个定义作为专业术语而言，表达是严谨的，但是，这种从种子到种子的过程过于漫长，不利于其在实践中的应用。例如，对一些技术实践活动或生态修复工程效果的评估、判断与把握，在实践中存在着明显的缺陷，影响相应工作的进度，给研究与技术人员造成很大的困惑。因此，定居成功的早期判断成为人们关注的重要问题。

要对定居成功进行早期判断，必须首先确定影响定居的关键因子，进而确定相应的判别标志。在干旱环境中，表层土的含水量影响种子萌发、幼苗建成等过程（Maestre et al.，2003）。在幼苗定居阶段，土壤水分往往是影响植物幼苗存活的主要限制因子（Winter，1974）。土壤水分的缺乏，经常是导致幼苗死亡的首要原因。我们关注的具体对象是梭梭，梭梭作为温带荒漠地带性植被的优势种，与生活在干旱荒漠区的其他植物种一样，其生境主导限制因子是水分。更新能否成功的关键在于种子能否萌发，以及幼苗能否顺利出土，并完成定居过程。这一过程受到诸多因素的影响和干扰，其中温度、土壤水分和种子沙埋厚度为主要因素（Gutterman，1993；Zheng et al.，2004）。在幼苗定居阶段，土壤水分往往是影响植物幼苗存活的主要限制因子（龙利群和李新荣，2003）。显然，现有的研究成果和我们多年野外工作实践中积累的经验说明，水分条件是幼苗建成及定居成功的主导因素。

水分条件又是一个笼统的概念，它不仅由大气降水、地表水、地下水、土壤水等不同的种类构成，还具有时间与空间上的变异，不宜作为判别标志。在干旱、半干旱地区，水是生态系统的主要限制性因子，植物的生长状况、分布格局、丰度等都与水分的可利用性密切相关。目前普遍认为，干旱、半干旱环境下植物实现生态位分离的主要机制是不同物种或生活史的植物具有不同的水分利用模式，能够吸收在空间和（或）时间上存在差异的水源（Filella and Penuelas，2003）。为验证这一假说，Ehleringer 等（1991，1992）开展了干旱环境下植物水分来源的研究，发现多年生植物通常吸收土壤深层水分或地下水维持生存，而其他物种则发育浅根系以利用短暂的降水事件。他们还发现，不同物种通过水分利用的季节性变化来避免竞争的现象。这说明在同一地区，某些植物完全依赖于雨季降水，某些植物对雨季降水没有响应，利用的是更稳定的深层水源，另外一些植物则随雨季的开始或结束，对水分的吸收在表土层和深层地下水间转化。显而易见的是，我们必须确定研究区域内维持梭梭种群成活、生长发育和繁衍的稳定的水分来源。只有梭梭根系与这一稳定水源建立联系，该种群的正常生长、发育和繁衍才有可靠保证。这与大家在长期的实践活动中所观察到的情况是吻合的。

鉴于以上的基本认识和我们对研究区梭梭种群稳定维持水源的研究结果（第 18 章），可以认为，梭梭定居成功的早期标志是其根系与地下水建立了联系。采用稳定性同位素监测技术可以实现对梭梭定居成功的早期判别。

9.2 梭梭幼苗建成的水分支撑

幼苗建成的早期判别标志确定之后，主导生态限制因子——水分条件便自然而然地成为我们关注梭梭自然更新过程幼苗阶段的首要问题。

为了较为全面地把握梭梭幼苗建成的水分支撑条件，吕朝燕（2013）在古尔班通古特沙漠边缘阜康北沙窝（北纬 44°13′24.99″，东经 88°0′20.91″；海拔 458m）进行了积雪厚度对梭梭幼苗建成影响的模拟实验。在 2009 年 10 月降雪前，用加厚防渗膜将 3 块 9m×11m 样地完全覆盖，目的是排除冬季积雪对春季样地土壤水分梯度设置的干扰，保证供水量较少的处理可以正常布设。2010 年 4 月初，揭开覆盖的薄膜进行水分梯度设置。

为模拟冬春积雪融化对土壤水分的补充状况，采用一次性供水方式设置。实验为单因素供水梯度控制实验，所有梯度均按沙埋厚度 0.5cm 布设。根据当地气象资料，该地区 1961～1980 年冬季平均降水量为 21～30mm，模拟积雪厚度实验设置 16mm、28mm、48mm、72mm 共 4 个供水梯度，分别对应 16 000mL/m^2、28 000mL/m^2、48 000mL/m^2 和 72 000mL/m^2 4 个供水量。每一供水梯度的样地总面积为 8m×10m，1m^2 为一个处理单元，种子萌发后尽量保证每一处理只有 1 株幼苗存活，以排除幼苗之间因密度不同所产生的竞争和相互影响。5～10 月，每月进行一次幼苗生长量调查，测量梭梭幼苗地上和地下部分的生长。整个生长季共进行 6 次调查。每次在每一梯度选择 5 株梭梭幼苗进行全株取样。根系取样采用壕沟水冲法，即在距离梭梭幼苗 0.5cm 处挖一壕沟，其横截面约 0.5m×1.5m，深度随幼苗根系的生长逐渐加深（保证大于幼苗垂直根长）。用喷雾器清理植株周围的沙土，并不断清理沟中沉积的沙土，直至冲出整个根系，测量幼苗地上部分和地下部分的生长状况。然后，将植株样品带回野外站实验室，在 80℃条件下烘至恒重并称量。

模拟积雪厚度实验于 2010 年 4 月 11 日布设完成。播种所采用种子的实验室萌发率为（79.33±6.28）%，可以认为这是理论上实验可以达到的最高萌发率。

采用幼苗高度、垂直根长度、地上和地下部分干重以及根冠比等随时间的变化来描述不同模拟积雪厚度下梭梭幼苗的生长情况。同时，计算高度生长速率和垂直根生长速率（李秋艳和赵文智，2006）。

高度生长速率计算公式为

$$AHGR=dH/dt$$

式中，H 为生长天数为 t 时幼苗的高度，mm；t 为生长天数，d；AHGR 为高度生长速率。

垂直根生长速率的计算同上。

同时，在每一样地布设一套 Em50 土壤水分数据自动采集器，每套数据采集器包括 5 个 5TE 土壤水分探头，分别布设在 20cm、40cm、60cm、120cm 和 180cm 土壤深度，以此监测不同模拟积雪厚度下各样地不同深度土壤体积含水率的动态变化。

对不同水分处理条件下梭梭幼苗的高度生长速率、垂直根生长速率、根冠比等指标进行单因素方差分析，差异显著度水平为 0.05。采用最小显著差异法对不同水分处理条件下梭梭幼苗的高度生长速率、垂直根生长速率、根冠比等指标进行多重比较，以确定其差异是否达到差异显著性水平（$P<0.05$）。所用软件为 SPSS 13.0 和 Origin 7.0。

9.2.1 不同供水量条件下梭梭幼苗的生长动态

幼苗地上部分生长的季节动态：4 月中旬～6 月中旬幼苗地上部分生长较慢，高度增长量、地上干物质累积均较少，高度生长速率较慢。6 月底～7 月底是整个生长季幼苗地上部分生长最快的阶段，高度、地上部分干重迅速增加，高度生长速率处于全年的最高水平。8～10 月，幼苗地上部分的生长速率较慢，高度、地上部分干重缓慢增加，处于相对稳定的状态。同时，高度生长速率也处于相对稳定的状态（图 9.1～图 9.3）。

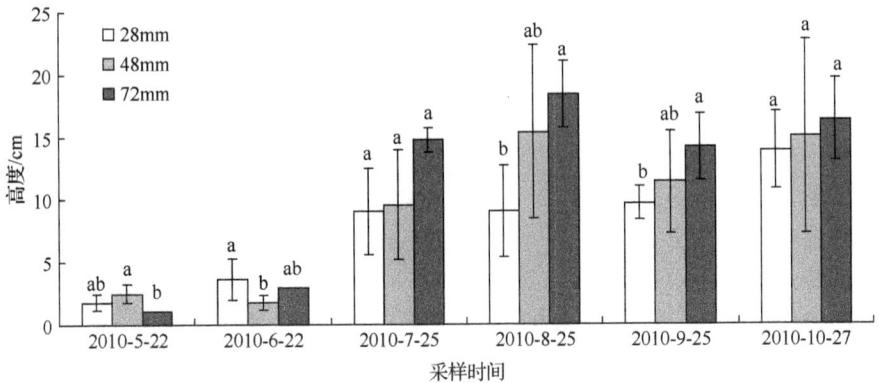

图 9.1　不同供水量条件下幼苗高度随时间的变化

小写字母不同表示差异显著（$P<0.05$），小写字母相同表示差异不显著（$P>0.05$）。

不同供水量条件下，梭梭幼苗的高度、地上部分干重、高度生长速率季节变化的一般规律（16mm 供水量处理，少量种子萌发出土后，短时内幼苗全部死亡，没有纳入后续的相关分析）：生长季早期（4～7 月），不同供水量处理幼苗高度、地上部分干重、高度生长速率差异不显著（$P<0.05$）；生长季后期（8～10 月），

72mm 供水处理幼苗的高度、地上部分干重、高度生长速率均大于 28mm 和 48mm 供水处理，且差异显著（$P<0.05$）。28mm 和 48mm 供水处理幼苗的高度、地上部分干重、高度生长速率差异不显著（$P<0.05$）。整体来看，供水较多的处理（72mm），幼苗地上部分的生长好于供水较少的处理（28mm、48mm）。

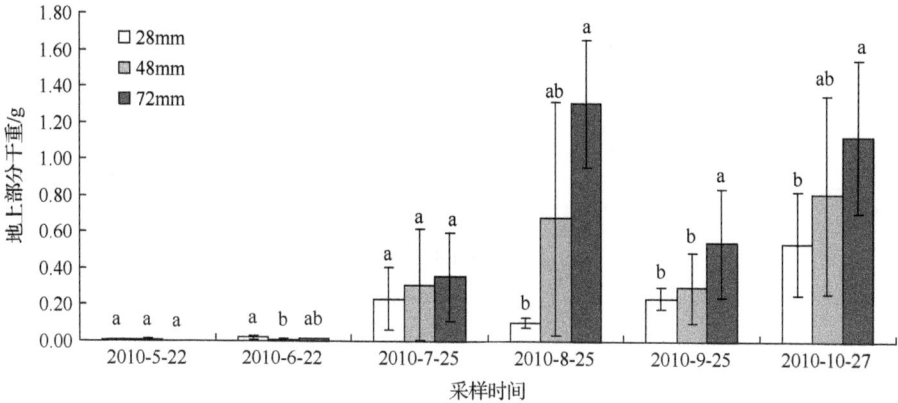

图 9.2 不同供水量条件下幼苗地上部分干重随时间的变化

小写字母不同表示差异显著（$P<0.05$），小写字母相同表示差异不显著（$P>0.05$）。

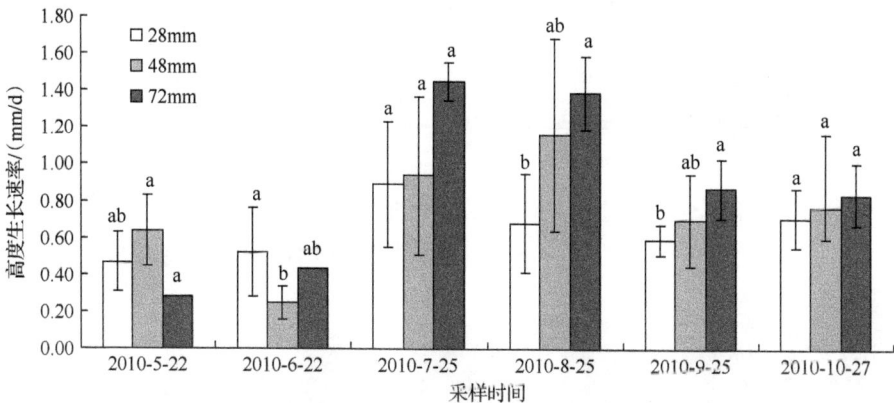

图 9.3 不同供水量条件下幼苗高度生长速率随时间的变化

小写字母不同表示差异显著（$P<0.05$），小写字母相同表示差异不显著（$P>0.05$）。

不同供水量条件下，梭梭幼苗地下部分（根系）生长季节变化的一般规律：4 月中旬～6 月中旬梭梭根系生长较快，垂直根长增加明显，垂直根生长速率较高。6 月底～7 月底是幼苗根系生长最快的时期，垂直根长快速增加，地下部分干物质累积明显增加，垂直根生长速率处于整个生长季最高的水平。8～10 月，根系的生长速率较慢，垂直根长、地下部分干重缓慢增加，垂直根生长速率处于相对稳定的状态（图 9.4～图 9.6）。

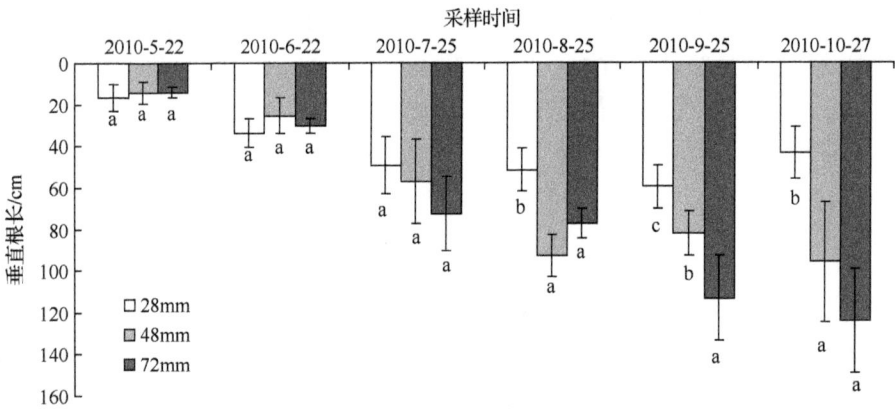

图 9.4　不同供水量条件下幼苗垂直根长的季节变化

小写字母不同表示差异显著（*P*<0.05），小写字母相同表示差异不显著（*P*>0.05）。

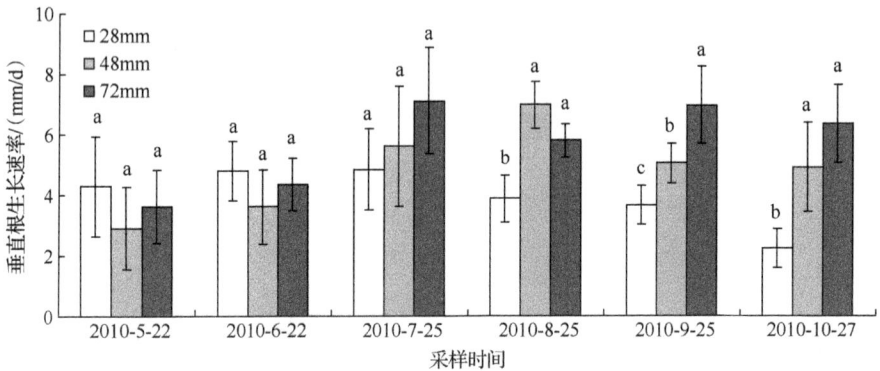

图 9.5　不同供水量条件下幼苗垂直根生长速率的季节变化

小写字母不同表示差异显著（*P*<0.05），小写字母相同表示差异不显著（*P*>0.05）。

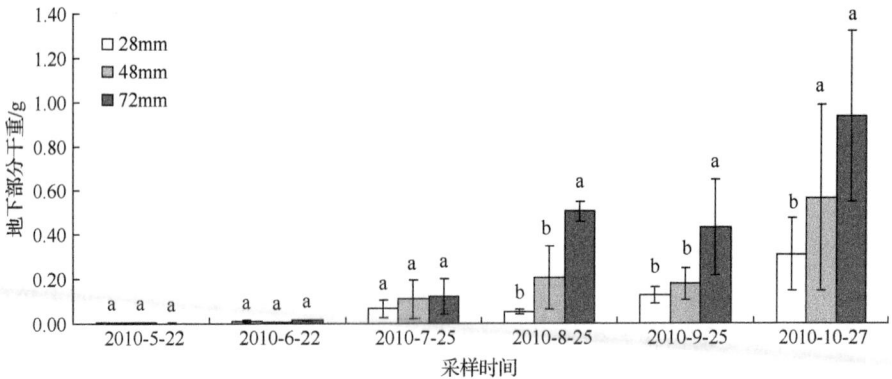

图 9.6　不同供水量条件下幼苗地下部分干重的季节变化

小写字母不同表示差异显著（*P*<0.05），小写字母相同表示差异不显著（*P*>0.05）。

不同供水量条件下，梭梭幼苗地下部分生长季节变化的一般规律：生长季早期（4~7 月），不同供水处理幼苗垂直根长、地下部分干重、垂直根生长速率差异不显著（$P<0.05$）；生长季后期（8~10 月），9 月 48mm、72mm 供水处理幼苗的垂直根长、地下部分干重、垂直根生长速率大于 28mm 供水处理，且差异显著（$P<0.05$）；10 月 48mm 和 72mm 供水处理幼苗的垂直根长、地下部分干重、垂直根生长速率差异不显著（$P<0.05$）。整体来看，供水较多的处理（72mm、48mm），幼苗地下部分的生长好于供水较少的处理（28mm）。

不同供水量条件下，梭梭幼苗地上、地下部分生物量分配季节变化的一般规律：4 月中旬~6 月中旬梭梭根系的生长显著好于地上部分的生长。此阶段幼苗的根冠比处于整个生长季最高的水平（图 9.7）。同时，这一阶段梭梭垂直根长是幼苗高度的 8~10 倍，垂直根生长速率是高度生长速率的 7~11 倍（图 9.1、图 9.3~图 9.5）。6 月底~8 月底，幼苗根冠比处于整个生长季较低的水平。9~10 月，幼苗根冠比逐渐增加，生物量分配再次向根系倾斜。

不同供水量条件下，梭梭幼苗根冠比季节变化的一般规律：生长季初期（4~5 月），72mm 供水处理幼苗的根冠比显著高于 28mm、48mm 供水处理，28mm 和 48mm 供水处理幼苗根冠比差异不显著（$P<0.05$）。生长季中期（6~8 月），不同供水处理幼苗根冠比差异不显著（$P<0.05$）。生长季后期（9~10 月），72mm 供水处理幼苗的根冠比显著高于 28mm、48mm 供水处理，28mm 和 48mm 供水处理幼苗根冠比差异不显著（$P<0.05$）。整体来看，供水较多的处理（72mm）幼苗根冠比大于供水较少的处理（28mm、48mm）（图 9.7）。

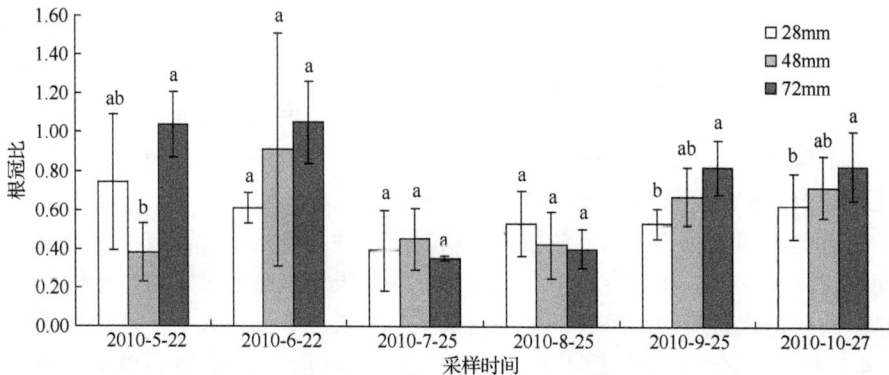

图 9.7　不同供水量条件下幼苗根冠比的季节变化

小写字母不同表示差异显著（$P<0.05$），小写字母相同表示差异不显著（$P>0.05$）。

9.2.2　自然条件下梭梭幼苗建成的土壤水分支撑条件

不同模拟积雪厚度供水实验表明，48mm、72mm 供水量下梭梭幼苗的高度、地上部分干重、高度生长速率、垂直根长、地下部分干重和垂直根生长速率大于28mm 供水量。这说明,供水量越大越有利梭梭幼苗的生长。

对幼苗建成的土壤水分支撑条件的分析结果表明:16mm 供水量不足以满足梭梭幼苗建成的水分需要,梭梭种子萌发出土以后迅速大量死亡;28mm 供水量下,幼苗垂直根系的生长在不同时期基本达到了表层土壤变干以后土壤水分相对较好的较深层次,基本满足梭梭幼苗建成的需要。48mm、72mm供水量下,梭梭幼苗垂直根生长速率大于表层土壤变干的速率,幼苗建成状况较好。

准噶尔盆地边缘冬季多年平均积雪厚度为 20～30mm,同时 28mm 模拟积雪厚度基本满足梭梭幼苗建成的水分需求,这说明 28mm 左右的冬季积雪厚度条件是梭梭幼苗建成的基本要求,即为梭梭自然更新过程得以实现的基本水分支撑条件。

9.3　梭梭幼苗建成过程的生态博弈

梭梭幼苗建成的生态过程,实际上就是梭梭垂直根生长速率与近地表土壤水分变化活跃层变异速度的竞争过程。9.1 节已经明确,只要梭梭幼苗根系与其稳定的维持水源建立了联系,就意味着幼苗的定居、建成过程的水分条件得到了保障。因此,梭梭幼苗定居将成为定局,并得以实现。然而,要实现这一过程的前提,是垂直根生长速率必须大于近地表土壤水分变化活跃层的干旱速度。

已经有一些研究(张世军,2004;刘国军,2009;吕朝燕,2013)涉及此问题,对这样一个关乎梭梭种群自然更新关键问题的认识相对容易,而欲阐述其中的普遍规律则十分困难,因为这是一个受到生境、年度,即时间和空间影响的问题。以下就张世军(2004)在准噶尔盆地东南缘古尔班通古特沙漠边缘的研究,简述梭梭根系生长和干沙层增厚之间的生态博弈过程。

随着气温和地温的升高,梭梭种子萌发后,沙丘表层水分蒸发不断增强,从而使表层土壤变干。加之春季多大风天气,沙丘表层水分蒸发加速,干沙层迅速增厚。欲获得定居成功的机会,则幼苗根系的生长速率必须大于干沙层增厚的速度。4 月初,积雪全部融化后不久,干沙层仅 2cm,而到 4 月 20 日就迅速增加到10cm,这多少与 4 月 18 日前后的大风有关,再到 5 月 10 日,干沙层增加到 12cm,变化较小。而与此同时,在流动沙丘上,幼苗根系从 4 月初的 5cm 生长到 4 月 20日的 11cm,到 5 月 10 日增加到 16cm,下扎深度均超过干沙层厚度;固定沙丘上幼苗的根系生长更快,从 4 月初的 6cm 增加到 4 月 20 日的 20cm,到 5 月 10 日则达 45cm(图 9.8)。

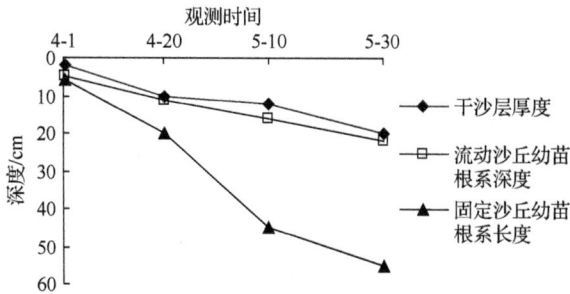

图 9.8　垂直根系深度与干沙层厚度随时间的变化

　　与此同时，沙丘含水量变化也不相同，在 4 月初固定沙丘大多层次的含水量高于流动沙丘，到 4 月 20 日以后固定沙丘的含水量都低于流动沙丘，而流动沙丘地表到 10cm 这一层次含水量在 4 月初高于固定沙丘，到 4 月 20 日以后变为低于固定沙丘，但 10cm 以下各层次的含水量都高于固定沙丘。在积雪融化后，虽然沙丘表面到 10cm 范围内含水量比固定沙丘相同层次低，但在 10～20cm 这一层次含水量很高，比同期固定沙丘 40～50cm 处的含水量还要高。较高的沙地含水量条件，相对优越的水分条件使幼苗垂直根系生长速率受到一定的抑制（垂直根系在水分供应较为充分的层次，其生长速率呈明显降低状态）（图 9.9）；流动沙丘、固定沙丘的不同层次含水量不同，这在一定程度上影响幼苗垂直根系的生长速率，根系有向水生长的特性，这一特性可能导致根系在不同土壤水分状况下生长速率的不同。

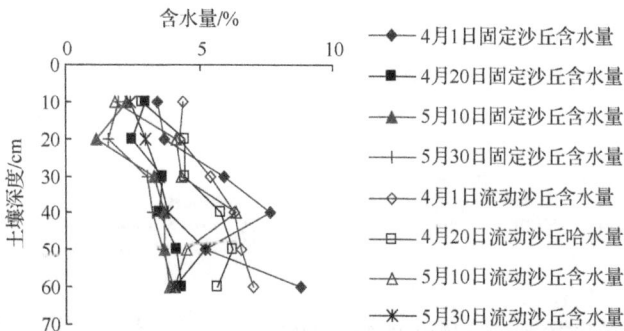

图 9.9　沙丘水分变化状况

　　随着灌溉量的减少，梭梭幼苗的根冠比有增加的趋势。轻度水分胁迫下，梭梭幼苗根系通过深扎或增加分枝来扩大水资源空间（单立山，2007）。随着灌溉量的减少，梭梭的根冠比有增加的趋势，表明在轻度水分胁迫条件下，植物只有通过根系深扎或增加分枝等方式来应对"生与死"的竞争、扩大资源空间，从而满足幼苗对水分的需求，保持植物体内水分平衡，以适应激烈的竞争环境。

9.3.1　不同供水与土壤水分和梭梭幼苗根系生长

不同供水处理条件下，各深度土壤含水率分析表明，28mm、48mm 供水影响深度 60cm 左右的土壤水分。28mm 供水处理，20cm、40cm 土层土壤含水率在供水完成以后迅速增加，60cm 土层土壤含水率在供水完成以后缓慢增加，表现出一定的滞后。48mm 供水处理，20cm、40cm、60cm 土层土壤含水率均在供水完成以后迅速增加。72mm 供水影响深度 120cm 左右的土壤水分，供水完成以后，20cm、40cm、60cm、120cm 土层土壤含水率均迅速增加。此后，不同供水处理各土层土壤含水率均逐渐下降，浅层（20cm、40cm、60cm）土壤含水率下降较快。72mm 供水处理，深层（120cm）土壤含水率也逐渐缓慢下降。

同时，对土壤含水率与幼苗根系生长的关系进行了分析。结果表明：4～7 月各供水处理梭梭幼苗根系均达到深度 60cm 左右的土壤层次。此阶段，各供水处理条件下，各深度（20cm、40cm、60cm）土层的土壤含水率随时间迅速下降。深度 20cm 土层土壤含水率波动较大，总体呈下降趋势。深度 40cm、60cm 土层土壤含水率下降速度相对较慢。到 7 月中旬时，这两个层次土壤含水率在 0～180cm 土壤中处于相对较高的水平。

可见，4～7 月各供水处理幼苗根系的生长同各土壤深度层次的水分变化相适应，达到了土壤水分相对较好的层次。8～10 月，28mm、48mm 供水处理，深度 20cm、40cm、60cm 土层土壤含水率迅速降低，120cm 土壤含水率有少量增加。此阶段，28mm 供水处理，幼苗根系深度达到 70cm 左右的土壤层次，未能达到更深的、土壤水分状况相对较好的较深土层（深度 120cm 左右及以下土层为生长季后期土壤水分较好的层次）。48mm 供水处理，幼苗根系生长达到深度 90～100cm 土壤层次，基本达到了较深的土壤水分较好的土层。8～10 月，72mm 供水处理，0～120cm 土壤层次土壤含水率均迅速降低。该处理下，幼苗根系生长到深度 120cm 左右的土壤层次，基本达到了土壤水分较好的深层土壤（图 9.10）。

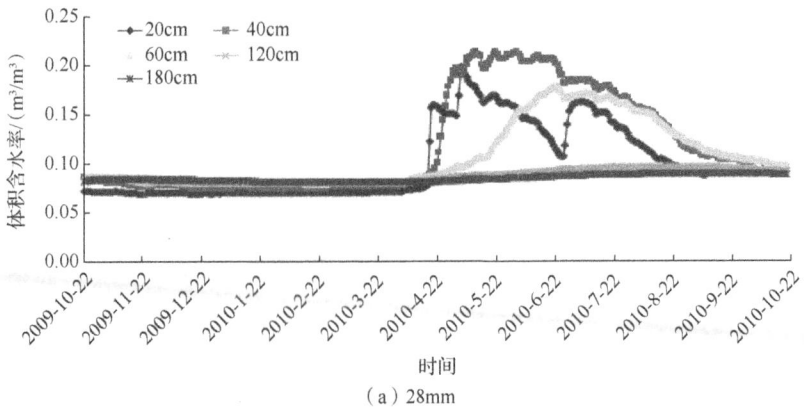

（a）28mm

图 9.10　不同供水量条件下土壤含水率随时间的变化

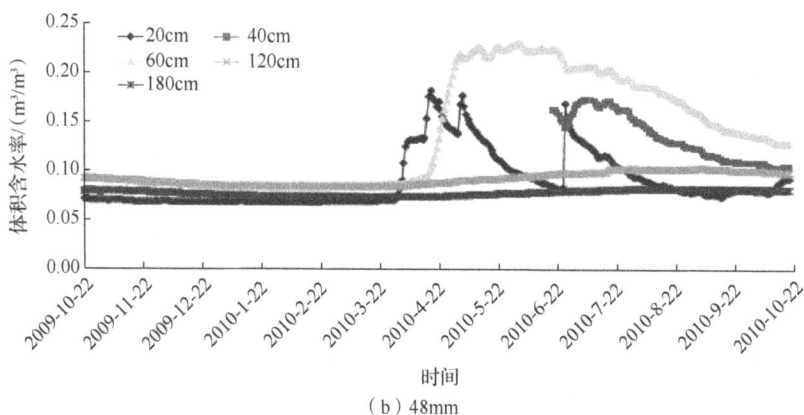

（b）48mm

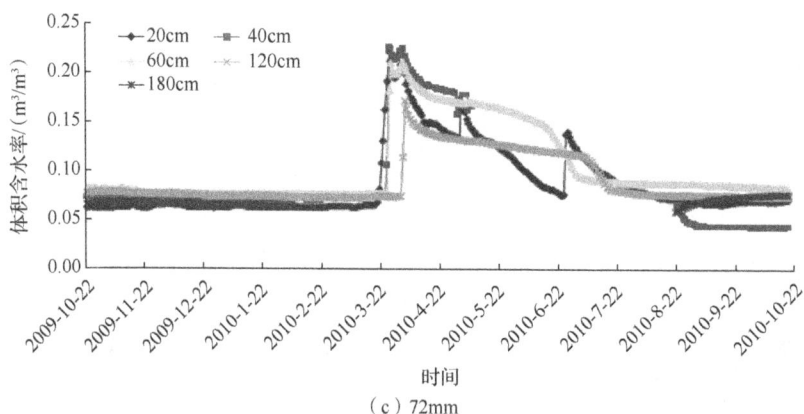

（c）72mm

图 9.10（续）

9.3.2 天然生梭梭林土壤水分动态

土壤水分随时间的动态变化既制约植被的分布，又受到植被的影响，是植物根系吸水和土壤蒸发共同作用的结果。植物根系吸水活动与植物生长状况密切相关，土壤蒸发又与各种气象要素密切相关，植物生长状况和气象要素均随时间而不断变化，从而使土壤水分具有随时间而变化的特征（王孟本和李洪建，1995；孙长忠等，1998；阿拉木萨等，2003；陈海滨等，2003；王新平等，2004；赵姚阳等，2005）。整个生长季（3~10 月），土壤含水率整体呈现升—降—相对稳定—降—相对稳定的年内变化趋势。这与赵从举等（2003）对古尔班通古特沙漠腹地土壤水分年度变化规律的研究结果基本一致。

初春（3~4 月）为土壤水分补给期，此时准噶尔盆地冬季积雪在半个月左右的时间内迅速融化，补充土壤水分，土壤水分较为丰富，最大含水层较浅，土壤水分能满足植物生长的需要；春末初夏（5~6月上旬）为土壤水分损耗期，尤其是表层土壤水分下降明显，最大含水层下移，土壤水分含量下降，土壤水分成为植物生长的最主要限制因子（赵从举等，2003）。夏末（7~8月）土壤水分进一步损耗，此时气温处于全年的最高水平，降雨稀少，浅层土壤水分继续下降，最大含水层进一步下移。秋季（9~10月）土壤水分相对稳定，此时气温逐渐下降，降雨有所增加，表层土壤含水率存在波动，深层土壤含水率进一步下降。生长季后到第二年开春（11月~第二年2月）为土壤水分冻结凝滞期，土壤水分处于相对稳定的状态（陈钧杰等，2009）。张世军等（2005）、王雪芹等（2006）在对古尔班通古特沙漠不同区域的研究中也得到了类似的结果。

从土壤水分的垂直变化来看，不同深度土层土壤含水率随时间也处于不断变化之中。其中，不同时期土壤含水率相对较高的层次随时间的变化，对沙漠地区的植物生长至关重要。对于梭梭幼苗而言，其根系生长是否能在不同时期达到土壤水分相对较高的层次，是梭梭幼苗能否度过干旱缺水季节得以存活的关键。春末夏初（3~4月），由于积雪融化大量补充土壤水分，且此时气温较低，土壤蒸发较弱，浅层（20cm左右）土壤含水率较高，可以满足幼苗生长的需要。炎热的夏季（5~7月），气温较高，地表蒸发强烈，且降雨稀少，浅层土壤含水率逐渐下降，土壤含水率相对较高的层次下降到60cm左右及以下（钱亦兵等，2002；赵从举等，2003；张世军等，2005；王雪芹等，2006）。夏末秋初（8~10月），土壤含水率进一步缓慢下降，土壤含水率相对较高的层次下降到120cm左右及以下。整体来看，天然生梭梭林0~40cm为土壤水分变化最活跃的层次，40~180cm为土壤水分变化次活跃的层次，180cm及以下为土壤水分相对稳定的层次。这与陈钧杰等（2009）在古尔班通古特沙漠腹部的研究基本一致，也是该区域年度土壤水分垂直变化的基本规律。

9.3.3　积雪厚度对梭梭幼苗生长的影响

土壤水分变化是干旱区生态环境变化的重要影响因子（王雪芹等，2003），是维系荒漠植物发育最主要的制约因素。每种植物都以自己的生长策略对干旱表现出独特的响应策略，生长行为是由植物本身的生物特性所决定的（Parolin，2001）。生长季早期（4~6月），供水量对梭梭幼苗的高度、垂直根长、地上和地下部分干重、根冠比等影响均不显著。这与刘国军等（2012）对梭梭的研究结论一致。此阶段，气温逐渐上升，地表蒸发较弱。同时，浅层土壤含水率受积雪融化补充的影响为全年较高水平，可以满足幼苗生长的需要。并且，此阶段为幼苗生长初期，幼苗对水分等资源的需求相对较少，对环境变化的反应不敏感。7月开始，气温逐渐达到全年最高水平，地表蒸发强烈，浅层土壤水分含量较低。同时，降雨稀少，梭梭幼苗生长的环境条件日趋恶劣。此阶段，模拟积雪厚度较厚的梭梭幼苗的高度、垂直根长、地上和地下部分干重、根冠比等均优于模拟积雪厚度较薄的梭梭幼苗。模拟积雪厚度较厚的幼苗早期得到水分较多，生长良好，具有一定的生长优势，垂直根到达土壤水分较好的层次的时间较早，其后期生长状况较供水较少条件下生长的梭梭幼苗更好。

整个生长季除 6 月底～8 月底外，模拟积雪厚度较厚的梭梭幼苗的根冠比大于模拟积雪厚度较薄的梭梭幼苗。这说明模拟积雪厚度较厚的情况下，梭梭幼苗在气温相对较低的春末夏初（4～5 月）和初秋（9～10 月）这两个相对适合幼苗生长的时间段，将更多的资源优先分配给根系生长，体现了梭梭幼苗生长对沙漠环境的积极适应。梭梭在水分条件较好、气温适宜的情况下，根系优先生长，这将有利于其对水分的吸收（McMichael and Burke，1996），同时其在夏季也可以利用深层土壤水（Drennan and Nobel，1996），这是梭梭幼苗适应沙漠环境的结果。

9.4 梭梭定居的关键影响因子与关键影响时段

9.4.1 关键影响因子

关键影响因子是关系梭梭自然更新成败最重要的影响因素，长期以来，一直受到梭梭主要分布区研究者的高度重视。各梭梭主要分布区均有一批研究者长期坚持在一线开展梭梭自然更新的研究与实践，而开展这类研究的学者多聚焦研究区域的一个或几个关键影响因子。

20 世纪 80 年代，梁远强等（1990）研究了梭梭更新问题，并在新疆甘家湖进行了梭梭人工雪面撒播实验，取得了较好的保苗效果。1984 年春积雪消融前，在甘家湖梭梭林区边缘土质荒漠立地条件下，人工雪面带状撒播梭梭 36hm²，播种量 5.55kg/hm²，播种时积雪厚 20cm，当年梭梭保苗 1800 株/hm²。1985～1987 年，分别在奇台起伏沙地、阜康灰漠土、乌苏灰漠土、精河砾石戈壁等不同立地条件类型上扩大实验，累计实验总面积达 229.3hm²，结果 4 个试区一般每平方米出苗 120～200 株，最多达 561 株，最少 3.5 株。1987 年秋季保苗最好，4 个试区1987 年秋季保苗株数分别为 475.5 株/hm²、136.5 株/hm²、114.0 株/hm² 和 8910 株/hm²。梭梭人工雪面撒播，以灰漠土立地条件生长最优。5 年生梭梭平均高 1.3m（最高达 3.15m），平均地径 1.5cm（最粗达 3.3cm），第三年已有部分梭梭结实，并天然落种更新。

20 世纪 80 年代中～90 年代初，李钢铁和杨美霞对梭梭林自然更新开展了连续 8 年的研究，获得了较为丰富的研究成果（李钢铁和杨美霞，1995）：梭梭林天然更新的关键所在是幼苗的产生和当年生幼苗的保存，幼苗的产生必须在有较多的种子为前提，当年 3～5 月有一次较大降水的情况下完成。这一较大降水必须能将干沙层全部浸透并使其与稳定湿沙层相接。种子吸水后迅速发芽生长，保证根系能够顺利地保持在湿沙层内持续生长。梭梭林天然更新呈现周期性规律，平均每 9 年有一更新年。

李钢铁和杨美霞（1995）特别关注梭梭种子萌发所需要的降水量标准问题。梭梭种子较小且发芽速度较快，发芽所需的水分条件不是特别高。有 5mm 以上降水即可使有效沙层（0.8～2cm）内的种子充分吸水发芽。但是沙地表层有一个干沙层，随着时间的推移，气温逐渐升高，自早春开始，干沙层便逐渐增厚，且增厚速度越来越快。降水可以浸润干沙层，一定厚度的干沙层需要一定量的降水才能完全浸透，如降水不足，则会在湿沙层和降水浸润层之间形成一个干沙夹层。若出现这种情况，种子发芽后，幼苗根系不可能穿越此干沙夹层，而是进入"稳定湿沙层"而死亡，发生"闪苗"。通过研究得到梭梭林内的幼苗大量发芽需要的降水标准量如下：3 月 5～6mm；4 月 8～10mm；5 月 15～20mm。

刘晋（2006）研究新疆准噶尔盆地荒漠区梭梭自然更新后指出，梭梭为新疆北部准噶尔盆地荒漠植被建群种，具备自我修复的生物生态学基础，在同时满足有成熟的种子、冬季有较厚的积雪、早春无 8 级以上大风 3 个条件时，可以实现天然更新。

李发江等（2008）研究了民勤沙区梭梭自然更新条件，认为民勤沙区梭梭自然更新条件需要满足以下两个条件：一是 0～35cm 土壤表层 0.05～0.25mm 细砂粒含量相对较高，尤其是 0～5cm 表层 0.05～0.25mm 细砂粒含量需要在 60%以上；二是 0～35cm 土壤表层 pH 不能超过 8.6。在民勤沙区分布有大面积人工梭梭林，不缺少种源，土壤盐分也不是限制梭梭自然更新的因素。这是以往的研究从未涉及的，这一研究结论对当地及河西走廊沙区梭梭造林地的选择具有一定的参考价值，对于退化梭梭林的恢复也有一定的参考意义。

通过以上一些来自不同区域的、研究梭梭自然更新的代表性成果可以看出，各地学者在研究本区域梭梭自然更新时，所针对的各种问题，其实都是不同区域影响梭梭自然更新的关键因子，只是由于区域不同，影响梭梭自然更新的主导因子有所不同。近年来，作者课题组也开展了梭梭自然更新研究（张世军，2004；刘国军，2009；吕朝燕，2013），探索了影响梭梭定居的关键影响因子与关键时段问题，并得到了一些涉及基质水分动态、幼苗根系生长与立地环境水分条件变化的博弈关系、啮齿类动物或昆虫的啃食等的结果。

综上所述，虽然梭梭定居的关键影响因子与关键影响时段是一个带有普遍性的问题，但该问题较为复杂，影响因素众多，并且因具体区域、年代等的不同，而有不同的表现形式，是一个与立地环境条件紧密相关而又难以得出普适性规律的问题。尽管如此，在特定区域，生境条件的变化仍然具有一定的规律或自身的周期性可循。通过长期监测与研究，仍然有可能揭示和掌握特定区域相关因子变化的规律性。而这些面向区域的规律，对于指导当地植被恢复、重建与保育，具有非常重要的理论与实践意义。

9.4.2 关键影响时段

关键影响时段是与关键影响因子密切相关的重要问题。在自然条件下，梭梭定居过程受到气候、土壤、生物等方方面面的影响。研究表明，主要威胁来自土壤干旱、幼苗生长与基质环境的不协调性（张世军，2004；刘国军等，2010b；吕朝燕，2013）、气候因子（如大风）（刘晋，2006）、生物危害（如昆虫咬食）（刘国军等，2010b）等。

关键影响时段是关键影响因子作用最强的时间区间。这个时间区间总是在监测、剖析关键影响因子的过程中，通过分析，被揭示和认识的关键影响时段。对不同关键影响因子，可以采用不同方法确定关键影响时段。

刘国军（2009）运用苗期动态生命表分析了关键影响时段和关键影响因子。从梭梭天然幼苗苗期动态生命表（表 16.3）可知，梭梭幼苗在第 1、2 时段的标准存活比率 l_x 下降较快，标准存活比率由起始的 1000 依次下降为 643 和 301，两时段递减数量均超过 340；第 5 时段标准存活比率下降也很快，从 209 下降到 149。同时，相对应的死亡率 q_x 和致死力 k_x 也较高，其中第 2 时段死亡率 q_x 升高到 53%，致死力 k_x 升高到 76%；第 3 时段的存活比率下降趋缓，相应的死亡率 q_x 和致死力 k_x 开始降低。第 3、4、6、7、8 时段，标准存活比率变化幅度较小，变化幅度在 60 以内，相应的死亡率 q_x 和致死力 k_x 较低，幼苗存活个体数在这 4 个时段处于较为稳定的状态。

苗期动态生命表（表 16.3）和幼苗期存活率曲线（图 16.8）表明，幼苗在幼苗初期存活率急剧下降，第 1、2 时段（4 月 1 日～5 月 1 日），幼苗存活率从 100% 下降到 31%，到后期，幼苗存活率下降较为缓慢，为 Deevey III 型，说明幼苗死亡事件主要发生在幼苗早期。存活率曲线表明，梭梭自然更新幼苗存活率很低，最终存活率仅有 9.7%。死亡率很高，日均死亡率曲线表明，幼苗死亡出现两个高峰时期（4 月 1 日～5 月 1 日和 6 月 15 日～7 月 15 日）。早期幼苗幼嫩，抗性弱，容易受到不利天气的影响，如早春的大风天气就会导致幼苗被沙埋死亡，也会把幼苗吹干。恶劣的天气是导致梭梭幼苗早期死亡率高的一个直接因素。

植物适合度可区分为生殖适合度和生存适合度（Harper，1977）。种子和幼苗的存活能力属生存适合度分量。从播种到出苗这一阶段，适合度指标是出苗率；从出苗到一个生长季以后，适合度指标是该时期的存活率。把两个阶段综合起来考虑，则综合的适合度指标是两者的乘积（Silvertown，1982）。而天然梭梭幼苗种子的出苗率无法统计，其适合度指标是该时期的存活率，仅为 9.7%。本次实验调查时间是在 4 月 1 日以后，梭梭在当地出苗时间在 3 月中旬，这段时间幼苗死亡数没有统计，说明梭梭幼苗适合度是低于 9.7% 的，当年梭梭幼苗适合度很低。梭梭幼苗适合度低与幼苗早期恶劣气候条件、动物的破坏、当年天气干旱及春、夏两季的降水量少有关。因此，梭梭要发生自然更新，必须要有大量的种子和适宜的天气条件。

1. 关键影响时段 1

梭梭幼苗的早期死亡率特别高。前两个统计时段（4 月 1 日～5 月 1 日）的死亡率高达 69.9%，占苗期死亡率的 77.4%，为关键影响时段 1。梭梭致死力较高与环境气候变化有关。在幼苗子叶阶段，出现 8 级以上大风会造成幼苗大量死亡。在本次调查中，在幼苗子叶阶段出现过一次大风，造成很多刚出土的幼苗被流沙掩埋而死亡。张树新等（1995）通过实验表明，梭梭在 2℃ 时就能萌发，早春积雪融化时，就有部分种子萌发出苗，相对于其他一些植物，梭梭出苗时间较早。同时，梭梭幼苗的萌发出苗时间比成年梭梭发芽时间几乎要早近一个月。梭梭低温萌发，为幼苗生长赢得了春季水分最好的时间，但是，早期萌发的梭梭幼苗就成为沙漠中动物最好的"春菜"，尤其是沙漠中的一些甲壳类小动物对子叶期的幼苗破坏极大。它们吞食了肥厚子叶后，导致梭梭幼苗死亡。经统计，在当年实验中，由于动物蚕食子叶造成的幼苗死亡数量占早期死亡幼苗数量的 70% 左右。梭梭种群幼年阶段个体较丰富，幼苗通过环境筛的作用，以高死亡率为代价发育成幼树。

2. 关键影响时段 2

梭梭幼苗死亡的第二个高峰期在第 5 时段（6 月 15 日～7 月 15 日），为关键影响时段 2。此时，导致幼苗死亡的主要是土壤水分。生长季的土壤水分变化（图 9.11）表明，4 月土壤水分条件较好，尤其是 10cm、20cm 土壤水分。5 月土壤水分下降最快，6 月下旬后土壤水分趋于稳定。7 月土壤水分最低，0～60cm 各层土壤含水量均低于 2.0%，如果梭梭幼苗垂直根系不能超过 60cm，就会因为缺水而死亡。龙利群和李新荣（2003）认为，土壤水分的缺乏经常是导致幼苗死亡的首要原因。

在第 3、4 时段（5 月 1 日～6 月 15 日），幼苗的死亡率降低。此时段，幼苗地上部分已长出真叶，同化枝生长迅速，幼苗根系能够到达土壤层，水分能够满足幼苗生长，幼苗对外界不利环境的抵抗能力大大增强，死亡率明显下降。另外，幼苗周围其他植物幼苗的出土和往年梭梭的发芽、生长也减少了梭梭幼苗被动物破坏的数量。第 6~8 时段（7 月 15 日~10 月 15 日），幼苗垂直根系已经超过 80cm，到达比较稳定的湿沙层，幼苗死亡率能够维持在很低的水平。

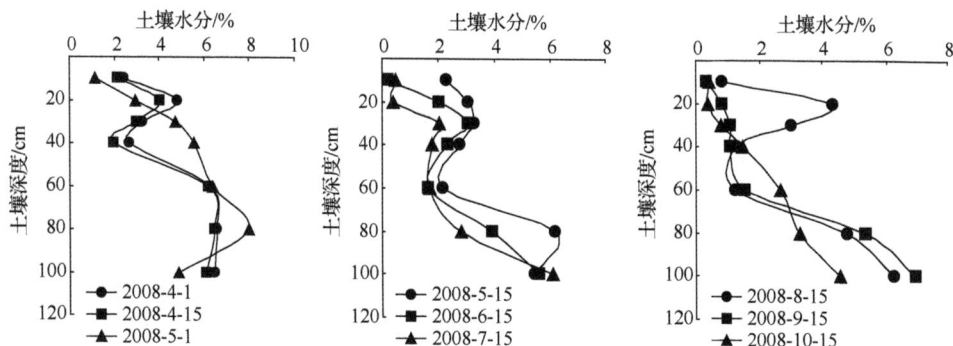

图 9.11　生长季的土壤水分变化

吕朝燕（2013）通过监测幼苗的死亡率，掌握了整个生长季节梭梭幼苗数量的变化动态（图 9.12）。

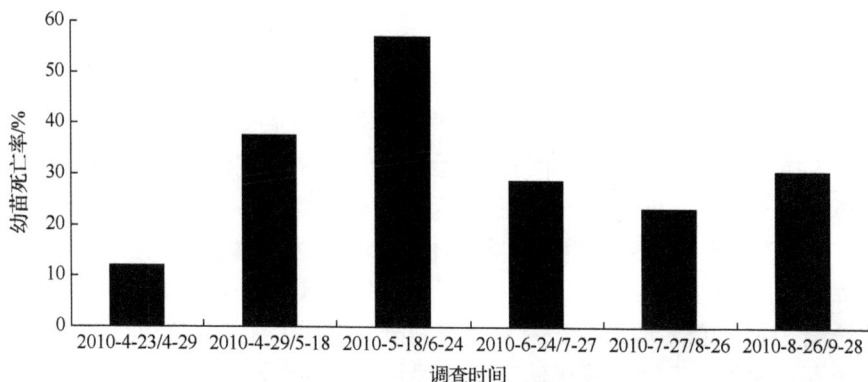

图 9.12　幼苗死亡率随时间的变化

整个生长季梭梭幼苗数量的变化动态与气温、降水等生境因子紧密关联。4月下旬~5 月中旬和 5 月中旬~6 月下旬两个时段是梭梭幼苗死亡率最高的阶段。这一阶段气温迅速升高，达到全年最高水平，导致地表基质蒸发强烈，土壤水分状况持续恶化，不利于梭梭幼苗的存活。显然，这两个幼苗死亡高峰时段就是关键影响时段。

第10章　幼苗生长与根冠关系

植物生长规律一方面受自身生物学特性的影响，另一方面受其生境条件的制约（孙德祥等，2005）。生物量及其变化动态是植物与环境因素共同作用的结果。由地上和地下两部分组成的生长动态是植物个体水平上最重要的生态生物学表征，是人们所关注的基本的植物本质特性之一。它们的动态过程、相互关系及环境条件对其影响作用，是分析植物生态学特性、认识其环境适应方式与能力的重要途径。植物地上、地下生物量变化动态和植物生态适应关系研究早已为生态学家所关注。早在20世纪80年代中期，一些学者就针对降水和温度等条件对地上、地下生物量的影响开展了研究（Caldwel and Camp，1984；Mcnaughton，1985；Andren and Paustain，1987），另一些学者对植物地上、地下生物量的动态变化规律进行了探讨（陈佐忠等，1988；王启基等，1995；王艳芬和汪诗平，1999；董全民等，2004），但研究工作多集中在草地或灌丛植被植物种，涉及梭梭等荒漠植物的研究比较有限。

本章通过人工控制实验，以及对塔克拉玛干沙漠腹地人工种植的1年生梭梭幼苗地上、地下部分生长动态的观测资料，分析梭梭幼苗生长的动态特点，进而探讨梭梭幼苗在持续旱化生境中所采取的适应策略的生长特征。

人工控制实验用苗木为塔中沙漠植物园的1年生梭梭实生苗，为避免相邻植株灌溉时水平方向的相互影响，株行距为4m×4m，灌溉方式为滴灌，灌溉用水为地下咸水。灌溉总量参照沙漠公路防护林现行灌溉量450kg进行灌溉控制，为保障苗木的成活，在定植初期（3月底～5月初），以10d为一个灌溉周期，灌溉4次，每次灌溉25kg，苗木成活后5月中旬将灌溉总量尚未使用的350kg水量进行一次性灌溉。为防止风沙对梭梭幼苗的沙埋和沙割危害，栽种时在行间设置机械沙障。

实验于5月、7月、9月、10月共进行4次测定，每次对成活的苗木随机抽取6株，分别对植株地上和地下生长指标进行测定。地上生长指标包括株高、冠幅、基径、新枝生长量，地下根系生物指标则采用壕沟法和水冲法相结合的方法，即在离植株2m处挖一壕沟，规格为2m×0.6m×1.6m，然后用滴灌毛管将植株周围的沙土冲入沟中，并不断清理沟中沉积的沙土，直至整个根系冲出。观测根系的分布状况，测量最长侧根长和垂直根长。在实验室内将取回的地上部分和冲洗干净的根样分别放入80℃的烘箱烘至恒重，并称其干重。

10.1　株高生长动态

从梭梭株高的变化动态［图 10.1（a）］可以看出，在整个生长季节内，梭梭株高生长量积累曲线基本呈 S 形。沙漠腹地旱化条件下，从 3 月底定植到 7 月中旬，梭梭幼苗地上部分的高生长基本保持相似的生长速率，3 月底～5 月中旬为 0.093cm/d；5 月中旬～7 月中旬为 0.076cm/d；7 月中旬～9 月中旬生长速率明显增加，达 0.408cm/d；而在生长季末的 9 月中旬～10 月中旬，高生长则趋于平缓，为 0.136cm/d。

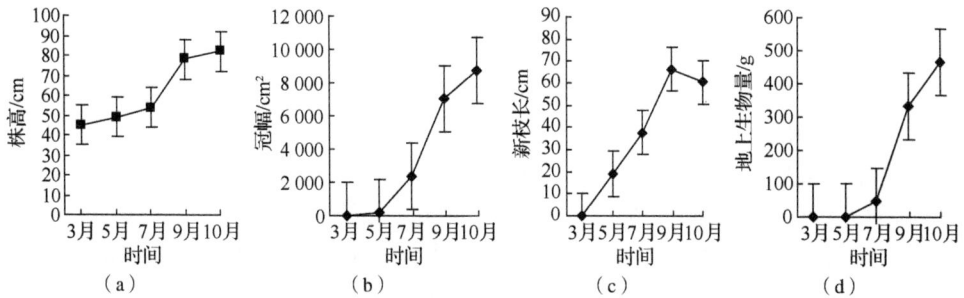

图 10.1　梭梭地上部分生长动态

10.2　冠幅生长动态

生长期内梭梭幼苗冠幅生长的动态变化与梭梭株高生长类型相近［图 10.1（b）］，梭梭冠幅生长量积累曲线也呈 S 形。由冠幅增长线形可以看出，3 月底～5 月中旬梭梭冠幅生长速率仅为 4.364cm²/d，较为缓慢；5 月中旬～7 月中旬为 36.062cm²/d，出现高速生长；7 月中旬～9 月中旬则呈现年度最大生长速率，达 77.923cm²/d；9 月中旬以后冠幅的生长速率减缓为 57.017cm²/d。

10.3　地上生物量增长动态

梭梭新枝生长变化过程［图 10.1（c）］表现为：3 月底～5 月中旬梭梭幼苗地

上新枝生长速率为 0.424cm/d，5 月中旬～7 月中旬为 0.311cm/d，7 月中旬～9 月中旬为 0.479cm/d，9 月中旬～10 月中旬为-0.197cm/d（新枝顶端脱落）。梭梭幼苗地上生物量的积累过程也存在着明显的季节变化 [图 10.1 （d）]。春季地上生物量积累刚刚开始，到 5 月中旬仅为 1.56g，增长速率为 0.017g/d；5 月中旬～7 月中旬，地上生物量积累略有增加，达 45.58g，增长速率达 0.734g/d；7 月中旬～9 月中旬，梭梭地上生物量积累增长明显，达 334.9g，增长速率达 4.822g/d，成为全年增长速率最大的季节；9 月中旬～10 月中旬，梭梭幼苗生物量积累继续增加，达 464.93g，但相应的增长速率有所降低，为 4.334g/d。

10.4 垂直根长生长动态

从梭梭主根在垂直方向的增长动态 [图 10.2 （a）] 可以看出，3 月底～5 月中旬，梭梭幼苗的垂直根生长速率较快，为 0.607cm/d；5 月中旬～7 月中旬，梭梭幼苗的垂直根生长速率进一步增加，达 0.809cm/d，并因此成为垂直根年度生长过程中增长速度最快的阶段；7 月中旬～9 月中旬，梭梭幼苗的垂直根生长速率明显下降，为 0.155cm/d；9 月中旬～10 月中旬，梭梭幼苗的垂直根生长速率与 7 月中旬～9 月中旬比较接近，为 0.394cm/d，但呈现略有增加的趋势。

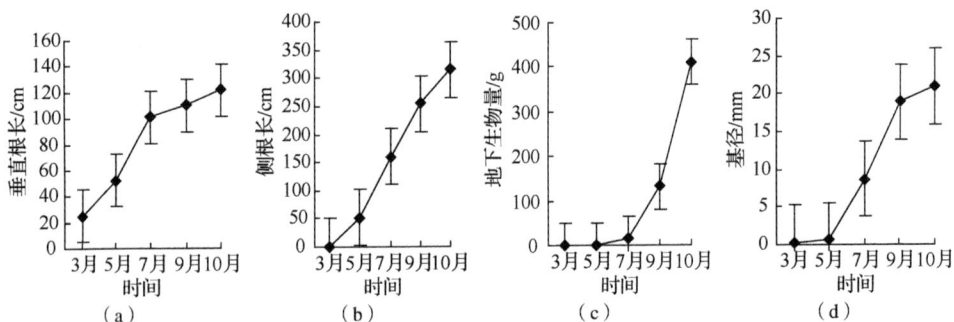

图 10.2　梭梭地下部分生长动态

从梭梭幼苗侧根在水平方向的生长动态 [图 10.2 （b）] 可以看出，整个生长季节内梭梭实生苗侧根在水平方向的生长速率比较接近，侧根的水平生长速率在 3 月底～5 月中旬为 1.152cm/d，5 月中旬～7 月中旬为 1.8cm/d，7 月中旬～9 月中旬为 1.572cm/d，而 9 月中旬～10 月中旬为 1.028cm/d。不同生长期内的生长速率变化不明显。

梭梭幼苗地下生物量的增长过程 [图 10.2 （c）] 显示，幼苗地下部分生物量的积累是一个从生长季初到生长季末持续增加的过程。过程由春季的缓慢积累开始，到 5 月中旬积累量达 0.64g，此间的增长速率为 0.01g/d；随后夏季地下生物量的积累明显增加，到 7 月中旬达 15.02g，增长速率为 0.24g/d；此后生物量积累高速增长，到 9 月中旬达 115.84g，增长速率为 1.934g/d；秋末梭梭幼苗生物量积累进一步高速增加，直至 10 月中旬达 410.87g，增长速率为 9.328g/d。

梭梭幼苗基径年增长过程近似呈 S 形曲线增长 [图 10.2（d）]。生长速率的变化如下：3 月底～5 月中旬，生长速率为 0.007mm/d；5 月中旬～9 月中旬生长速率较快，生长速率由 5 月中旬～7 月中旬的 0.134mm/d 增长到 7 月中旬～9 月中旬的 0.171mm/d；秋末的生长速率有大幅降低，9 月中旬～10 月中旬的生长速率低于夏秋之交，为 0.067mm/d。

10.5　根冠比变化

从梭梭幼苗根冠比的季节变化过程（图 10.3）可以看出，根冠比的变化特征如下：3 月根冠比为 0.25，5 月根冠比为 0.41；7 月根冠比略有下降，为 0.3；9 月根冠比又有小幅增长，为 0.39；10 月根冠比继续增加，并达年度最大值 0.88。

受环境因子的影响，植物地上和地下部分生长过程具有明显的季节性（Fahey and Hughes，1994；Pregitzer et al.，2000）。生长季早期，土壤中垂直根生长较早且生长速率较快（Drennan and Nobel，1996；McMichael and Burke，1996）。沙漠腹地梭梭幼苗的生长同时受到水分和土壤等条件的影响。幼苗地上高度生长速率随时间变化呈减少—增加—再减少的规律，而幼苗根系深度的生长速率则呈增加—减少—再增加的模式。这种消长规律正好同土壤水分的变化呈现较好的呼应

图 10.3　根冠比的变化

关系。5～7 月，浅层土壤水分迅速下降（图 10.4），正好是垂直根生长速率最大的阶段 [图 10.2（a）]；随后土壤水分的变化幅度较小，根系生长速率减缓；当土壤水分进一步减小时，垂直根又表现出较高的生长速率。幼苗地上、地下部分垂直生长速率均呈波浪式消长形式。从时间上来看，地上、地下部分垂直生长速率波浪式消长曲线的"峰"和"谷"相互交替（图 10.5）。田媛等（2010，2016）在研究古尔班通古特沙漠南缘建群种梭梭的 1 年生幼苗时也得出了相类似的结论。

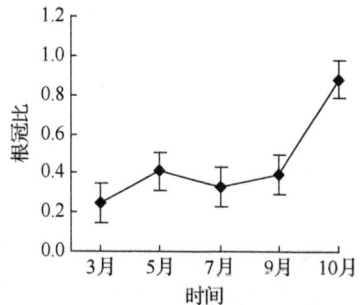

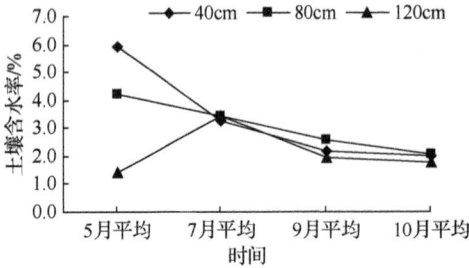

图 10.4　土壤水分的动态变化　　　　图 10.5　株高与垂直根生长速率

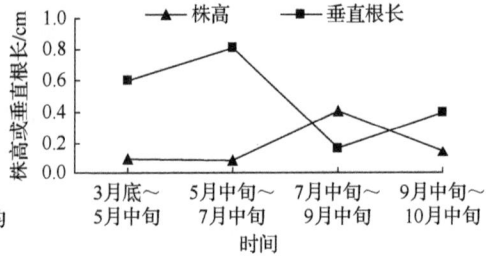

幼苗地上、地下部分的关系可以通过地上、地下生物量积累过程和比例变化得到体现。幼苗地上、地下部分年度生物量积累过程反映出，大约90%的生物量是在 7 月以后形成的。这种地上、地下相对较强的异速生长关系表明，较大的地上部分需要较多的根系为其提供必要的水分和营养；同样，较大的根系维持需要较大的地上生物量为其提供必要的同化物质（Schenk and Jackson，2002）。多数生态学文献中对根冠比与气候的关系有一个共识，即根冠比随着干旱的增加而增加（Walter，1963；Pallardy，1981；Chapin et al.，1993），而这种较大的根冠比有利于幼苗在干旱和贫瘠环境中生存（Gedroc et al.，1996）。对梭梭幼苗生长动态的观测数据表明，在塔克拉玛干沙漠腹地滴灌条件下，梭梭幼苗地上和地下生长动态是一个此消彼长的过程。从整体上看，在生长季节内梭梭幼苗根冠比呈增加趋势，这是梭梭幼苗适应实验条件持续旱变状况的策略表现。

在沙漠腹地滴灌管理条件下，一次性灌溉后土壤含水率在整个生长季节里基本呈现持续旱化的态势（图10.4）。幼苗为了适应这种变化不断地调整自身的生长规律，根冠比由 7 月的0.33增大到 9 月的0.39，再增大到 10 月的0.88（图10.3），其变化规律正好反映出荒漠植物在干旱胁迫下，通过扩大地下根系的营养空间以维持植物对水分的需求。这与杉木苗木在水分胁迫下光合产物向地下部分尤其是细根迁移，使地下部分的分配比例增加，最终改变了苗木光合产物的分配格局，使根冠比增加的结果一致（韦莉莉等，2005）。同时与梭梭幼龄阶段地上和地下部分干物质累积较为接近的研究结论（盛晋华等，2004）比较吻合。根冠比的变化反映了不同时期同化物质的分配策略，研究植株根冠比关系对分析植物同化物质的分配和异速生长非常重要（Schenk and Jackson，2002）。这说明植物地上、地下部分的生长节律及其动态关系是植物适应环境的重要特征。

比较幼苗地上和地下垂直生长速率的最大值，发现两者之间的差距大于两倍。正如 Lloret 等（1999）研究地中海灌木生态系统时所指出的，大多数幼苗死亡发生在生命周期中的第一个干旱期，因此在干旱期来临之前，幼苗根系的快速生长对其成活起着决定性作用。这意味着根系高速生长在时间上的优先有利于幼苗的成活与生长。另外，从地上和地下同期增长速率的比较可以看出，除了 7 月中旬～9 月中旬外，在整个生长季节的其他时段，梭梭根系深度增加的速率明显大于高度增长的速率（一般为 2～6 倍，最大甚至超过 10 倍），显示出幼苗个体发育初期根系垂直生长的优势。对不同生长时段幼苗根系垂直生长速率进行比较，同样显示出前期大于后期的态势。很多研究结果表明：生长季早期，垂直根在适宜的温度下生长速率较快（Drennan and Nobel，1996），增加垂直根生长可以明显增加水分吸收（Kroon and Visser，2003），同时在夏季可以有效地利用深层土壤水（Canadell and Zecller，1995），这样有利于苗木在干旱期利用地下资源维持成活和生长（Lloret et al.，1999）。

这些研究表明，植物垂直根系的生长优势就是植物适应旱化环境的策略。从植物垂直生长来看，根系在垂直空间上绝对生长量的优势和在时间上最大生长速率出现较早的比较优势，都是梭梭幼苗适应干旱环境的生长策略和重要特征。

植物的水平生长包括新枝水平生长和侧根水平扩展。新枝的水平生长和根系的水平扩展过程及它们的生长速率和相应数量关系同样可以反映植物对旱化生境的适应关系。有研究表明，植物根系的水平分布范围差异较大，一般是地上冠层范围的 2～3 倍。实验中梭梭幼苗根系水平扩展距离是冠幅水平范围的 2～5 倍，与上述研究比较接近；所得到的幼苗新枝生长速率的变化规律与尹林克和王烨（1991）在吐鲁番植物园对梭梭幼苗生长节律变化的研究结果基本一致。

由资料可知，幼苗新枝水平生长速率呈现减少—增加—再减少的消长模式；而侧根主要分布在 40～80cm 范围内，水平生长速率随时间推移呈现增加—减少—再增加的消长模式。侧根这种消长变化规律与土壤水分的变化密不可分，5～7 月浅层土壤水分迅速降低时，侧根生长速率较快；随后土壤水分的整体变化幅度减小，而此时根系生长速率也有所降低，这是因为天气炎热，一级侧根产生大量的毛细根，用于吸收土壤水分，满足地上部分生长需求，这一观点可以用地下生物量的增加来予以解释；当土壤水分进一步旱化时，侧根生长又有所增加。两个生长过程的消长关系同样呈现互补性消长形式（图 10.6）。

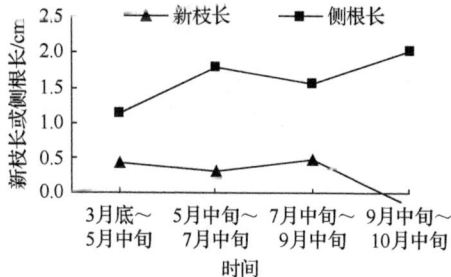

图 10.6　新枝长与侧根长

此外，幼苗新枝长和侧根生长速率随时间的变化比较复杂。9 月中旬～10 月中旬，幼苗新枝顶端脱落，出现长度负增长，说明地上部分生长发育阶段发生变化，而此时侧根生长速率最大。显然，这一时段地上、地下部分的资料缺乏可比性。以下仅用 3 月底～9 月中旬的资料来分析幼苗地上、地下部分水平生长特征所表现出来的环境适应策略。梭梭新枝长水平生长的最大速率出现在 7 月中旬～9 月中旬，而幼苗侧根水平生长的最大速率出现在 5 月中旬～7 月中旬。显示出幼苗水平方向的年度生长中，地下部分生长速率高峰早于地上部分生长的优势和早期增加较大的态势（Drennan and Nobel，1996；Lloret et al.，1999）。根的快速生长有利于植物在干旱环境下最大限度地获取浅层土壤水（Walter，1963）。显然，梭梭幼苗地上、地下水平生长高峰所出现的时间差是植物适应干旱环境的策略选择。这种策略选择有利于植物获得更多的水分，以保证地上部分的生长和发育。

第 11 章　幼苗生长与立地环境

环境因素主要通过影响种子萌发、叶片生长及对环境适应的方式来影响植物的分布范围（Thompson，1969），完成生活史并成功定居是植物适应当地环境的标志（Gutterman，2000）。幼苗期是植物生活史中最脆弱的阶段，植物幼苗的生长发育和顺利定居是决定各种群能否完成自然更新的重要阶段，而种群更新又是决定群落演替方向和植被能否恢复的重要过程（Haprer，1977；Baskin C C and Baskin J M，1998）。幼苗的生长由于物种和生态系统的不同受到许多因子的影响，主要为温度、光照、水分等（Boyer，1982；田媛等，2016）。

在自然条件下，环境条件恶劣，梭梭的自然更新状况具有很大的不确定性，受到环境因子的影响比较大。本章主要探讨融雪降水、沙埋、母株和微地形对梭梭幼苗的影响，以及梭梭幼苗如何通过生长特征适应环境变化。

11.1　水量、沙埋影响

在幼苗定居阶段，土壤水分往往是影响植物幼苗存活的主要限制因子（龙利群和李新荣，2003）。在沙丘植物群落中，沙埋是控制沙生植物分布及其群落建成的重要因子（Vander，1974；Vleashouwers，1997；龙利群和李新荣，2003）。生长在沙丘上的植物、种子和幼苗经常会遭受不同程度的沙埋，沙埋为种子萌发创造适宜的环境（Maun，1981；Liu et al.，2015），而过深的沙埋也会抑制种子的萌发及幼苗出土（Maun，1981）。本节在自然条件下探讨沙埋厚度及融雪量对成苗过程的影响作用，试图通过研究种子萌发及出苗对春季融雪及沙埋协同作用的响应过程，为探讨梭梭自然更新的关键过程提供基础数据。这对古尔班通古特沙漠梭梭种群的恢复重建及北疆地区的荒漠化防治具有重要意义。

因为准噶尔盆地冬季降雪可占全年降水量的 15%～25%，并在较短的时间内以融水形式释放补给土壤水分，使春季成为全年土壤水分最好的季节，所以 3 月是研究区域内自然条件下梭梭种子萌发和幼苗出土与生长最关键的时段。根据50 年（1951～2000 年）奇台冬季降水资料，冬季 4 个月的降水量约为 40mm，冬季积雪一次性融完补给供水。设计单次供水 10mm、20mm、40mm、60mm 和 80mm 5 个水分梯度，各梯度所对应的供水量分别为 95mL、190mL、380mL、570mL 和 760mL。实验用沙取自新疆奇台县荒漠化防治站附近，在沙丘上取距沙表 40cm

以下的沙子,晒干。实验用塑料圆柱形容器,内径为 11cm,高为 30cm,埋于沙丘背风面的平坦处。沙埋厚度为 0、0.5cm、1.0cm、2.0cm、3.0cm、4.0cm 和 5.0cm 共 7 个处理。先将处理过的沙子装入容器内至相应的厚度,然后播种后覆沙至所需的沙埋厚度,并使沙表面保持水平。每个处理设置 5 个重复,每个重复 20 粒种子。实验包括 7 个处理,实验仅在实验初期一次供水(5 个水分梯度),加够水分梯度的量。实验于 2008 年 3 月中旬地面积雪融化完时开始。雨天时,用防水塑料阻挡自然降雨,下面用树枝撑开,从而使除降雨外的其他因子尽量接近自然状况。种子沙埋并供水后开始计时,每天观察出土幼苗并对其总数做详细记录。

11.1.1　供水量和沙埋厚度对梭梭出苗率的影响

由图 11.1 可见,梭梭的出苗率首先随着供水量的增加而增加;当供水量达到一定值时,出苗率又随供水量的增加而降低。当供水量为 20mm 时,梭梭的出苗率达到最大值,并且与供水量为 10mm 和 80mm 有显著差异($P<0.01$)。供水量为 40mm、60mm 和 80mm 时的出苗率也较高,它们之间无显著差异,但 10mm 和 80mm 供水量之间有显著差异($P<0.01$)。

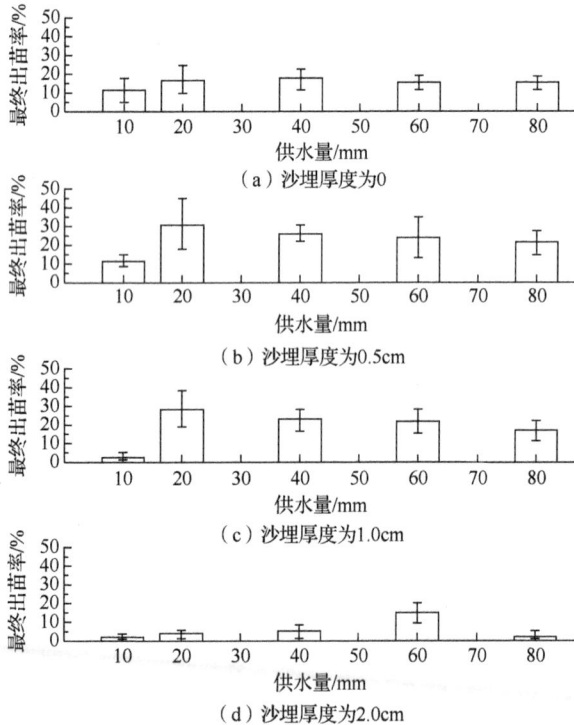

图 11.1　不同沙埋厚度和水分条件下梭梭的出苗率

沙埋厚度为 4.0cm 时不出苗

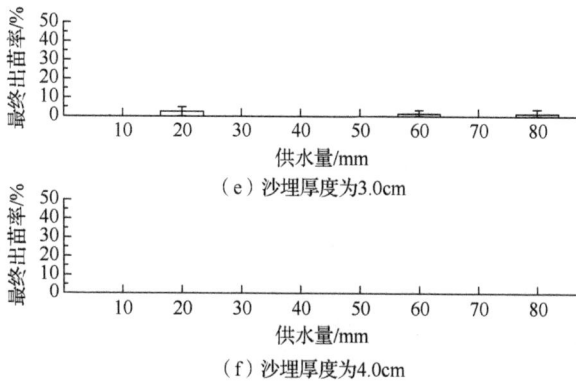

（e）沙埋厚度为3.0cm

（f）沙埋厚度为4.0cm

图 11.1（续）

　　水分是影响种子萌发的重要因素，不同的水分条件直接影响梭梭种子的萌发及出土。在相同沙埋厚度下，随着供水量的增加，梭梭出苗率、出苗速率表现出先增加后减小的趋势。供水量过少，种子不能吸收足够的水分，导致出苗率低，甚至不出苗，这是物种特有的生物学特性（Baskin and Baskin，1998）。供水量过多，则会导致沙层中的含水量过高，从而将沙砾间的空气排出，不利于植物种子的萌发及幼苗出土。但是，在无沙埋的情况下，供水量的增加没有影响种子周围的空气，因此出苗速率随供水量的增加而增加（刘国军等，2010a）。

　　在无沙埋情况下，种子出苗率较低。当沙埋厚度增加时，梭梭出苗率也呈先升高后降低的趋势，当沙埋厚度为 0.5cm 时，梭梭的出苗率都达到最大值。沙埋厚度为 0.5cm 和 1.0cm 时，种子的出苗率显著高于其他沙埋厚度下的出苗率（$P <0.01$）。在更深的沙埋条件下它们的出苗率都较低，当沙埋厚度为 4.0cm 时，两者均无出苗。因此，方差分析的图表中均不包含这个处理。

　　梭梭的出苗率随着沙埋厚度和供水量的不同而变化，而且出苗率随着一次供水量和沙埋厚度表现出先增加后降低的趋势。当供水量为 20mm 时，梭梭在 0.5cm 和 1.0cm 沙埋厚度下出苗率比较高。其中沙埋厚度为 0.5cm，供水量为 20mm 时，梭梭出苗率最高，为（32.0±10.3）%。当供水量大于 20mm，沙埋厚度为 0.5～1.0cm 时，出苗较为适宜。梭梭在 4.0cm 沙埋厚度下不能出苗。

　　刘艳丽等（2009）、吕朝燕等（2012a，2016b）的研究得出了不同的结论，他们指出在没有沙埋的情况下梭梭种子的出苗率最高，高于浅层和深层沙埋，这可能与研究区具体的生境条件有关。一般来说，对于所有植物，在未沙埋的状况下它们的出苗率都小于浅层沙埋条件下的种子出苗率。这可能是由于浅层沙埋使种子的周边环境较未沙埋湿润，并且阻止了新生幼苗干燥（Meidan，1990；Maun，1996）。浅层沙埋使种子获得了比较湿润的微环境（Meidan，1990；Maun，1996；Huang and Gutterman，1998）。然而，深层的沙埋阻碍了幼苗出土，降低了种子的成活率。这些都缘于沙埋可以改变种子萌发及幼苗出土的生物和非生物条件，如光照（Brown，1997）、湿度（Baldwin and Maun，1983；Ren et al.，2002）、温度（Klimes et al.，1993）、通风、土壤有机质（Klimes et al.，1993）、病原菌的活动（Maun，1998）等。

11.1.2　供水量和沙埋厚度对梭梭出苗速率的影响

从图11.2可以看出，梭梭在没有沙埋的情况下，出苗速率随供水量的增加而增加，在80mm供水量条件下，出苗速率达到最大值。但是，在有沙埋的情况下，梭梭出苗速率随供水量的增加而增加，达到最大值后又随供水量的增加而降低。其中20mm供水量条件下出苗速率最高，10mm供水量条件下出苗速率最低。

在相同供水量条件下，出苗速率表现出随沙埋厚度的增加而降低的趋势。0、0.5cm和1.0cm沙埋条件下的出苗速率显著高于3.0cm和4.0cm沙埋条件下的出苗速率（$P < 0.01$）。沙埋厚度为0、0.5cm、1.0cm、2.0cm与3.0cm、4.0cm三者之间出苗速率差异显著，且随着沙埋厚度的增加出苗速率降低，沙埋厚度为4.0cm时不出苗。在20mm、40mm和60mm供水量条件下出苗速率较高，在10mm和80mm供水量条件下出苗率较低，其中20mm供水量条件下出苗最快。

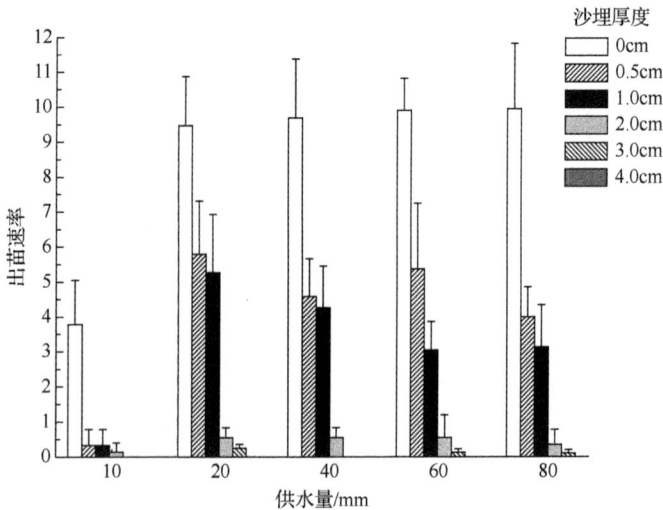

图11.2　不同沙埋厚度和水分条件下梭梭的出苗速率

11.1.3　供水量和沙埋厚度对幼苗死亡率的影响

由表11.1可见，梭梭在供水量为10mm时，出土幼苗在实验期内的死亡率均较高，供水量为 20mm 以上时，幼苗的死亡速率明显降低。供水量为 10mm 且无沙埋条件时，出土幼苗全部死亡。供水量为 10mm 时出土幼苗死亡率相对较高，其他供水量出土幼苗的死亡率趋于降低。随着沙埋厚度的增加，幼苗死亡速率有降低趋势。无沙埋时，梭梭出土幼苗的死亡率均显著高于其他沙埋条件。当沙埋厚度不小于 2.0cm 时，梭梭出土幼苗的死亡率均为 0。不同的水分条件直接影响梭梭种子的萌发及出土。在相同沙埋厚度下，随着供水量的增加，梭梭出苗率、出苗速率表现出先增加后减小的趋势。供水量过少，种子不能吸收足够的水分，导致出苗率低，甚至不出苗，这是物种特有的生物学特性（Baskin and Baskin，1998）。供水量过多，则会导致沙层中的含水量过高，从而将沙砾间的空气排出，不利于植物种子的萌发及幼苗出土。但是，在无沙埋的情况下，供水量的增加没有影响种子周围的空气。因此，出苗速率随供水量的增加而增加。

表 11.1　供水量和沙埋厚度对幼苗死亡率的影响　　　（单位：%）

沙埋厚度	供水量				
	10mm	20mm	40mm	60mm	80mm
0cm	100	59.1±8.9	42±24.7	38±20.1	38.2±8.5
0.5cm	38.9±20.1	20±10.1	17.3±9.2	13±16.6	11.1±9.0
1.0cm	20±10.1	13±16.6	10.6±6.8	8.0±9.8	2.7±6.1
2.0cm	—	0	0	0	0
3.0cm	—	0	—	0	0

11.1.4　供水量和沙埋厚度对幼苗死亡速率的影响

由表 11.2 可以看出，梭梭幼苗死亡速率都随供水量和沙埋厚度的增加而降低。对梭梭而言，供水量不小于 20mm，死亡速率明显降低。沙埋厚度不小于 0.5cm，幼苗死亡速率明显降低。在有沙埋的条件下，梭梭幼苗的死亡速率明显降低。当沙埋厚度为 0.5cm、供水量为 10mm 时，死亡速率很高，当供水量不小于 20mm 时，死亡速率明显降低。当沙埋厚度不小于 0.5cm 时，幼苗死亡速率明显降低。供水量过少会导致出土幼苗的死亡率和死亡速率较高。龙利群和李新荣（2003）认为，土壤水分的缺乏是导致幼苗死亡的首要原因。实验期内（30d），在单次供水量 10mm 条件下，梭梭幼苗的死亡率也很高。当供水量不小于 20mm 时，死亡率明显降低。梭梭死亡率、死亡速率均随供水量的增加而降低。供水量过少，水分不能浸透干沙层，易形成干沙夹层，幼苗根系无法穿过干沙夹层到达稳定湿沙层，最终必然导致幼苗的死亡。梭梭成苗的幼苗根系长度超过浸润厚度，扎根于干沙层中，因而幼苗大部分因缺水而死亡。只有降水量能浸透干沙层时，幼苗才会不致受旱害，且能较长期保存（杨美霞等，1995）。

表 11.2　供水量和沙埋厚度对幼苗死亡速率的影响　（单位：%/d）

沙埋厚度	供水量				
	10mm	20mm	40mm	60mm	80mm
0cm	3.28±0.82	2.45±24.7	1.6±1.12	0.80±0.25	0.83±0.18
0.5cm	0.80±0.25	0.33±0.30	0.2±0.14	0.13±0.19	0.13±0.18
1.0cm	0.55±0.12	0.13±0.08	0.08±0.09	0.06±0.04	0.04±0.02
2.0cm	—	0	0	0	0
3.0cm	—	0	—	0	0

　　研究结果表明，在相同沙埋厚度条件下，随着供水量的增加，梭梭出苗率、出苗速率（除无沙埋）表现出先增加后减小的趋势；死亡率和死亡速率呈降低趋势。当供水量为 20mm 时，梭梭的出苗率达到最大值。在相同供水量条件下，随着沙埋厚度的增加，梭梭出苗率、出苗速率（除无沙埋）表现出先增加后减小的趋势。梭梭在 0.5cm 和 1.0cm 沙埋条件下的出苗率显著高于 0、3.0cm 和 4.0cm 沙埋条件下的出苗率。当沙埋厚度为 4.0cm 时，梭梭都不能出苗。梭梭幼苗死亡速率随沙埋厚度的增加而降低。这与吕朝燕等（2016b）的研究结果一致。对于干旱的古尔班通古特沙漠来说，很少有大的一次性降雨，而融雪使早春成为该区域全年土壤水分最好的季节，良好的水分条件与转暖的气温同步是梭梭出苗的关键时段。因此，结合古尔班通古特沙漠气候特点与本次实验结果，在对梭梭人工播种辅助恢复时，应选择在早春融雪之前并且在 0.5～1.0cm 沙埋条件下进行。

11.2　母　株　影　响

　　2009 年冬季新疆北部地区出现 60 年不遇的大雪，2010 年 3 月底积雪融化后，该地区整体的土壤水分条件较好，梭梭更新苗的数量较往年显著增加，这也为我们研究梭梭当年生幼苗动态提供了良好的契机。2010 年 4 月初，在古尔班通古特沙漠边缘阜康北沙窝选择相对孤立、地表多年生草本较少、当年生幼苗丰富的植株 9 株作为研究样株。样株平均冠幅为（337.85±95.75）cm×（340.71±78.18）cm。用罗盘确定每一样株对应的正东、正西、正南、正北 4 个方向，在各个方向距母株主干 0、40cm、80cm、120cm、160cm、200cm、250cm、300cm 和 350cm 处分别布设 20cm×20cm 固定样方，进行幼苗数量调查。从 2010 年 4 月开始调查，每月调查一次，到 2010 年 9 月末结束，记录样方中当年生幼苗的数量。同时，选择冠型较好的其中一株样株，在其正东、正西、正南、正北 4 个方向距离植株主干 50cm、100cm、200cm、300cm 处分别分层采集土壤样品，进行土壤含水率测定。从 5 月开始,每月调查一次,整个生长季共调查 5 次。用土钻分层取样,取样剖面深度为 0~100cm。每 20cm 为一层取样,重复 3 次。土样立即装入铝盒中并尽快带回实验室烘干、称重,计算土壤含水率。

幼苗密度在母株周围的分布表现出一定的空间异质性。当年生幼苗的密度随距母株主干距离的增加呈逐渐减小的趋势(图 11.3)。4 月调查时,幼苗密度的最大值出现在距母株主干 40cm 处,平均达 292 株/m²。生长季早期(4~5 月),幼苗数量相对较多,幼苗密度随距母株主干距离的增加而迅速下降。其后,由于幼苗大量死亡,幼苗数量减少,幼苗密度随距母株主干距离增加呈先增加后减少的趋势。

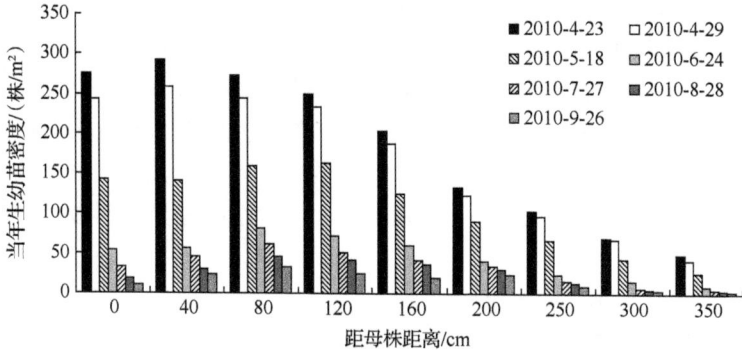

图 11.3 当年生幼苗密度随距母株距离的变化

死亡率分析(图 11.4)表明,在紧邻母株主干 0~40cm 范围内,当年生幼苗的死亡率较高。其后,在 80~200cm 范围内,幼苗的死亡率降低。从 250cm 开始,幼苗死亡率逐渐升高。

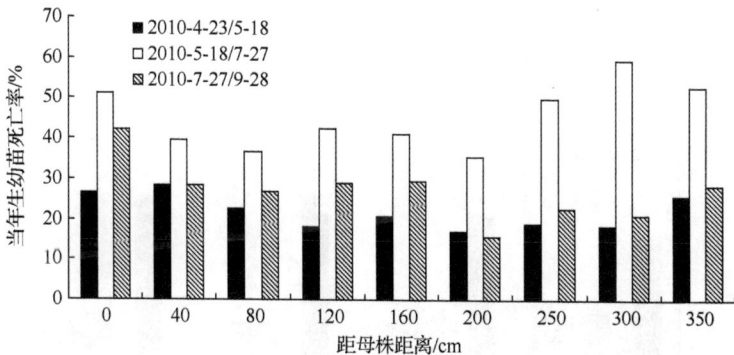

图 11.4 当年生幼苗死亡率随距母株距离的变化

林冠条件对林下微环境包括林下层的光照条件、凋落量、凋落物的分解、根系的竞争及水分和养分条件的影响显著,且不同树种的林冠对林下环境的影响也不同(Woods,1984;Rebecca et al.,2001)。林下环境的多样性影响幼树的分布状况,树冠特性对林内的幼树动态起着决定性的作用(Samantha et al.,2000)。梭梭当年生幼苗主要分布在母株树冠冠幅以内,且随距母株主干距离的增加,幼苗密度逐渐降低。同时,梭梭当年生幼苗的死亡率随距母株主干距离的增加呈先减小后增加的趋势。本实验中,母株的平均冠幅是(337.85±95.75)cm×(340.71±78.18)cm,也就是说,在树冠边缘往主干方向150cm左右即距离主干200cm左右的地方,梭梭当年生幼苗死亡率相对较低,据此可以推测这一区域的微环境有利于梭梭幼苗的存活。

整个生长季(4~10月),不同深度各土壤层次土壤含水率随时间延长而降低。5月中旬~6月底,100cm以上各土壤深度土壤含水率均迅速降低,20cm、40cm土层土壤含水率降幅较大。7月以后,各土层土壤含水率均以较小的幅度缓慢降低,土壤含水率处于较低的水平(图11.5)。距母株主干不同距离处,土壤含水率存在一定的差异。生长季早期(4~5月),土壤水分含量较高,0~100cm平均土壤含水率随距离母株主干距离的增加呈较弱的增加趋势。其后,随着浅层土壤水分含量的迅速降低,距母株主干不同距离处土壤含水率差异不明显(图11.6)。

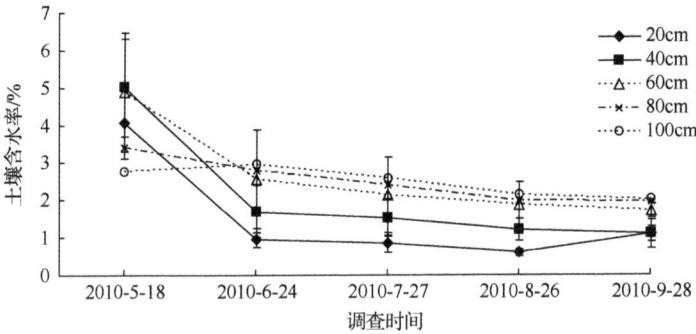

图 11.5　土壤含水率随时间的变化

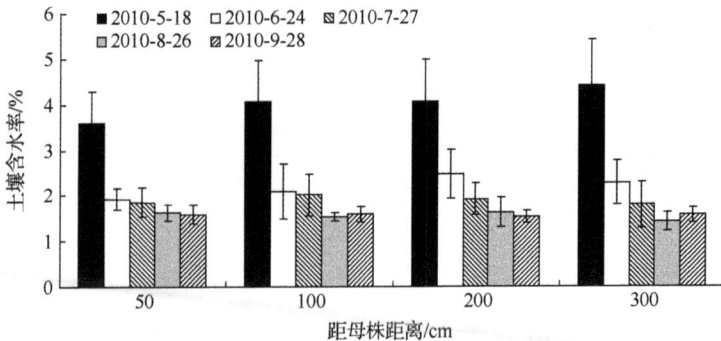

图 11.6　0~100cm 平均土壤含水率随距母株距离的变化

　　林隙、林缘及林冠下的微环境存在差异，这种微环境差异对不同林木幼苗生长的影响也不同。古尔班通古特沙漠地区夏季日照强烈，气温较高且降雨稀少，梭梭树冠降低了光照强度，同时对雨雪等的截留作用改变了树冠下局部的微环境。李君等（2006）的研究表明，阜康北部古尔班通古特沙漠南缘早春积雪刚刚融化后，梭梭冠下和冠缘表层土壤水含量显著高于灌木间地，冠下和冠缘则差异不显著，但前者平均值稍高于后者。王哲（2005）对毛乌素沙地臭柏的研究表明，臭柏幼苗主要分布在乌柳比较集中的地方，在乌柳灌丛的基部分布最集中。这表明乌柳灌丛是天然臭柏有性更新幼苗的保护者，适度地遮荫可以促使幼苗通过环境筛而生长。对于生存在半干旱区的臭柏种群而言，强光环境下臭柏实生苗的存活率受到抑制（王哲，2005）。我们认为，梭梭树冠为梭梭幼苗的存活与生长提供了有利的微环境。另外，距母株主干较近，幼苗数量巨大，种间竞争激烈。同时，母株与幼苗之间也存在一定程度的竞争。Aguilera 和 Lauenroth（1993）对格兰马草（*Bouteloua gracilis*）的研究表明，同种的成年植株影响邻近幼苗的出生、存活和生长状态，成年植株与幼苗地上、地下竞争关系明显。以上两个案例表明，树冠对其下幼苗的存活与生长表现出两方面的作用：其一，树冠为幼苗的生长提供适宜的荫庇环境；其二，成年植株与幼苗间存在对自然资源的竞争关系，距离较近则不利于幼苗的生长。

11.3　坡　向　影　响

　　植物群落的生长环境对其生长及分布有重要作用，特别是当研究尺度较小时，地形由于能够引起局部环境发生变化而成为影响植被生长较重要的环境因子之一（Sakai and Ohsawa，1994；Kara et al.，1996）。微地形能够控制崩塌、搬运、堆积等一系列地貌过程和地表起伏的形态变换，因此改变小区域内光、热、水分及土壤等因子在空间上的再分配，可以使植被生长受到影响（Kikuchi，2001；Nagamatsu et al.，2003）。微地形通过影响地貌形成过程和降雨分配来影响土壤水分和养分含量，从而间接导致各微地形植被特征的不同（Takyu et al.，2002）。

　　李兴等（2013）在中国科学院新疆生态与地理研究所莫索湾沙漠研究站进行研究。该站位于古尔班通古特沙漠南缘的石河子莫索湾垦区 150 团北端，地理坐标为北纬 45°03′，东经 86°06′，海拔 346～359m。年平均气温为 4～6℃，年降水量为 114.89 mm，潜在蒸发量为 1942.1 mm，干燥度为 16.9。降水季节分配均匀，冬季有 13～27mm，积雪稳定。实验地设置在莫索湾沙漠研究站，选择典型的沙丘作为研究样地，沙丘为南北走向，阳坡坡度为 30°～32°，阴坡坡度为 42°～45°，平地表层 40cm 为风沙土，40cm 以下是黏土。2010 年 4 月初种苗，株行距 1m×1m，每处理设置 3 行，每行 15 株。采用烘干法测定土壤含水量。于 2011 年 4～9 月，每隔 15d 用土钻在不同坡面取样，在 0～100cm 土层范围内每 10cm 取样一次。同化枝生长速率的测定：于 2011 年 5 月 21 日～9 月 20 日，在第一个观测日随机确定梭梭新生枝 20 个，并挂牌标记，其后每隔 15d 记录一次单枝长度。每处理随机选取 3～5 株全根系采样，取出完整根后，均匀展开在已知大小的硬纸板上，用高倍照相机拍照，利用 Motic 软件统计根系总表面积和总根长，随后按照根的直径（<1mm，1～3mm，>3mm）进行分类，并在 80℃ 下烘至恒重，测定各径级根干重。

11.3.1　不同坡向土壤含水量比较

不同坡向土壤含水量比较如图 11.7 所示。多重分析表明，表层 0～30cm 土壤含水量均值为平地（3.33%）>阳坡（2.97%）>阴坡（2.54%），但不同坡向土壤含水量差异不显著。30～70cm 土壤水分变化处于过渡状态，变化相对较小，但也受季节影响较大，4 月初由于积雪融化补水，土壤含水量最高，随后各月水分差异逐渐缩小；由于平地已进入黏土层，土壤含水量显著高于阴坡与阳坡（$P<0.01$），土壤含水量逐层增大，为 6.65%～13.60%，而阳坡土壤含水量逐层递减，为 1.91%～3.56%，阴坡土壤含水量较为稳定，为 3.43%～3.59%。70～100cm 土层土壤水分变化最平稳，各月变异系数不大，受外界环境因子影响较小，土壤含水量均值为平地（11.54%）>阴坡（4.46%）>阳坡（1.22%），其中阳坡水分继续降低，各月土壤含水量维持在 0.86%～1.93%，为整个土层最低值。

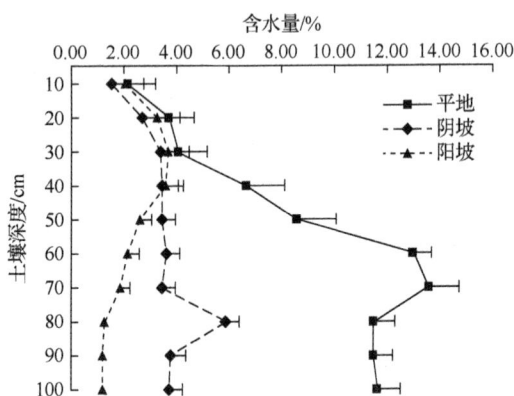

图 11.7　不同坡向土壤含水量比较

11.3.2　不同坡向梭梭同化枝生长速率比较

不同坡向梭梭同化枝的生长速率不同，如图 11.8 所示。6 月是梭梭同化枝生长最快的时期，平地上梭梭同化枝生长速率最快，生长量占整个生育期的 2/3，生长量分别为阴坡和阳坡的 1.6 倍和 3.3 倍；阴坡上梭梭同化枝生长速率相对较慢，同化枝生长量占整个生育期的 42.9%；而阳坡上梭梭在 6 月中旬生长接近停止，同化枝生长量仅为 6.2cm。7 月各坡向的梭梭均出现了不同程度的"生长休眠"现象。随着气温逐渐降低，同化枝在 8 月出现二次生长高峰，这一时期平地上梭梭生长速率相对较慢，阴坡上梭梭生长迅速，生长季结束时同化枝生长量与平地无显著差异；由于阳坡土壤水分持续降低，梭梭经过缓慢生长后在 8 月初再次停止生长。

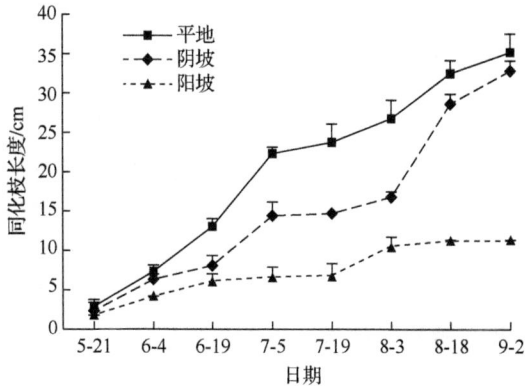

图 11.8　不同坡向梭梭同化枝生长速率比较

11.3.3　不同坡向梭梭生长及根系特征比较

2011 年 9～10 月分别对梭梭的地上和地下部分进行了调查。结果（表 11.3）表明，阳坡梭梭的株高、冠幅和基径显著低于阴坡和平地（$P<0.05$）。通过根系调查发现，根径>3mm 根系主要由主根构成，阳坡梭梭根系生物量的 96.27%由该径级根系组成，阴坡与平地分别占根系生物量的 57.21%和 51.89%。根径 1～3mm 生物量平地显著高于阴坡（$P<0.05$），该径级根系生物量阴坡仅为平地的 28.64%。而阳坡梭梭根系在整个生长季发育有限，根径<1.00mm 根系生物量显著低于平地与阴坡（$P<0.05$），同时平地与阴坡根径<1.00mm 根系生物量差异不显著。不同生境下梭梭总根长和总表面积差异均达到显著水平（$P<0.05$），总根长和总表面积平地>阴坡>阳坡，平地单株总表面积分别是阴坡和阳坡的 1.54 倍和 9.93 倍，单株总根长是阴坡和阳坡的 1.61 倍和 7.90 倍。

表 11.3　不同坡向梭梭生长及根系特征比较

坡向	不同径级根干重/g			单株总表面积/cm²	单株总根长/cm	株高/cm	冠幅/m²	基径/mm
	<1mm	1~3mm	>3mm					
平地	0.35±0.07[a]	2.06±0.14[a]	1.92±0.02[a]	343.37±62.17[a]	482.92±24.65[a]	45.00±1.53[a]	0.13±0.04[a]	5.88±0.06[a]
阴坡	0.27±0.05[a]	0.59±0.09[b]	1.15±0.20[a]	223.51±64.36[b]	299.93±19.37[b]	33.67±6.64[a]	0.11±0.02[a]	5.18±0.78[a]
阳坡	0.05±0.02[b]	0	1.29±0.28[a]	34.59±7.11[c]	61.08±18.36[c]	24.67±3.93[b]	0.02±0.01[b]	3.55±0.15[b]

注：表中值为平均值±标准误差，同一列标相同字母表示差异不显著（$P>0.05$），不同字母表示差异显著（$P<0.05$）。

　　土壤水分状况与土壤质地、地形、植被类型、降水等因子密切相关（赵学勇等，2006；张凯等，2011）。水分是干旱区植物生长发育的主要限制因子，在古尔班通古特沙漠极端环境下，水分状况决定了地表植被的类型和数量（黄培祐等，2008）。土壤水分状况较好的环境中，植被覆盖度较高，有效减缓了太阳对地表的辐射作用，同时阳坡感受太阳辐射的作用较阴坡强，因此阴坡土壤水分含量往往高于阳坡。本次实验表明，阳坡 40~100cm 土壤水分含量显著低于阴坡。同时，平地表层 40cm 下为黏土层，黏土土质一方面可以阻碍降水向深层入渗，另一方面也限制了土壤水分的蒸发，使平地土壤水分含量显著高于阴坡与阳坡。土壤水分的优劣在一定程度上反映了植物的生长速率及植物对所处环境的适应能力（阮晓等，2005；王成云等，2006）。本次研究表明，土壤含水量的高低影响了梭梭幼苗的发育能力，土壤水分含量阳坡<阴坡<平地，在整个生长季平地的梭梭同化枝生长最快，阳坡最慢。阳坡 30~40cm 水分含量相对较高，50cm 以下土壤水分含量逐层递减。10 月对根系的调查表明，该生境下梭梭根系主要分布在表层 50cm 以内，且以多条根系为主。由此可见，表层 40cm 内土壤水分含量决定了阳坡梭梭同化枝的生长速率，在表层土壤水分含量较高的 4~6 月，同化枝生长相对较快，而在土壤水分含量较低的 7~9 月，梭梭趋于停止生长。阴坡与平地土壤水分含量较高，在整个生长季梭梭同化枝生长迅速。通过对梭梭根系的调查发现，平地和阴坡梭梭根系以单根为主，根系垂向生长迅速，在整个生长季可达 1.6m，较深的根系能有效吸收深层土壤水分，因此，在土壤水分含量较低的 7~9 月，平地和阴坡梭梭仍然生长迅速。

　　土壤水分是影响根系分布的主要因子，同时土壤质地在一定程度上改变了根系形态。对根系的实地挖掘观测表明，阳坡 20~40cm 土壤水分含量较高，决定了梭梭根系形态为"浅根性"（崔秀萍等，2011），主根不发达，较多的侧根便于吸收该层土壤水分；阴坡土壤水分含量逐层递增，梭梭主根发达，向深层生长迅速；平地 80~100cm 层土质较松软，土壤水分含量均值比 60~70cm 层低 1.77%，梭梭主根生长较快，但向深层生长缓慢，主要分布在 60~70cm 层。另外在挖掘过程中发现，该生境梭梭根系会沿着未腐朽彻底的旧根生长，甚至在当年生长量就达到 2.5m，这也从侧面证实土壤透气状况和紧实度也是影响梭梭根系形态的另一原因。

11.4　幼苗生长特征对环境的适应

趋利弊害是生物适应环境的本能，当植物受到环境条件的胁迫时，一般会通过调整物质分配来尽量减少环境条件对其生长发育造成的影响。一些研究表明，当某些环境因子成为影响植物生长发育的限制性因素时，如养分胁迫、光照胁迫、水分胁迫及沙埋造成的光合面积的降低等，植物为了保证其正常的生长不受制约，会调整物质分配比例，改变根冠比及各部分物质分配的比例（Blackman and Black，1959；Kozlowski，1971；Hirose，1987；Robinson and Rorison，1988；Cannell and Dewar，1994；Bazzaz and Grace，1997；Guo，1999）。9.2 节主要讲述了幼苗的生长特征对水分的适应，下面着重论述幼苗生长特征对沙埋厚度和土壤水分季节变化的适应。

11.4.1　幼苗生长特征对沙埋厚度的适应

不同沙埋厚度下，种子萌发出土后，其幼苗的生长情况差异明显。5 月时，由于幼苗生物量较小，不同沙埋厚度下幼苗的高度、地上部分干重和高度生长速率差异不显著（$P < 0.05$）；其后，随着幼苗生物量的增加，0.5cm 沙埋厚度幼苗的高度、地上部分干重和高度生长速率均大于 0cm 和 1cm 沙埋厚度。同时，幼苗萌发出土早期，不同沙埋厚度下幼苗的垂直根长、地下部分干重和根生长速率同样差异不显著（$P < 0.05$）；其后，随着幼苗的生长，0.5cm 沙埋厚度幼苗的垂直根长、地下部分干重和根生长速率均大于 0cm 和 1cm 沙埋厚度（图 11.9～图 11.14）。根冠比分析表明，幼苗生长早期，0.5cm 沙埋厚度幼苗的根冠比大于 0cm 和 1cm 厚度；其后，随着时间的推移，这种差异逐渐减小。

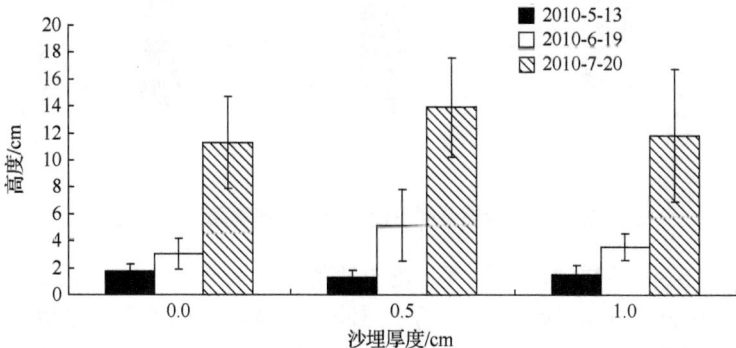

图 11.9　不同沙埋厚度下幼苗高度随时间的变化

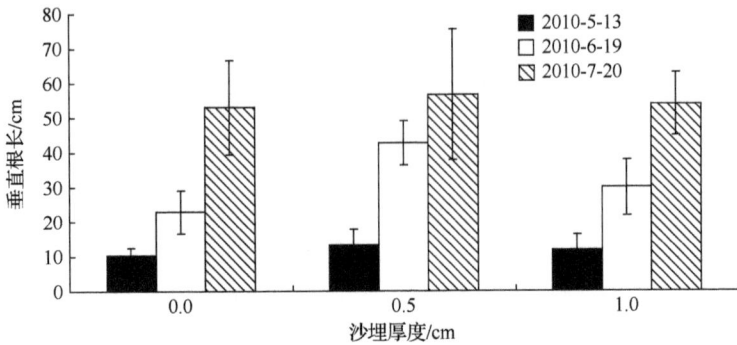

图 11.10　不同沙埋厚度下幼苗垂直根长随时间的变化

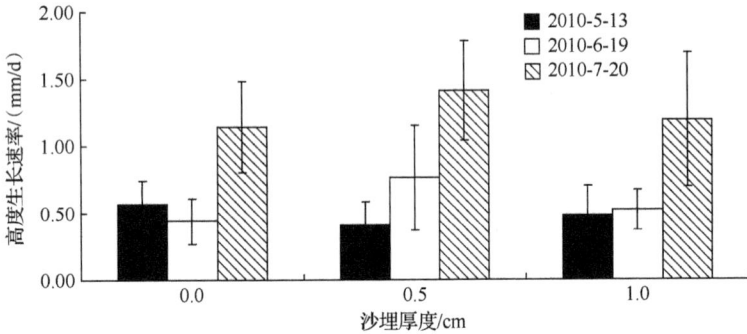

图 11.11　不同沙埋厚度下幼苗高度生长速率随时间的变化

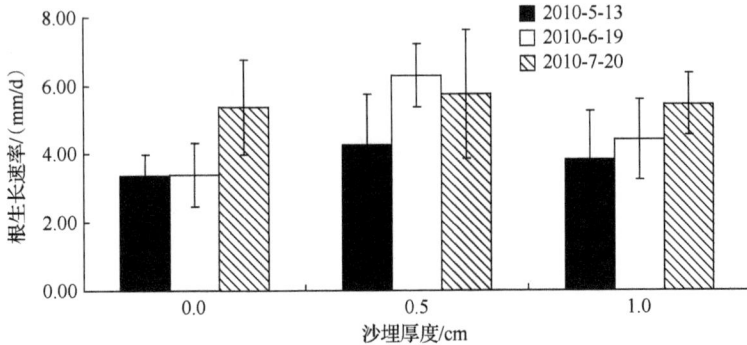

图 11.12　不同沙埋厚度下幼苗根生长速率随时间的变化

　　同时，0.5cm 浅层沙埋条件下，梭梭幼苗根生长速率、高度生长速率、生物量等均大于 0cm 和 1cm 沙埋。这说明浅层沙埋形成的微环境为梭梭幼苗的生长提供了较适宜的环境条件，有利于梭梭幼苗的生长。幼苗生长初期是对环境条件最敏感的时期，也是幼苗最容易受到环境胁迫的时期（班勇，1995），浅层沙埋形成的适宜的环境条件对梭梭幼苗的存活与定居意义重大。

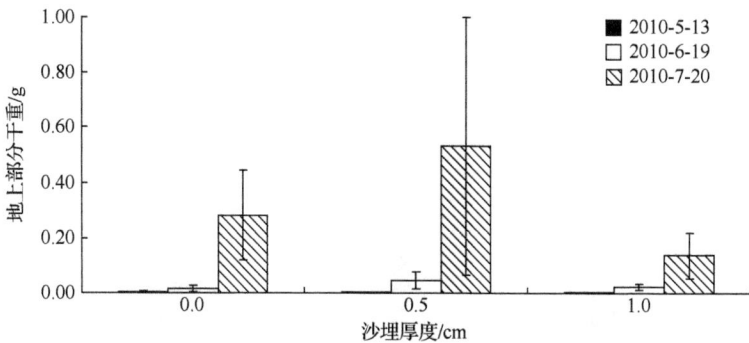

图 11.13 不同沙埋厚度下幼苗地上部分干重随时间的变化

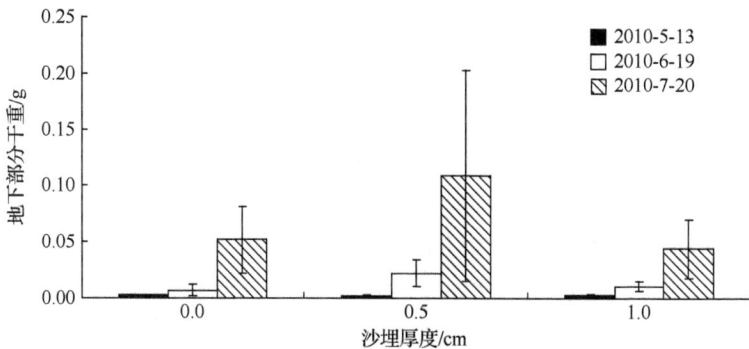

图 11.14 不同沙埋厚度下幼苗地下部分干重随时间的变化

实验结果表明，0.5cm 沙埋厚度下，梭梭种子出苗率最高，平均达 40%，大于 0cm、1cm 和 2cm 沙埋厚度。可见，适度的沙埋有利于梭梭种子的萌发出土。不同沙埋厚度下，梭梭种子萌发出土以后，其幼苗早期死亡率差异不显著。幼苗生长分析表明，0.5cm 沙埋厚度下，幼苗的高度、地上部分干重、高度生长速率、垂直根长、地下部分干重和根生长速率均大于 0cm 和 1cm 沙埋厚度。可见，适度的沙埋有利于梭梭幼苗的早期生长。

在不同沙埋条件下，根冠比分析表明，幼苗生长早期，0.5cm 沙埋厚度幼苗的根冠比大于 0cm 和 1cm 沙埋厚度；其后，随着时间的推移，这种差异逐渐减小（图 11.15）。一旦出苗，幼苗将面临各种不稳定条件，如大风、干热、营养缺乏、动物干扰等，进而死亡率较高。幼苗必须快速增高，生出长根，以吸收各种营养，尤其是水分，来避免干旱和不利环境条件的威胁（李秋艳和赵文智，2006）。幼苗的定植成功率与植物特征有关，如种子大小、相对生长率和形态可塑性，依赖于它们的生长能力（Hofmann and Isselstein，2004）。对于沙漠植物来说，其根系生长对于获得更好的水分条件具有非常重要的作用。我们的研究表明，沙埋不但影响梭梭种子的萌发出土，同时沙埋所形成的微环境还对幼苗的生长产生重要影响。

0.5cm 浅层沙埋条件下，梭梭幼苗在生长初期将更多的可用资源优先用于根系的生长，表现为根冠比较高，这体现了梭梭幼苗应对干旱环境的积极适应策略。

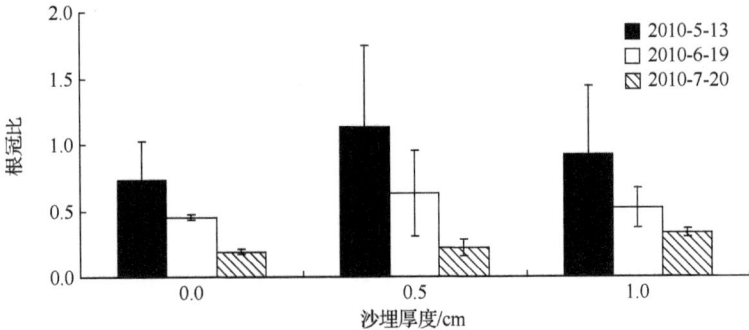

图 11.15　不同沙埋厚度下幼苗根冠比随时间的变化

11.4.2　幼苗生长特征对土壤水分季节变化的适应

自然情况下丘间地梭梭林不同深度土壤层次土壤水分动态如图 11.16 所示。土壤水分随时间的变化可以分为以下几个阶段：春季土壤水分补给阶段，从 3 月初到 4 月初，各土壤层次土壤含水率迅速增加；夏季土壤强失水阶段，从 4 月中旬到 6 月底，0～120cm 土层土壤含水率迅速降低；夏季土壤弱失水阶段，从 7 月初到 8 月底，各土壤层次土壤含水率均降低；秋季土壤弱失水阶段，从 9 月初到 11 月初，浅层土壤含水率有少量降低，深层土壤含水率降低较多；冬季冻结滞水阶段，从 11 月中旬到第二年 2 月底，各土壤层次土壤含水率保持基本稳定。土壤水分在垂直空间上的变化表明，0～40cm 为土壤水分变化最活跃的层次，40～180cm 为土壤水分的次活跃层次，180cm 及以下为土壤水分相对稳定的层次。3 月中下旬，由于冬季积雪融化，0～120cm 土层土壤含水率短时间内迅速增加。4 月初，随着气温的增加，0～120cm 土层土壤含水率迅速下降。到 4 月底，0～40cm 土层土壤含水率继续较快下降，而 40～120cm 土层土壤含水率相对稳定。7 月初～8 月底，各土层土壤含水率又一次迅速下降。9 月初开始，各土层土壤含水率非常缓慢地下降，11 月中旬以后趋于稳定。180cm 土层土壤含水率的增加明显滞后于浅层土壤，该层次在 5 月初开始，土壤含水率迅速增加，其后逐渐降低。

同时，从垂直空间上看，不同深度土层土壤含水率随时间也处于不断的变化之中。其中，不同时期土壤含水率相对较高的层次随时间的变化，对沙漠地区植物的生长至关重要。对于梭梭幼苗而言，其根系生长是否能在不同时期达到土壤水分相对较高的层次，是梭梭幼苗能否度过干旱少雨的缺水季节而存活下来的关键。春末夏初（3～4 月），积雪融化，大量补充土壤水分，且此时气温较低，土壤蒸发较弱，浅层（20cm 左右）土壤含水率较高，可以满足幼苗生长的需要。炎

热的夏季（5～7 月），气温较高，地表蒸发强烈，且降雨稀少，浅层土壤含水率
逐渐下降，土壤含水率相对较高的层次下降到 60cm 左右及以下（钱亦兵等，2002；
赵从举等，2003；张世军等，2005；王雪芹等，2006）。夏末秋初（8～10 月），土
壤含水率进一步缓慢下降，土壤含水率相对较高的层次下降到 120cm 左右及以下。

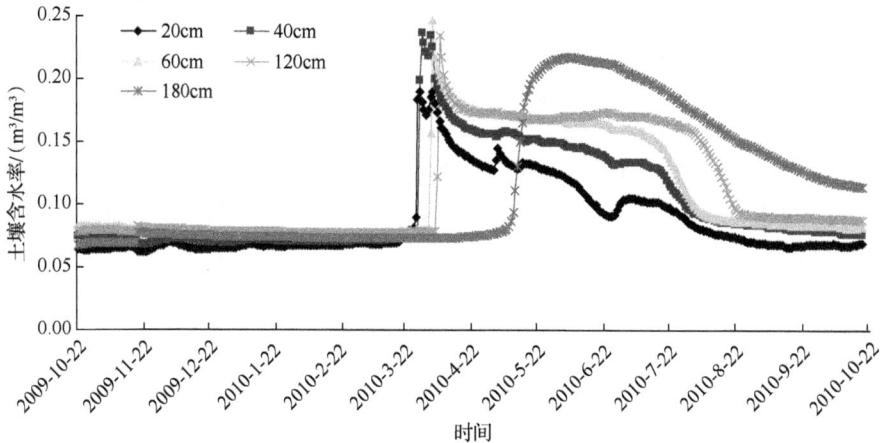

图 11.16　自然条件下土壤含水率的季节变化

受环境因子的影响，植物地上和地下生长过程具有明显的季节性（Fahey and
Hughes，1994；Pregitzer et al.，2000）。生长季早期，土壤中垂直根生长较早且生
长速率较快（Drennan and Nobel，1996；McMichael and Burke，1996）。梭梭幼苗
生长季初期（4～5 月），幼苗的根冠比处于整个生长季的最高水平，垂直根长是
幼苗高度的 8～10 倍，垂直根生长速率是高度生长速率的 7～11 倍。很多研究结
果表明：生长季早期，垂直根在适宜的温度下生长速率较快（Drennan and Nobel，
1996），增加垂直根长可以明显增加水分吸收（Kroon and Visser，2003），同时在
夏季可以有效利用深层土壤水（Canadell and Zedler，1995），这样有利于苗木在
干旱期利用地下水资源维持成活和生长（Lloret et al.，1999）。魏疆等（2006）在
塔克拉玛干沙漠腹地对梭梭幼苗的研究指出：除了 7 月中旬～9 月中旬，在整个
生长季节的其他时段，梭梭根系深度增加速率明显大于高度生长速率（一般为 2～
6 倍，最大甚至超过 10 倍），显示出幼苗个体发育初期根系垂直生长的优势。我
们的研究也得到了类似的结论。正如 Lloret 等（1999）研究地中海灌木生态系统
时所指出的，大多数幼苗死亡发生在生命周期中的第一个干旱期，因此在干旱期
来临之前，幼苗根系的快速生长对其成活起决定性作用。这意味着根系高速生长
在时间上的优先有利于幼苗的成活与生长。生长季中期（6～8 月），梭梭幼苗垂
直根生长速率下降，根冠比降低。生长季后期（9～10 月），梭梭幼苗垂直根生长
速率表现出微弱的增加趋势，根冠比也增加。整个生长季，梭梭垂直根生长速率

和幼苗根冠比的变化呈增加—减少—再增加的模式。这种消长规律正好同土壤水分的变化呈现较好的呼应关系。5～7月，浅层土壤水分大幅度下降，正好是垂直根生长速率最大的阶段；随后土壤水分的变化幅度较小，根系生长速率减缓；当土壤水分进一步减小时，垂直根又表现出较高的生长速率。这体现了梭梭幼苗根系生长对不同深度土壤水分变化的积极响应。同时表明，植物垂直根系的生长优势是植物适应旱化环境的策略。根系在垂直空间上绝对生长量的优势和在时间上最大生长速率出现较早的比较优势，都是梭梭幼苗适应干旱环境的生长策略和重要特征（魏疆等，2006）。植物垂直方向的生长表现在地上部分的高度增长和地下部分的深度增加。随着植物地上部分生物量的不断增长，植物的绝对根深也逐渐增加（Schenk and Jackson，2002）。植物高度的增长和根系深度的增加是植物器官最重要的生长表现，它们的增长节律与比例关系是植物个体适应环境的重要表征。

第 5 篇 梭梭的逆境适应机制

梭梭是沙漠地区特有的超旱生、耐盐、耐风蚀植物，素有"沙漠卫士"之称，是一种优良的抗风固沙植物。人们对梭梭的干旱适应及抗旱机理的研究一直都非常关注，特别是对梭梭抗干旱胁迫方面的研究取得了很多成果。本篇以塔里木沙漠公路主要防护林树种梭梭为例，通过梭梭的光合作用、生理生化过程的调节（苏培玺等，2003；Gong et al.，2006；闫海龙等，2007）、水势生理的变化、蒸腾的变化、根系形态与分布的变化（Wei et al.，2007；Xu et al.，2008）来阐述其在塔克拉玛干沙漠极端环境条件下的逆境适应机制。

第12章 极端环境条件下梭梭的气体交换

光合作用是绿色植物利用太阳的光能同化 CO_2 和水，制造有机物质并释放氧气的过程，它是地球表面重要的生物化学反应，也是植物对外界环境条件变化最灵敏的指针。有机物质积累和水气交换特性能准确反映一定生境变化条件下植物的生长状况（闫海龙等，2008），因此，光合特性是认识植物与环境因子间相互关系、解释植物环境适应生理生态机制的有效途径。

在干旱条件下，植物所需要的水分不能得到充分供应，而植物的蒸腾作用却在持续进行，由此导致植物大量失水，叶片水势下降。同时，持续失水、膨压降低，叶片细胞结构发生变化，使气孔的两个保卫细胞紧贴在一起，造成气孔关闭（Medrano et al.，2002），以减少过量的蒸腾失水。而气孔关闭势必阻碍植物与外界环境的气体交换过程，减少进入叶片的 CO_2，致使光合作用原料供应不足，进而导致植物光合速率降低，有机物质积累减少（闫海龙等，2007）。不过气孔关闭引起的光合速率下降主要存在于轻度干旱胁迫下（许大全，1997），植物受到中度以上干旱胁迫后，气孔限制将不再是光合作用降低的主要原因。随着干旱胁迫的加剧，非气孔限制酸化活性、羧化效率、光系统Ⅱ活性及其转化效率等都会受到明显的抑制和影响；部分光合活性物质的含量也会降低，如执行光合作用重要功能的各种色素蛋白复合体及吸收、传递和转化光能的叶绿素。此外，干旱还可以阻断放氧复合物到光系统Ⅱ的第二个电子供体（质子醌和P700）的电子传递，导致整个电子传递活性的降低。另外，在光合碳同化过程中具有极重要作用的Rubisco的含量及活性也会因为干旱胁迫而明显降低（Medrano et al.，2002）。

12.1 气体交换参数测定

为探讨干旱逆境对梭梭光合生理的影响，闫海龙等（2009）以5年生人工防护林构成植物梭梭为实验对象，林带为1m×2m行间混交，平均郁闭度0.4左右，林分平均高1.8m。灌溉方式为滴灌，通过水井抽取地下水灌溉，地下水盐分含量为4～5g/kg，灌溉周期为10～15d，每次灌溉量为35kg/株。在综合考虑地形及样株均匀度等因素后，分别选取两段100m长、植株大小相对一致且长势良好的林带作为干旱胁迫处理和常规灌溉对照样地。然后在不同样地内，对3种植物各标记长势、大小相对一致的 6 株梭梭，作为两种处理条件下梭梭气体交换参数观测的样本。

1. 气体（CO$_2$ 和 H$_2$O）交换日变化

在北京时间 8:00～20:00，每隔 2h 测定一次，利用 Li-6400 便携式光合仪记录该时段标记同化枝的 CO$_2$ 交换速率、H$_2$O 交换速率、气孔导度、胞间 CO$_2$ 浓度等气体交换参数，同时自动记录被测同化枝的光合有效辐射、气温、叶温、空气湿度、环境 CO$_2$ 浓度等微环境生态参数，每次测定重复 4 次。为减少读数误差，每次测定时均保持一定平衡时间，并重复读数 5 次。

2. 光响应曲线

测定光响应曲线时，使用 2cm×3cm 红蓝光源叶室，依据沙漠腹地高温强辐射的环境气候特点，设置恒定温度为 30℃，参比室 CO$_2$ 浓度以环境 CO$_2$ 浓度（380 mmol/mol）为准，并保证变化范围不超过一天的正常波动，光强为 2000～0μmol/(m^2·s)，分 11 个梯度逐渐降低。由仪器的自动观测程序读取并记录各项数据，每种植物重复 3 次。

光响应曲线的相关参数利用非直角双曲线模型和净光合速率（P_n）与光合有效辐射（PAR）拟合的二次方程求导（Su et al.，2007）计算。

非直角双曲线模型表达为

$$P_n = \frac{\Phi \cdot \text{PAR} + P_{max} - \sqrt{\{(\Phi \cdot \text{PAR} + P_{max})^2 - 4K \cdot \Phi \cdot \text{PAR} \cdot P_{max}\}}}{2k} - R_{day}$$

式中，P_n 为净光合速率；Φ 为表观量子效率；P_{max} 为最大净光合速率；K 为曲角；k 为曲线的凸度，取值范围在 $0 \leq k \leq 1$；R_{day} 为暗呼吸速率；PAR 为光合有效辐射。

计算时先利用模型逐步回归，得出最大净光合速率、表观量子效率、曲角等模型参数，然后求出光合有效辐射在 200μmol/(m^2·s) 以下时净光合速率变化的直线方程，其与 X 轴的交点即为光补偿点（light compensation point，LCP）；光饱和点（light saturation point，LSP）则利用 P_n 与 PAR 拟合的二次方程求导得到（Su et al.，2007）。

3. 水分利用效率和光能利用效率

水分利用效率（water use efficiency，WUE）是衡量植物水分消耗与物质生产之间关系的重要综合指标，植物在吸收 CO$_2$ 进行光合作用的同时，需蒸腾消耗一定量的水汽。在单叶水平上，可用净光合速率（P_n）与蒸腾速率（T_r）的比值表示水分利用效率（Casper et al.，2006），本节研究中的水分利用效率即为不同时段 P_n 和 T_r 的比值。光能利用效率（light use efficiency，LUE）是决定植物物质积累多少的重要因素，在叶片水平的研究中可以通过光量子效率法来表示，即光能利

用效率为 P_n 和 PAR 的比值（闫海龙等，2009）。

4. 同化枝面积

由于梭梭同化枝形状不规则，测定时尽量将其平铺于叶室内，避免相互遮挡，以便发散光能够充满整个叶室，首先让暴露于叶室中的同化器官表面均匀地接受光照，所有同化器官的表面积之和即为光合有效面积（许皓等，2007）；然后在当天实验结束之后，将固定观测的同化枝剪下，利用扫描仪扫描后再经面积分析软件 Delta-T Scan 计算实际的叶表面积；最后按照实际光合面积回算得出各项生理指标参数。

12.2　CO_2 交换速率和 H_2O 交换速率日变化

为分析不同水分条件下梭梭气体交换的变化，在防护林带内设置了两种水分处理，分别为干旱胁迫处理和常规灌溉处理。干旱胁迫处理采用完全停止灌溉的方式，从 2005 年 4 月中旬植物萌芽开始，到 10 月中旬实验结束，其间停止一切人工水分供给，以此来形成土壤干旱胁迫效果；而常规灌溉处理则是完全依照现行的防护林灌溉管理标准以抽取的地下水进行灌溉，每 10～15d 灌溉一次，灌溉量按照每次每株 35kg 计算。气体交换参数测定选择在实验处理效果明显的中后期，即 2005 年 8 月中下旬进行（晴好天气），在样株冠层上部向阳的当年生同化枝中标记固定一簇，利用 Li-6400 便携式光合仪进行测定。

光合速率测定结果显示，在两种水分处理条件下，梭梭净光合速率日变化曲线分别呈单峰和双峰型变化，12:00～16:00 为一天中净光合速率最高的时段，最大值出现在正午时分。从图 12.1 可知，干旱胁迫处理下净光合速率已经受到较为明显的影响和限制，净光合速率的日变化曲线已经出现双峰型。常规灌溉处理下，梭梭最大净光合速率为 12.3μmol/(m²·s)，干旱胁迫处理下则锐降至 7.2μmol/(m²·s)，降幅达 41.5%；净光合速率最小值出现在清晨 8:00，常规灌溉处理和干旱胁迫处理下，梭梭的净光合速率分别为 -2.2μmol/(m²·s) 和 -1μmol/(m²·s)，表明 8:00 时光合作用尚未启动，叶片有一定呼吸作用；而且常规灌溉处理呼吸作用值高于干旱胁迫处理，表明常规灌溉处理下梭梭的呼吸作用更强，代谢活动更为旺盛。

对不同处理下各时段的蒸腾速率进行比较，结果显示：除了统计上的差异外（$t=-2.468$，$P=0.049$），处理间的变化趋势也不相同，干旱胁迫处理梭梭的蒸腾速率在正午时分略有降低，表现为双峰型变化（图 12.2）。这表明干旱胁迫下，梭梭的蒸腾作用受到了一定的限制，尤其是在正午高温时刻，快速的水分消耗导致部分同化枝萎蔫、气孔有所关闭，蒸腾速率下降。

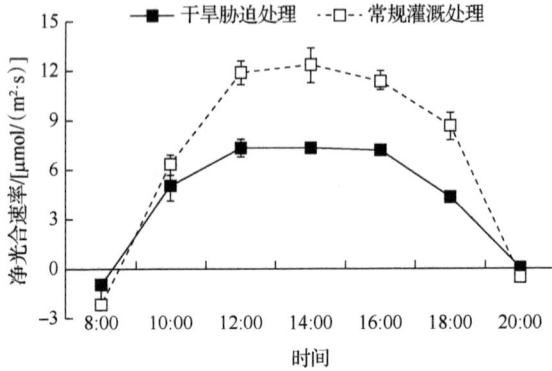

图 12.1　不同水分处理条件下梭梭净光合速率日变化（8 月）

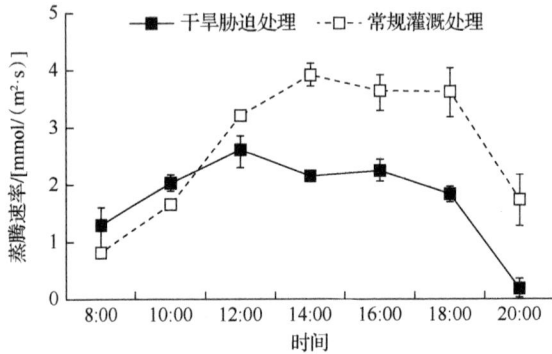

图 12.2　不同水分处理条件下梭梭蒸腾速率日变化（8 月）

12.3　气 孔 导 度

图 12.3 是不同水分处理条件下梭梭气孔导度的变化情况，可以看出：梭梭的气孔在上午 10:00 左右开放程度最大，此后一路降低，至晚上 20:00 左右达到日最低值；常规灌溉处理白天的气孔导度始终高于干旱胁迫处理，表明干旱胁迫处理下梭梭气孔开度下降，以减少体内水分消耗。

结合气体交换（CO_2 和 H_2O）和气孔导度的变化可以看出，在干旱胁迫处理下梭梭气孔开度减小，蒸腾速率下降，净光合速率也显著下降，表明土壤水分条件对梭梭的光合作用有显著影响。杨淇越和赵文智（2014）的研究表明，在自然条件下降水导致土壤水分增加时，梭梭的净光合速率和气孔导度均是增

加的。这说明无论何种方式使水分条件得到改善，净光合速率和气孔导度均有
所增加。

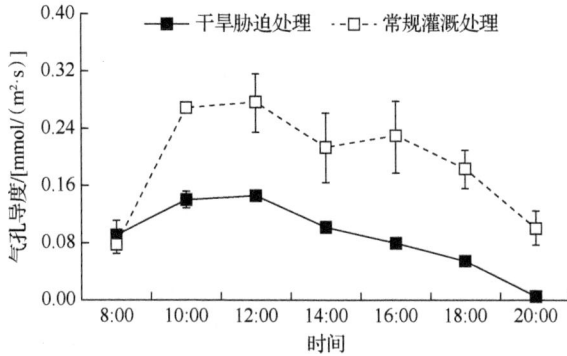

图 12.3　不同水分处理条件下梭梭气孔导度的日变化（8 月）

12.4　光响应曲线

　　梭梭的潜在光合作用能力也受干旱胁迫的影响，从光响应曲线可以看出，随
着光合有效辐射的增加，干旱胁迫处理下净光合速率的增加速度远远小于常规灌
溉处理下净光合速率的增加速度（图 12.4）。光响应曲线各参数的分析比较结果表
明：干旱胁迫处理下，梭梭最大净光合速率、表观量子效率和暗呼吸速率均低于
常规灌溉处理，而且处理间差异显著，同时干旱胁迫处理下梭梭 LCP 和 LSP 也较
常规灌溉处理明显降低（表 12.1）。

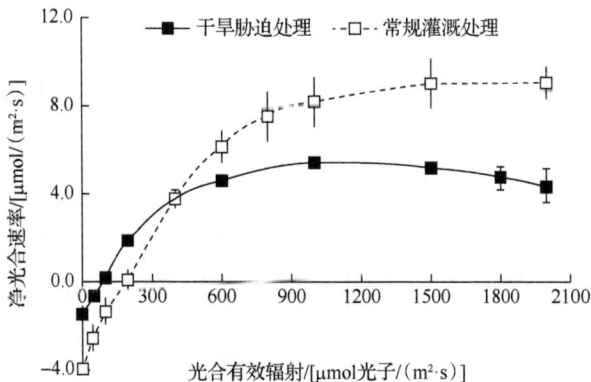

图 12.4　不同水分处理条件下梭梭净光合速率的光响应曲线（8 月）

表 12.1　不同水分处理条件下梭梭潜在光合作用能力的比较

处理	P_{max}/[μmol/(m²·s)]	Φ/(mol/mol)	R_{day}/[mmol/(m²·s)]	LCP/[μmol/(m²·s)]	LSP[μmol/(m²·s)]
干旱胁迫处理	6.53±0.55[A]	0.017±0.001[A]	1.42±0.16[A]	86.40±6.76[A]	1279.17±81.86[A]
常规灌溉处理	13.92±1.16[B]	0.023±0.002[a]	4.30±0.56[B]	189.95±12.61[B]	1444.74±70.95[a]

注：表中数据为平均值±标准误差，不同字母表示处理间差异极显著（P<0.01），相同字母的大小写表示处理间差异显著（P<0.05）。

　　干旱胁迫处理条件下，梭梭的最大净光合速率、表观量子效率、暗呼吸速率及 LCP、LSP 等各指标参数均有不同程度的下降，光合有效辐射减少，但其中 LCP 的降低表明梭梭的弱光利用能力有所提高，这在一定程度上增强了其对资源的有效利用能力（闫海龙等，2007）。

12.5　水分利用效率和光能利用率

　　在清晨和傍晚，当光合有效辐射低于植物的 LCP 时，植物表现为呼吸作用。为便于比较水分供应对梭梭水分利用效率及光能利用效率的影响，选取 10:00～18:00 光合净积累时段的观测数值进行比较。结果显示：在水分利用效率和光能利用效率的日过程中，梭梭敏感性较低，不同处理下梭梭的水分利用效率差异不显著，但水分亏缺对光能利用效率的影响作用突出。值得注意的是，干旱胁迫处理下，上午部分时段梭梭的水分利用效率出现了高于常规灌溉处理的情况（图 12.5）。

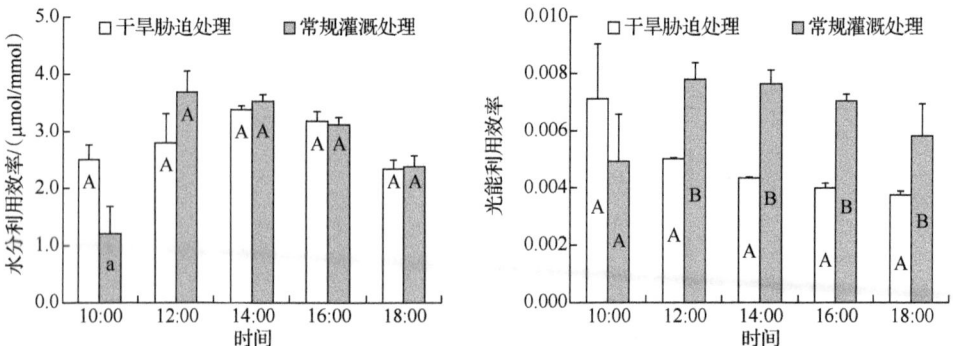

图 12.5　不同水分条件下梭梭的水分利用效率和光能利用效率
不同字母表示处理间差异极显著（P<0.01），相同字母的大小写表示处理间差异显著（P<0.05）

水分利用效率作为植物的一个重要指标，表征了植物在等量水分消耗情况下，固定 CO_2 的能力。它不仅体现了植物自身光合作用的能力，也反映了植物有效利用水分的能力。很多研究认为，荒漠植物一般具有较高的水分利用效率，尤其是在水分亏缺时，高的水分利用效率通常是抵御干旱胁迫的一种有效方式（Casper et al.，2006；Gong et al.，2006；Rouhi et al.，2007；许浩等，2007）。闫海龙（2009）的研究显示，干旱胁迫并未显著提高植物的水分利用效率。

此外，处理间不同时段水分利用效率的变化还充分显示了梭梭对水分亏缺的敏感程度。梭梭作为一种高光合低蒸腾类型的荒漠植物，在水分亏缺状态下，可一直保持较高的水分利用效率，并且能够充分利用环境资源，如在上午温度相对较低、空气湿度较大时，会加速有效光合积累，表现出超过常规灌溉处理的水分利用效率（图 12.5），这种较高的水分利用效率和适宜的水分利用策略使其能够很好地适应干旱生活环境（Xu et al.，2007）。梭梭作为沙漠公路防护林的主要构成树种，在严酷沙漠生长环境中的超强适应能力毋庸置疑（李生宇等，2004；周智彬和徐新文，2004），但与其他相关研究结果一样，水分亏缺对梭梭的表观光合特性及潜在光合作用能力依然有着一定的抑制作用（苏培玺等，2003；Gong et al.，2006；Su et al.，2007），这进一步证明水分是该区域植物生长的关键限制因子之一（Stefan et al.，2004）。但是在水分亏缺的状态下，梭梭与其他植物种光合作用日过程变化趋势、潜在光合作用能力及水分利用效率、光能利用效率间的差异，又表明它们对于水分亏缺有着不同的响应变化及适应能力。

12.6　土壤水分对梭梭气体交换的影响

土壤水分的变化对植物生长的各个生理过程都有影响，尤其是细胞的延伸生长对水分的亏缺最敏感。已有的研究表明，轻微的水分胁迫就会使叶的扩张生长受到明显的影响。同时，土壤水分也是影响梭梭光合生理特性的主要因素。

本节以梭梭、白梭梭幼苗为对象，通过控制浇水量形成水分梯度来寻求梭梭幼苗气体交换对土壤水分变化的响应规律。在不同水分条件下，通过植物气体交换的测定，探讨土壤水分条件对植物 CO_2 和 H_2O 交换的作用规律，进而了解并掌握不同土壤水分条件下植物的水分生态反应特性，为干旱地区植被恢复重建中植物种的选择提供理论依据。

吴琦（2005）于 2004 年 4 月在准噶尔盆地东南缘奇台县西北湾牧场与古尔班通古特沙漠交错带固定沙丘下部平坦沙地布设面积为 1.5m×1.5m×0.6m 的样方 50块，其中梭梭 30 块、白梭梭 20 块，用湿沙土填实，样方底部铺设防渗膜，在每个样方中栽种 35 株 1 年生梭梭或白梭梭幼苗。通过人为施水使样方形成 5 个水分处理，即田间持水量的 21.6%、40%、60%、80%、100%（相对应的含水率分别为 2.0%、3.70%、5.55%、7.40%、9.25%）。因为 7 月梭梭样方中处理 $W_{1.65\%}$ 的含水率较低，所以在保证幼苗成活的基础上，使样方自然干旱，以达到所设定的含水率。测定时分别对梭梭的 5 个处理样方 50cm 深处取土样，用烘干法测定含水率，梭梭的 5 个水分梯度基本形成，含水率分别为 2.25%、2.63%、4.29%、6.27% 和 9.97%，分别记为 $W_{2.25\%}$、$W_{2.63\%}$、$W_{4.29\%}$、$W_{6.27\%}$ 和 $W_{9.97\%}$。由于 $W_{1.65\%}$ 处理下的样方未补水，加之 2004 年 4～8 月气温逐渐升高，降雨量较少，此处理下的样方长期干旱，土壤含水率迅速下降到 1.65%。

采用 Li-6400 便携式光合仪于 2004 年 7～9 月测定不同水分处理下梭梭、白梭梭幼苗的净光合速率、蒸腾速率、气孔导度等生理指标，以及植物所测部位光合有效辐射、气温、叶温、空气相对湿度等微气候参数。同时，利用净光合速率与蒸腾速率的比值求出水分利用效率。

12.6.1　不同土壤水分条件对梭梭幼苗气孔导度的影响

气孔是植物进行气体交换的通道。气孔运动对水分亏缺的反应非常敏感，轻度水分条件的变化就会引起气孔导度的变化，进而影响植物气体交换量的变化。图 12.6 显示，在光合有效辐射为 $1000\mu mol/(m^2\cdot s)$ 和 $1500\mu mol/(m^2\cdot s)$ ［接近自然光强 $1000～1700\mu mol/(m^2\cdot s)$］时，6 个水分处理条件下梭梭幼苗气孔导度的变化为 $W_{9.97\%}>W_{6.27\%}>W_{4.29\%}>W_{2.63\%}>W_{2.25\%}>W_{1.65\%}$。在光合有效辐射为 $1500\mu mol/(m^2\cdot s)$ 条件下，6 个水分处理的含水率从 1.65% 增加到 9.97%，气孔导度从 $(0.03\pm0.01)mol/(m^2\cdot s)$ 增加到 $(0.17\pm0.03)mol/(m^2\cdot s)$，其变化幅度较大。并且气孔导度对不同水分条件也表现出不同的响应敏感性，其中含水率为 1.65%～4.29%、1.65%～2.25% 和 4.29%～9.97% 范围内的气孔响应较敏感，分别增加了 300%、200% 和 41.67%。这表明在这种光强条件下，梭梭幼苗在含水率仅为 1.65% 的 $W_{1.65\%}$ 处理下，受到较严重的干旱胁迫。为了减少水分散失，植物所做出的响应是减小气孔开放度直至几乎关闭。气孔对土壤水分条件变化表现出较敏感的反应，也是梭梭在遭受严重干旱胁迫条件时的生理适应。而在 $W_{2.25\%}$ 和 $W_{2.63\%}$ 处理下，气孔对土壤水分变化的响应不敏感，气孔导度的变化不显著，这与其含水率差异较小有关。在光合有效辐射为 $1000\mu mol/(m^2\cdot s)$ 时，梭梭幼苗的气孔导度在不同水分处理条件下的变化趋势与上述一致。由此可见，在相同的光合有效辐射条件下，气孔导度随着沙地含水率的增加而增大，这种气孔行为有利于提高植物的净光合速率。但在相同水分处理条件下，随着光合有效辐射的增加 ［$1000～1500\mu mol/(m^2\cdot s)$］，气孔导度差异较小，说明光合有效辐射达到一定值后对气孔导度的影响不大。

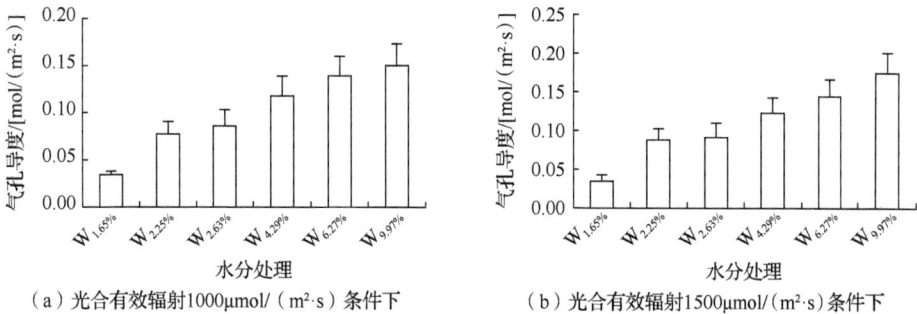

（a）光合有效辐射1000μmol/（m²·s）条件下　　（b）光合有效辐射1500μmol/（m²·s）条件下

图 12.6　不同水分条件下梭梭气孔导度的比较

12.6.2　不同土壤水分条件对梭梭幼苗水汽交换的影响

蒸腾作用是植物对水分吸收和运输的主要动力，也是植物吸收矿质盐类及其在体内运输的动力。图 12.7 显示在光合有效辐射为 1000μmol/(m²·s)和 1500μmol/(m²·s)时，不同水分处理下梭梭幼苗蒸腾速率的变化状况表现为 $W_{9.97\%} > W_{6.27\%} > W_{4.29\%} > W_{2.63\%} \geqslant W_{2.25\%} > W_{1.65\%}$。在一定的光合有效辐射下，梭梭幼苗的蒸腾速率随着沙地含水率的增加而显著增大。在 1500μmol/(m²·s)光合有效辐射下，6 个水分处理下的蒸腾速率由(1.51±0.35)mmol/(m²·s)增加到(4.32±0.62)mmol/(m²·s)，增加幅度较大。$W_{1.65\%}$比 $W_{4.29\%}$处理下的蒸腾速率下降了 48.64%，$W_{2.63\%}$ 比 $W_{4.29\%}$处理下的蒸腾速率下降了 35.71%，而 $W_{9.97\%}$ 比 $W_{4.29\%}$处理下的蒸腾速率提高了 46.94%，均表现出明显的变化。梭梭幼苗的蒸腾速率在 $W_{1.65\%} \sim W_{4.29\%}$、$W_{2.63\%} \sim W_{4.29\%}$、$W_{4.29\%} \sim W_{9.97\%}$范围内对水分条件的变化较敏感。而 $W_{2.25\%}$与 $W_{2.63\%}$处理下的蒸腾速率对土壤含水率变化响应不敏感，这可能与其土壤含水率较接近有关。在光合有效辐射为 1000μmol/(m²·s)时，不同水分条件下蒸腾速率的变化与上述一致。在 6 种水分处理下，梭梭幼苗的蒸腾速率和气孔导度均表现出很好的一致性，当光合有效辐射条件一定时，在水分条件充足时，气孔开放程度较大，蒸腾作用增大；在干旱胁迫条件下，气孔开放程度减小甚至气孔关闭，蒸腾作用减小，这是梭梭幼苗对不同水分处理的生理适应。在相同的水分处理下，蒸腾速率随着光合有效辐射的增加变化很小，表明当光合有效辐射达到一定值后，对相同水分处理下植物的蒸腾作用影响不显著，说明在较低的辐射条件下，梭梭幼苗同化枝的气孔已充分开启，故此时辐射强度的增加已无助于蒸腾速率的增长。

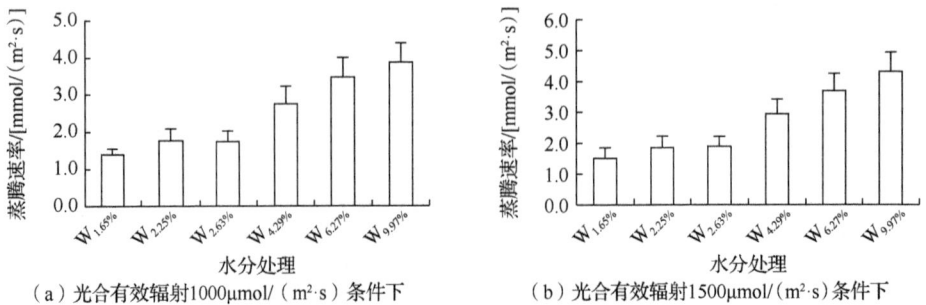

（a）光合有效辐射1000μmol/（m²·s）条件下　　　（b）光合有效辐射1500μmol/（m²·s）条件下

图 12.7　不同水分条件下梭梭蒸腾速率的比较

12.6.3　不同土壤水分条件对梭梭幼苗 CO_2 气体交换的影响

光合作用是植物生长和产量形成的生理基础。轻度的水分亏缺就使植物的光合速率下降,生长受到明显抑制。图 12.8 显示,在光合有效辐射为 1000μmol/(m²·s) 和 1500μmol/(m²·s)时, 不同水分处理下梭梭幼苗净光合速率的变化表现为 $W_{9.97\%} > W_{6.27\%} > W_{4.29\%} > W_{2.63\%} \geqslant W_{2.25\%} > W_{1.65\%}$。即在相同的光合有效辐射条件下,梭梭幼苗的净光合速率随着沙地含水率的增加而逐渐增大。在光合有效辐射为 1500μmol/(m²·s)时, $W_{1.65\%} \sim W_{9.97\%}$ 6 个水分处理下净光合速率的变化范围是 $(3.11 \pm 0.63) \sim (11.89 \pm 1.81)$μmol/(m²·s),增加幅度很大。并且梭梭在沙地含水率为 1.65%~2.25%、1.65%~4.29%和 4.29%~9.97%范围内净光合速率分别增加了 131.51%、151.77%和 51.85%,说明在光合有效辐射一定时,净光合速率对沙地水分变化具有较强的敏感性。当光合有效辐射为 1000μmol/(m²·s)时,梭梭幼苗的净光合速率随含水率的变化与上述一致。在相同的水分处理下,梭梭幼苗的净光合速率随着光合有效辐射的增加［1000~1500μmol/(m²·s)］而有较大的增加,平均增加了 13.7%。这说明在相同水分条件下,光合有效辐射的变化明显影响梭梭幼苗的净光合速率。

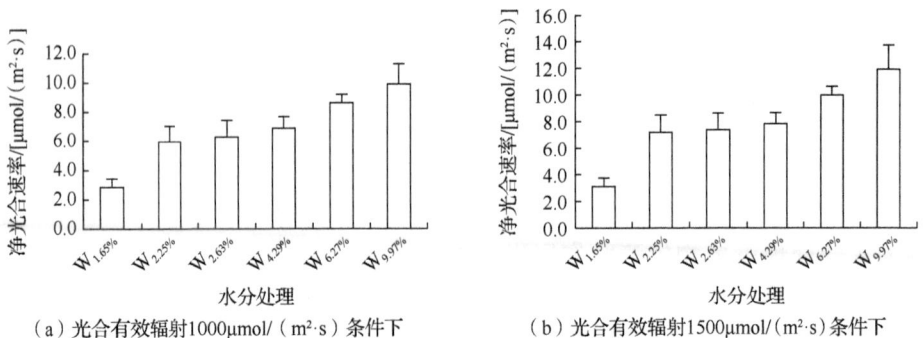

（a）光合有效辐射1000μmol/（m²·s）条件下　　　（b）光合有效辐射1500μmol/（m²·s）条件下

图 12.8　不同水分条件下梭梭净光合速率的比较

12.6.4　不同土壤水分条件对梭梭幼苗水分利用效率的影响

水分利用效率用于说明植物消耗单位重量水分所能固定 CO_2 的数量，表示植物生长过程中利用水分的经济程度。在干旱环境条件下，植物的水分利用效率越高，则表明植物节水能力越大，越有利于植物在水分逆境下保持一定的产量，这在生产上有重要的意义。从图 12.9 可以看出，在光合有效辐射为 $1000\mu mol/(m^2 \cdot s)$ 和 $1500\mu mol/(m^2 \cdot s)$ 时，梭梭幼苗在不同水分处理下水分利用效率排列顺序为 $W_{2.63\%} > W_{2.25\%} > W_{4.29\%} \geqslant W_{6.27\%} = W_{9.97\%} > W_{1.65\%}$。在光合有效辐射为 $1500\mu mol/(m^2 \cdot s)$ 条件下，在 $W_{1.65\%} \sim W_{9.97\%}$ 6 个水分处理下梭梭幼苗水分利用效率的变化范围为 $(2.06\pm0.32) \sim (3.91\pm0.17)\mu mol/mmol$，增加幅度较大。梭梭幼苗的水分利用效率在沙地含水率为 $1.65\% \sim 2.63\%$ 范围内增加了 89.81%；而在 $2.25\% \sim 4.29\%$、$2.63\% \sim 4.29\%$ 的范围内分别下降了 31.44% 和 31.97%，说明上述范围内沙地水分的变化对梭梭幼苗水分利用效率的影响较大。虽然 $W_{2.25\%}$ 和 $W_{2.63\%}$ 处理下土壤含水率较低，但梭梭幼苗的水分利用效率却在所有水分处理中较高。这表明梭梭幼苗在蒸腾作用较大时，仍能维持较高的光合生产力，因而梭梭幼苗避免饥饿的能力强。梭梭幼苗在 $W_{4.29\%}$ 处理下的水分利用效率与水分条件较好的 $W_{6.27\%}$、$W_{9.97\%}$ 处理下的水分利用效率差异不大，这进一步说明梭梭在这种水分处理下能充分利用土壤水分，表现出较强的适应能力。当光合有效辐射为 $1000\mu mol/(m^2 \cdot s)$ 时，梭梭幼苗的水分利用效率在不同水分条件下的变化与上述一致。因此，在一定的辐射条件下，梭梭幼苗的水分利用效率随土壤或者沙地水分状况的变化并不是线性关系，即并不是水分越多越好，这些研究结果对植被管理有重要的指导意义。在相同水分处理下，梭梭幼苗的水分利用效率随着光合有效辐射的增加而略有增加，差异不大。这说明沙地水分条件相同时，光合有效辐射达到较高值后，辐射强度的增加对梭梭幼苗水分利用效率的影响不大。

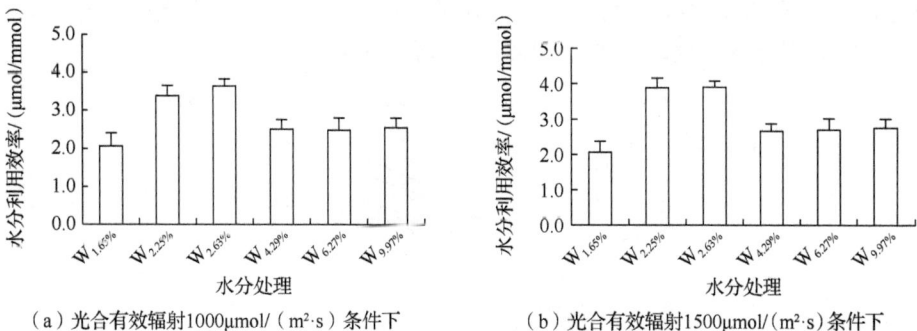

（a）光合有效辐射 $1000\mu mol/(m^2 \cdot s)$ 条件下　　　　（b）光合有效辐射 $1500\mu mol/(m^2 \cdot s)$ 条件下

图 12.9　不同水分条件下梭梭水分利用效率的比较

12.6.5　不同土壤水分条件对梭梭幼苗光响应曲线的影响

图 12.10 显示了梭梭幼苗在 6 种水分处理下的光响应曲线,尽管梭梭幼苗沿光合有效辐射梯度的变化存在差异,但梭梭幼苗在不同水分条件下的光响应曲线的变化趋势是相似的,梭梭幼苗的净光合速率在不同水分处理下由高到低的排列顺序为 $W_{9.97\%} > W_{6.27\%} > W_{4.29\%} > W_{2.63\%} > W_{2.25\%} > W_{1.65\%}$,即梭梭幼苗在不同水分处理下净光合速率均随光合有效辐射的增加而逐渐升高,且其升高的幅度随着土壤含水率的增加而明显增大。同时也表明经过干旱胁迫的梭梭幼苗,光响应曲线降低,水分胁迫越严重,降低的幅度也越大。例如,在光合有效辐射为 1000μmol/(m²·s)条件下,$W_{1.65\%}$ 比 $W_{4.29\%}$ 处理下的净光合速率下降了 58.28%,而 $W_{9.97\%}$ 比 $W_{4.29\%}$ 处理下的净光合速率提高了 43.60%,差异均较大,从而进一步表明不同水分条件对梭梭幼苗光响应曲线的影响是很明显的。通过非线性回归计算各水分条件下的光响应曲线,得到 $W_{1.65\%} \sim W_{9.97\%}$ 6 个水分处理条件下的 LCP 分别是(302.78±36.53)μmol/(m²·s)、(167.97±32.95)μmol/(m²·s)、(128.90±10.04)μmol/(m²·s)、(142.38±7.95)μmol/(m²·s)、(109.33±20.88)μmol/(m²·s)、(103.03±16.0)μmol/(m²·s)。各水分处理下梭梭幼苗的 LCP 都很高,对低光强的利用能力较低,并且随着土壤含水率的增加有下降的趋势(关于 $W_{4.29\%}$ 水分处理下 LCP 比其上下两个梯度都高的原因有待进一步研究)。这说明土壤含水率越高,梭梭幼苗利用弱光的能力就越强。$W_{1.65\%} \sim W_{9.97\%}$ 6 个水分处理下梭梭的表观量子效率分别为 0.017、0.025、0.023、0.026、0.027、0.032,表明不同水分处理对梭梭幼苗的表观量子效率也有显著的影响。表观量子效率随着沙地含水率的增加呈现逐渐增大的变化趋势,表明沙地含水率的增加有利于提高梭梭幼苗光合速率在低光条件下的上升速度和光合能力。从图 12.10 可以看出,在 PAR 梯度下,$W_{9.97\%}$、$W_{6.27\%}$、$W_{4.29\%}$、$W_{2.63\%}$、$W_{2.25\%}$ 5 个水分处理下的净光合速率均远远大于 $W_{1.65\%}$ 处理下的净光合速率,这是由于 $W_{1.65\%}$ 沙地含水率较低,此时梭梭幼苗受到严重的干旱胁迫,光合产物的积累速率明显下降。对不同水分条件下梭梭幼苗在光合有效辐射梯度上的净光合速率进行 t 检验表明,除了 $W_{2.63\%}$ 与 $W_{4.29\%}$ 两者之间差异不显著($P > 0.05$),其余 5 个处理之间的差异均极显著($P < 0.01$)。

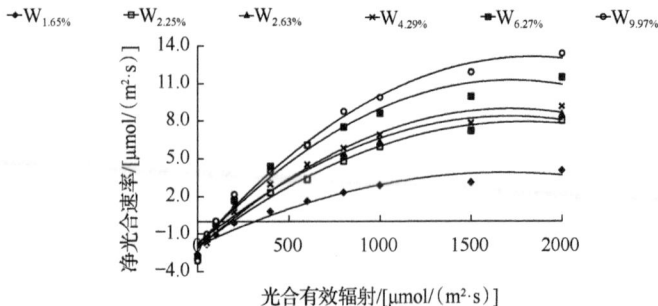

图 12.10　不同水分条件下梭梭的光响应曲线

12.7　相同土壤水分条件下两种梭梭气体交换的比较

12.7.1　相同水分条件下两种梭梭气孔导度的比较

两种梭梭幼苗在相同水分条件下（图 12.11 中各相同水分条件是指两种梭梭幼苗样方中的土壤含水率，并不是土壤含水率的范围，图 12.12～图 12.15 中的水分处理与此相同）气孔反应不同（图 12.11），气孔运动是植物器官水平对环境条件变化的一种调节。如图 12.11 所示，在光合有效辐射为 $1000\mu mol/(m^2 \cdot s)$ 和 $1500\mu mol/(m^2 \cdot s)$ 时，各相同水分处理条件下两种梭梭幼苗气孔导度的比较表现为白梭梭>梭梭。在光合有效辐射为 $1500\mu mol/(m^2 \cdot s)$ 时，梭梭、白梭梭幼苗气孔对各相同水分条件表现出不同程度的响应，$W_{1.98\% \sim 2.25\%}$、$W_{2.52\% \sim 2.63\%}$ 和 $W_{6.27\% \sim 6.39\%}$ 处理下梭梭幼苗气孔导度比白梭梭分别下降了 59.09%、50% 和 41.67%，降低幅度较大。这说明在各相同水分条件下白梭梭幼苗比梭梭幼苗气孔开放度大，对土壤水分的变化反应灵敏。在 $W_{3.97\% \sim 4.29\%}$ 和 $W_{9.97\% \sim 10.90\%}$ 处理下梭梭的气孔导度比白梭梭分别降低了 29.41% 和 19.05%，降低幅度较小。这表明在这两种水分条件下，梭梭、白梭梭幼苗的气孔开放度较接近，对土壤水分的变化不敏感。在光合有效辐射为 $1000\mu mol/(m^2 \cdot s)$ 时，梭梭、白梭梭气孔导度在各相同水分条件下的变化与上述一致。在各相同水分处理条件下，随着光合有效辐射的增加［$1000 \sim 1500\mu mol/(m^2 \cdot s)$］，两种梭梭幼苗气孔导度的差异较小，说明辐射强度较高对两种梭梭幼苗气孔导度的影响不大（吴琦，2005）。

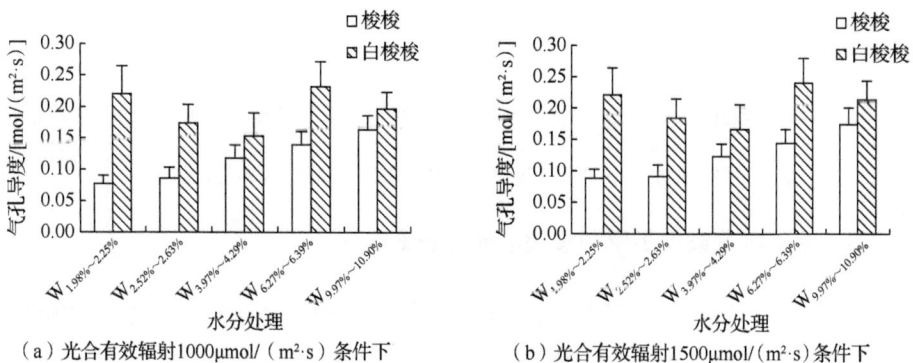

（a）光合有效辐射$1000\mu mol/(m^2 \cdot s)$条件下　　　（b）光合有效辐射$1500\mu mol/(m^2 \cdot s)$条件下

图 12.11　相同水分条件下梭梭和白梭梭气孔导度的比较

12.7.2 相同水分条件下两种梭梭蒸腾速率的比较

图 12.12 显示，在光合有效辐射为 $1000\mu mol/(m^2 \cdot s)$ 和 $1500\mu mol/(m^2 \cdot s)$ 的各相同水分条件下，梭梭、白梭梭幼苗蒸腾速率的比较表现为白梭梭>梭梭。在相同光合有效辐射条件下，梭梭、白梭梭幼苗的蒸腾速率均随着沙地含水率的增加而显著增大，且白梭梭幼苗蒸腾速率增加的幅度较大。在 $1500\mu mol/(m^2 \cdot s)$ 光合有效辐射条件下，梭梭、白梭梭幼苗蒸腾速率对各相同水分处理表现出不同程度的响应，$W_{1.98\%\sim2.25\%}$、$W_{2.52\%\sim2.63\%}$ 和 $W_{9.97\%\sim10.90\%}$ 处理下白梭梭蒸腾速率比梭梭分别提高了81.62%、117.46%和62.27%，升高幅度较大，说明在各相同水分条件下白梭梭幼苗比梭梭蒸腾作用强，且在含水率较低的处理下（$W_{1.98\%\sim2.25\%}$、$W_{2.52\%\sim2.63\%}$），白梭梭幼苗的蒸腾速率对土壤水分比梭梭表现敏感。在 $W_{3.97\%\sim4.29\%}$、$W_{6.27\%\sim6.39\%}$ 处理下，白梭梭幼苗的蒸腾速率比梭梭分别增加了 36.73%和 16.49%，其增加幅度较小，表明在这两种水分条件下，梭梭、白梭梭幼苗的蒸腾速率较接近，对土壤水分表现不敏感。在光合有效辐射为 $1000\mu mol/(m^2 \cdot s)$ 时，梭梭、白梭梭幼苗蒸腾速率在各相同水分条件下的变化与上述一致。在各相同水分处理条件下，随着光合有效辐射的增加 $[1000\sim1500\mu mol/(m^2 \cdot s)]$，两种梭梭幼苗蒸腾速率的差异较小，说明在光合有效辐射较高对两种梭梭蒸腾速率的影响不大（吴琦，2005）。

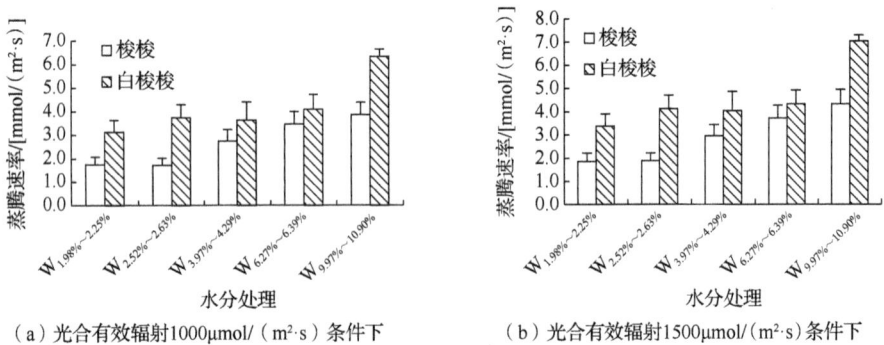

（a）光合有效辐射1000μmol/（m²·s）条件下　　　　（b）光合有效辐射1500μmol/（m²·s）条件下

图 12.12　相同水分条件下梭梭和白梭梭蒸腾速率的比较

12.7.3 相同水分条件下两种梭梭净光合速率的比较

图 12.13 显示了各相同水分处理下，梭梭、白梭梭幼苗在光合有效辐射为 $1000\mu mol/(m^2 \cdot s)$ 和 $1500\mu mol/(m^2 \cdot s)$ 时的净光合速率比较。从图 12.13 可以看到，各水分处理下白梭梭幼苗的净光合速率大于梭梭幼苗的净光合速率，且其增加的幅度不同。在光合有效辐射为 $1500\mu mol/(m^2 \cdot s)$ 时，$W_{1.98\%\sim2.25\%}\sim W_{9.97\%\sim10.90\%}$ 5 个水分处理下梭梭、白梭梭幼苗净光合速率的变化范围分别为$(7.20\pm1.30)\sim$

$(11.89\pm1.81)\mu mol/(m^2\cdot s)$、$(10.02\pm1.27)\sim(12.81\pm1.95)\mu mol/(m^2\cdot s)$。梭梭幼苗净光合速率增加幅度较大,差异较大;白梭梭幼苗净光合速率增加幅度较小,差异不大。并且在 $W_{6.27\%\sim6.39\%}$ 和 $W_{9.97\%\sim10.90\%}$ 处理条件下,白梭梭幼苗净光合速率比梭梭仅提高了 0.5% 和 7.74%,表明在这两种水分处理下白梭梭、梭梭幼苗净光合速率差异不大;而在 $W_{1.98\%\sim2.25\%}$、$W_{2.52\%\sim2.63\%}$、$W_{3.97\%\sim4.29\%}$ 处理下,白梭梭幼苗净光合速率比梭梭分别提高了 70.97%、41.81%、61.30%,增加幅度很大,表明在各相同的水分处理下,白梭梭幼苗光合作用能力较梭梭强。光合有效辐射为 $1000\mu mol/(m^2\cdot s)$ 时,各相同水分条件下梭梭、白梭梭幼苗净光合速率的变化与上述一致。在各相同水分处理下,梭梭、白梭梭幼苗净光合速率的差异随着光合有效辐射的增加 $[1000\sim1500\mu mol/(m^2\cdot s)]$ 而变化,但是变化幅度较小。这说明在各相同水分条件下,光合有效辐射的变化对梭梭、白梭梭幼苗净光合速率的变化影响不大(吴琦,2005)。

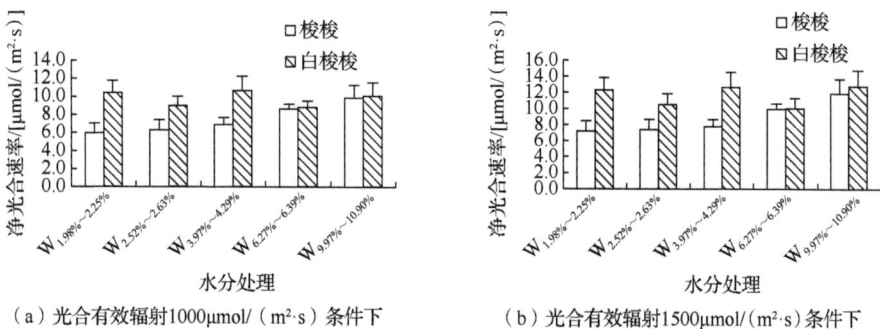

（a）光合有效辐射 $1000\mu mol/(m^2\cdot s)$ 条件下　　　　（b）光合有效辐射 $1500\mu mol/(m^2\cdot s)$ 条件下

图 12.13　相同水分条件下梭梭和白梭梭净光合速率的比较

12.7.4　相同水分条件下两种梭梭水分利用效率的比较

在光合有效辐射为 $1000\mu mol/(m^2\cdot s)$ 和 $1500\mu mol/(m^2\cdot s)$ 时,各相同水分处理下梭梭、白梭梭幼苗水分利用效率的比较如图 12.14 所示。$W_{3.97\%\sim4.29\%}$ 处理下的水分利用效率为白梭梭>梭梭,其他 4 个处理下的水分利用效率为梭梭>白梭梭,且差异不大,说明梭梭、白梭梭幼苗水分利用效率的变化不明显。在光合有效辐射为 $1500\mu mol/(m^2\cdot s)$ 时,$W_{3.97\%\sim4.29\%}$ 处理下梭梭、白梭梭幼苗的水分利用效率分别为 $(2.66\pm0.22)\mu mol/mmol$ 和 $(3.31\pm0.35)\mu mol/mmol$,白梭梭幼苗比梭梭幼苗仅提高了 24.44%,说明在这种水分处理下白梭梭幼苗比梭梭幼苗的水分利用效率略高,表现出一定的适应能力。但两种梭梭的水分利用效率差异不大,也说明这两种梭梭幼苗在这种水分处理下利用水分的经济程度相当。而在 $W_{2.52\%\sim2.63\%}$ 和 $W_{9.97\%\sim10.90\%}$ 处理下,梭梭幼苗的水分利用效率比白梭梭幼苗分别提高了 46.99% 和 50.27%,增加幅度较大,表明梭梭幼苗比白梭梭幼苗水分利用效率高,从而说

明梭梭幼苗在 $W_{2.52\%\sim2.63\%}$ 水分处理下虽然受到一定的干旱胁迫，但仍能维持较高的光合生产力，因而梭梭幼苗避免饥饿的能力强。在 $W_{1.98\%\sim2.25\%}$ 和 $W_{6.27\%\sim6.39\%}$ 处理下，梭梭与白梭梭的水分利用效率差异不大，表明两种梭梭幼苗在这两种水分处理下利用土壤水分的能力较接近。光合有效辐射为 $1000\mu mol/(m^2\cdot s)$ 时，各相同水分条件下梭梭、白梭梭幼苗水分利用效率的变化情况与上述一致。在各相同水分处理下，梭梭、白梭梭幼苗的水分利用效率差异随着光合有效辐射的增加 $[1000\sim1500\mu mol/(m^2\cdot s)]$ 而增加，但增加幅度较小。这说明在各相同水分条件下，光合有效辐射强度的变化对梭梭、白梭梭水分利用效率的变化影响不大（吴琦，2005）。

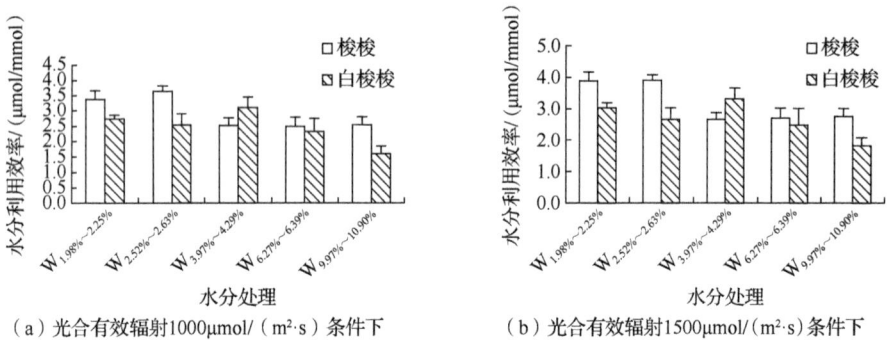

（a）光合有效辐射1000μmol/（m²·s）条件下　　　（b）光合有效辐射1500μmol/（m²·s）条件下

图 12.14　相同水分条件下梭梭和白梭梭水分利用效率的比较

12.7.5　相同水分条件下两种梭梭光响应曲线的比较

在各相同水分处理下，梭梭、白梭梭幼苗光响应曲线的比较如图 12.15 所示。梭梭、白梭梭幼苗的净光合速率随光合有效辐射的增加而逐渐增大，具体表现为在 $W_{1.98\%\sim2.25\%}$、$W_{2.52\%\sim2.63\%}$、$W_{3.97\%\sim4.29\%}$ 3 个水分处理条件下白梭梭幼苗的净光合速率>梭梭幼苗的净光合速率。而在 $W_{6.27\%\sim6.39\%}$ 和 $W_{9.97\%\sim10.90\%}$ 水分处理下，梭梭、白梭梭幼苗净光合速率差异不大，特别是在 $W_{6.27\%\sim6.39\%}$ 水分条件下两种梭梭幼苗的光响应曲线几乎重合，说明此时两种梭梭的光合能力相当。在光合有效辐射为 $1000\mu mol/(m^2\cdot s)$ 时，$W_{1.98\%\sim2.25\%}$、$W_{2.52\%\sim2.63\%}$、$W_{3.97\%\sim4.29\%}$ 水分处理下白梭梭幼苗净光合速率比梭梭幼苗分别提高了 74.20%、42.86%、54.94%，增加幅度较大，表明白梭梭幼苗在这些水分处理下光响应曲线上升的幅度比梭梭大，说明白梭梭幼苗此时能够良好地利用光合有效辐射。而在 $W_{6.27\%\sim6.39\%}$ 和 $W_{9.97\%\sim10.90\%}$ 水分处理下，白梭梭幼苗净光合速率比梭梭幼苗仅增加了 2.08% 和 2.02%，升高幅度很小，进一步表明此时同种水分处理条件下，两种梭梭幼苗的光响应曲线差异不大。并且随着土壤含水率的增加，两种梭梭幼苗净光合速率的差异逐渐减小。

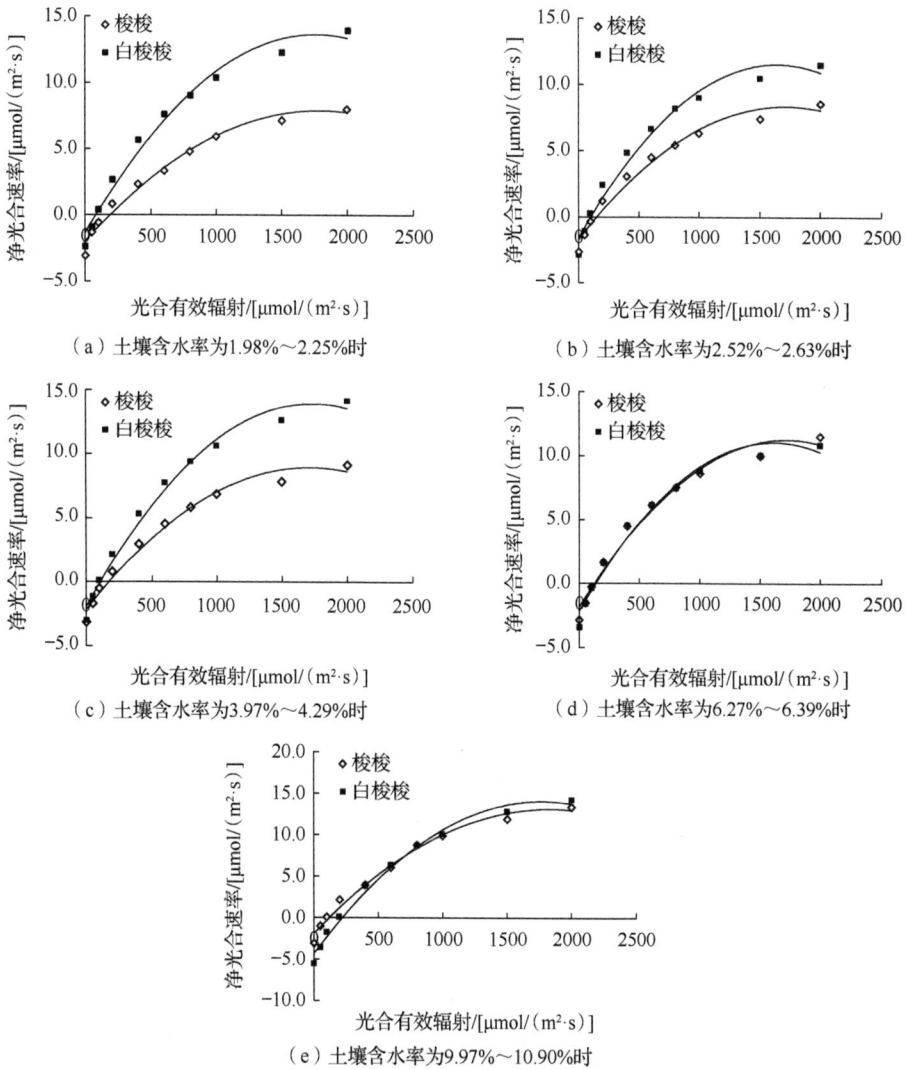

（a）土壤含水率为1.98%～2.25%时

（b）土壤含水率为2.52%～2.63%时

（c）土壤含水率为3.97%～4.29%时

（d）土壤含水率为6.27%～6.39%时

（e）土壤含水率为9.97%～10.90%时

图 12.15　相同水分条件下梭梭和白梭梭光响应曲线的比较

　　通过非线性回归计算 5 个水分处理下梭梭、白梭梭的光响应曲线得到 LCP。在 $W_{1.98\%\sim2.25\%}$、$W_{2.52\%\sim2.63\%}$ 和 $W_{3.97\%\sim4.29\%}$ 水分处理下，白梭梭幼苗比梭梭幼苗的光补偿点分别下降了 49%、39.81% 和 33.37%，变化幅度较大，说明在土壤含水率较低的水分处理下，白梭梭幼苗和梭梭幼苗的光补偿点差异较大，也表明白梭梭比梭梭利用弱光的能力强。但是在 $W_{6.27\%\sim6.39\%}$ 水分处理下，白梭梭幼苗比梭梭幼苗光补偿点仅提高了 1.13%，增加幅度非常小，说明在此水分处理条件下两种梭梭幼苗光补偿点的差异不大。在 $W_{9.97\%\sim10.90\%}$ 水分处理下，白梭梭幼苗光补偿点比梭梭幼苗提高了 87.79%，增加幅度较大，表明白梭梭幼苗此时利用弱光的能力较梭梭幼苗弱。在 $W_{2.52\%\sim2.63\%}$ 水分处理下,白梭梭幼苗的表观量子效率比梭梭幼苗增加了 39.13%,增加幅度较大,说明白梭梭幼苗在这种水分处理下光的利用效率和光合能力都比梭梭幼苗高。其他各相同水分处理下,白梭梭、梭梭幼苗的表观量子效率差异不大,表明两种梭梭幼苗光合速率在低光时的上升速度和光合能力相当。它们的形态结构和生理生态特征,决定了其能适应高温干旱的各种荒漠立地环境,在荒漠地区发挥着重要的生态作用(吴琦,2005)。

第 13 章　极端环境条件下梭梭的水势

水势是植物水分状况最基本、应用最广泛的度量指标，它不仅对植物水分状况随生境胁迫的变化反应敏感，而且在解释土壤-植物-大气连续系统的水分运动规律方面有独特的优势。水势梯度决定水分运输的方向和速率，清晨水势是夜间植物体内水分平衡状况恢复程度的指示，而午后水势则是植物所承受水分亏缺程度的客观度量。通过测定水势可以基本了解植物体内的水分情况。植物体内水分状况较差，其水势也较低；体内水分状况好转，其水势就相应增高。植物水势的日变化和季节变化能够清晰地反映植物体内水分状况在相应时间尺度上的变化。

13.1　水势的概念与意义

水势是植物水分状况的基本度量指标，可以指示植物所承受的水分胁迫程度。水势指水的化学势。化学势是指该物质 1g 分子的自由能，因此水势就是具体条件下 1g 分子水的自由能。纯水自由能最大，但不易测得。通常将纯水的水势定为零。在土壤-植物-大气系统中，水分总是由势能高处向势能低处移动。植物体内水分的化学势受到下列 3 种因素的影响：①溶质的综合影响；②流体静压力或张力；③细胞胶体物质（衬质）的亲水性。因此植物的水势是各种构成势的和，可表达为

$$总水势(\Psi_w) = 渗透势(\Psi_s) + 压力势(\Psi_p) + 衬质势(\Psi_m)$$

式中，Ψ_s 和 Ψ_m 通常为负值，而 Ψ_p 往往为正值。当充分紧张的组织逐渐失水时，开始时引起水势的明显下降，主要是因为 Ψ_p 的降低比 Ψ_s 的降低要明显得多，随着水分的丧失，Ψ_p 逐步下降到零。以后 Ψ_s 的降低成为 Ψ_w 下降的主要部分。衬质势（Ψ_m）在供水良好的植物或肉质组织中常常接近于零。在许多植物中，直到大量水分丧失之前（50%），Ψ_m 值都没有数量上的意义，所以除非严重脱水，在多数场合 Ψ_w 主要由 Ψ_p 和 Ψ_s 构成（图 13.1）。

为便于研究与比较植物所承受的水分胁迫程度。Hsiao（1973）对中生植物的水分胁迫进行如下划分。

（1）轻度胁迫：植物水势比处在和缓的蒸发条件下供水良好的植物稍低几巴

（bar，1bar=10^5Pa），或是相对含水量（relative water content，RWC）降低 8%~10%。

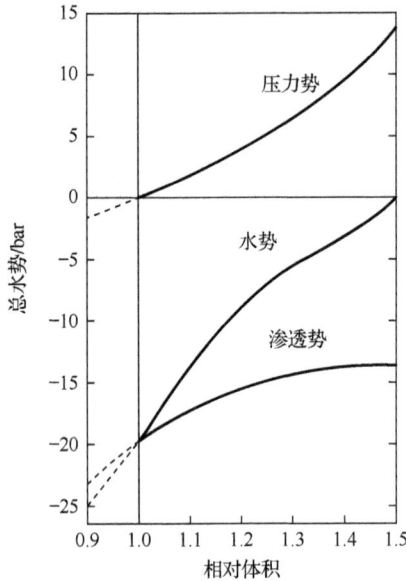

图 13.1　水势、压力势、渗透势与细胞相对体积的关系（Meyer et al.，1973）

（2）中度胁迫：水势下降比轻度胁迫稍多几巴，但少于 12~15bar，或是 RWC 降低多于 10%，少于 20%。

（3）严重胁迫：水势下降超过 15bar，或是 RWC 降低达 20%以上。

这种划分可为水分胁迫的程度提供一般性的概念。

植物生理过程或指标对水分胁迫的一般敏感度见表 13.1。

表 13.1　植物生理过程或指标对水分胁迫的一般敏感度

所影响的生理过程或指标	对胁迫的敏感度			备注
	很敏感　　　比较敏感　→			
	影响过程所需降低的组织水势 ψ　→			
	0bar	10bar	20bar	
细胞生长	———————····			
细胞壁的合成	———————			迅速生长的组织
蛋白质的合成	———————			迅速生长的组织
叶绿素原的形成	————			黄化的叶子
硝酸还原酶水平	————			
脱落酸的积累		————		
细胞分裂素的水平		————		
气孔的开关		———————		取决于种

续表

所影响的生理过程或指标	对胁迫的敏感度			备注
	很敏感　　　比较敏感　→			
	影响过程所需降低的组织水势 ψ →			
	0bar	10bar	20bar	
CO_2 的同化	··············			取决于种
呼吸	·············			
脯氨酸的积累	————			
糖的积累	————			

注：① 水平实线表示某种过程开始受影响的范围，虚线是根据较少资料所做的推断。

② 水势的降低是指与处在和缓蒸发条件下供水良好植物的水势相比较。

13.2　梭梭清晨水势和午后水势

清晨水势和午后水势对把握植物水分状况具有很好的指示意义，历来受到研究者的重视。图 13.2 是沙漠公路防护林构成种梭梭在 5～9 月清晨水势和午后水势的变化状况。可以看出，和干旱区的其他植物相似，梭梭的清晨水势和午后水势相差较大，说明清晨梭梭的水分状况较好，而午后水分损失较多，导致水势相差近 2MPa。清晨水势高，表明梭梭经过一夜的水分吸收，体内水分状况得到了很好的恢复；而伴随着以温度不断升高、辐射不断增强为主要特征的生境变化，经过数小时强烈蒸腾之后，梭梭体内水分损失较多，水势降低。夜间能够保持一定的液流速率说明梭梭根系的吸收活动在夜间并没有完全停止，而是通过夜间的吸收来补充白天体内的水分损失，努力恢复、建立新的水分平衡状态。

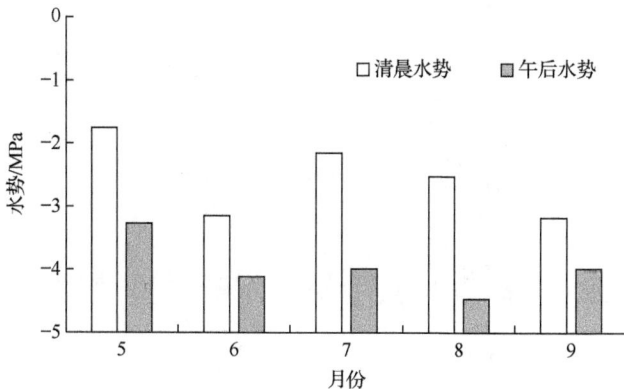

图 13.2　梭梭清晨水势和午后水势的月际变化（5～9 月）

13.3　梭梭水势日变化

　　梭梭的水势日变化如图 13.3 所示。如图 13.3 所示，在一日内梭梭水势呈不断下降的趋势，这与蒸腾过程趋势一致。经过一夜的水分吸收与平衡态的逐步恢复，在清晨梭梭体内储存了较为充足的水分，水势较高，为上午的蒸腾做好了准备。蒸腾的高峰一般出现在辐射最强烈、温度最高的正午之后。在蒸腾消耗了大量的水分之后，梭梭的水分状况变差，所以水势也低；到了下午 17:00 左右，辐射和温度逐步减弱，蒸腾速率也随之降低，植物的水分得到缓慢的恢复，植物体内水分增加，水分状况有所改善，水势也随之升高。植物体内的水分平衡关系可以简单表示为

$$W=A_b-T_r$$

式中，W 为植物体内水分的储量；A_b 为植物的吸水量；T_r 为蒸腾损失。如果土壤水分充足，能够保证植物的吸收，则植物体内水分状况就取决于蒸腾的损失。水势变化与蒸腾过程密切相关，呈负相关关系。

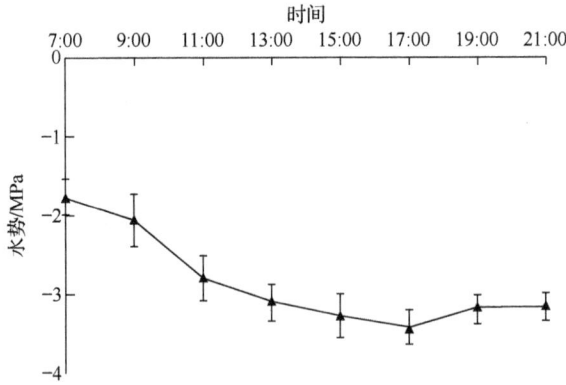

图 13.3　梭梭的水势日变化

13.4　梭梭与其他植物水势日变化比较

　　图 13.4 为梭梭与其他 3 种植物水势日变化比较。由图 13.4 可知，4 种植物清晨日出前（9:00～9:30）水势最高，日出后，水势开始大幅度下降，11:00 均降至较低水平，正午或午后降至最低，傍晚开始回升。日平均水势排序为花棒>多枝柽

柳>西伯利亚白刺>梭梭。4 种植物中，花棒水势最较高，持水能力较差，蒸腾耗水较多，水势恢复也较快；梭梭的水势最低，持水力能力较强，蒸腾耗水较少，但恢复较缓慢。一般认为，植物水势越低，抗旱性越强。花棒、多枝柽柳、西伯利亚白刺和梭梭的日最低水势排序为梭梭<西伯利亚白刺<多枝柽柳<花棒，与日平均水势排序相同，说明梭梭的抗旱性较强，西伯利亚白刺次之，而多枝柽柳和花棒的抗旱性相对较差。

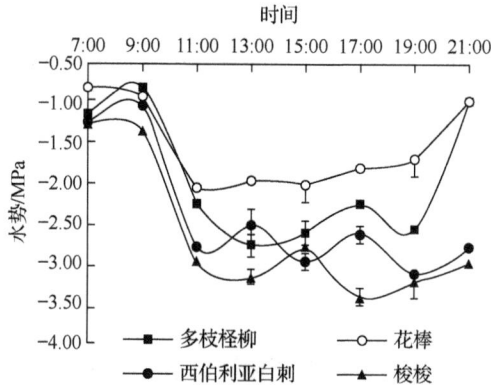

图 13.4　梭梭与其他 3 种植物水势日变化比较

13.5　梭梭水势季节变化

在探讨灌溉量对梭梭水势影响的研究中，梁少民（2009）研究了梭梭水势的季节变化。研究在塔中防护林内进行，设置了 3 种灌溉处理。3 种处理的灌溉量分别为 17.5kg/（株·次）、28kg/（株·次）和 35kg/（株·次），分别标记为处理 1、处理 2 和处理 3。灌溉周期为 5、6、9、10 各月间隔 15d 灌溉一次；由于 7、8 月的环境条件相对更加严酷，各月间隔 10d 灌溉一次。

不同灌溉管理条件下的土壤水分状况如图 13.5 所示。可以看出，各处理条件下土壤含水量的变化趋势基本相似，0～100cm 层次的土壤含水量变化幅度较大，而 100～300cm 层次的土壤含水量变化很平缓。土壤含水量最高点都出现在 40cm 这一层。方差分析表明，处理 1 的土壤含水量显著低于处理 2 和处理 3 的土壤含水量，而处理 2 与处理 3 差异性不显著（$P<0.05$，df=4）。对各处理条件下同层的土壤含水量进行方差分析，结果表明：表层和 0～20cm 层各处理之间的土壤含水量差异性都不显著，这可能是因为在塔克拉玛干沙漠这一极端干旱环境中，气温和光照强度较大，沙层表面蒸发强烈。100cm 以下，各处理条件下同层土壤含水

量的差异性也基本不显著，这可能是因为防护林灌溉采取的是滴灌方式，灌溉后水分很难下渗到 100cm 以下深层的土壤中，从而使相同立地条件下深层土壤含水量变化不大。但在 20～40cm 土层，处理 1 和处理 2 的土壤含水量显著低于处理 3 的土壤含水量；在 40～60cm 土层，各处理之间都存在显著差异；在 60～80cm 土层，处理 1 的土壤含水量显著低于处理 2 和处理 3 的土壤含水量（$P < 0.05$, df=4）。

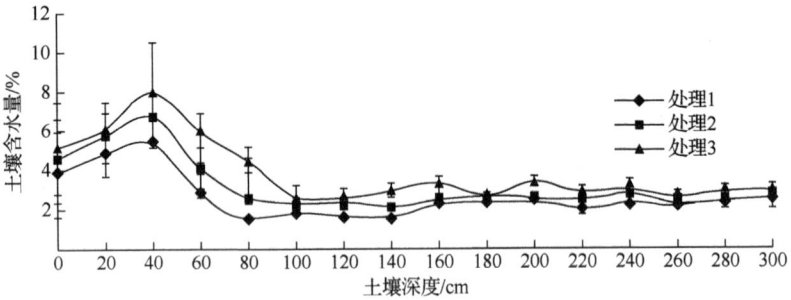

图 13.5　不同灌溉管理条件下的土壤水分状况

图 13.6 是不同灌溉管理条件下梭梭清晨水势和午后水势的月变化曲线。从图 13.6（a）可以看出，不同处理条件下，整个生长季内清晨水势都表现为处理 3>处理 2>处理 1。方差分析表明：5、9 月 3 种处理间都存在显著差异，6、8 月处理 1 显著低于处理 3，处理 1 与处理 2 不存在差异性；7 月处理 1 与处理 2、处理 3 间都存在显著差异，处理 2 与处理 3 差异性不显著。

植物的午后水势可反映其所受水分胁迫的程度和植物水分亏缺状况。从图 13.6（b）可以看出，不同灌溉管理条件下，各月午后水势的变化都表现为处理 3>处理 2>处理 1。从整个生长季梭梭午后水势的月变化趋势可以看出，午后水势的变化同样也呈单峰型曲线，7 月午后水势最低。

水势是表示植物水分状况的一个指标，它的高低表明植物从土壤或相邻细胞中吸收水分以确保能进行正常生理活动的能力。清晨水势可以反映植物水分的恢复情况，午后水势可以反映植物受水分胁迫的程度。不同灌溉管理条件下，梭梭清晨水势和午后水势都表现为随着灌溉量的减少而降低，这符合植物水分状况的普遍规律。不同灌溉量条件下，梭梭清晨水势和午后水势的月变化都呈单峰型曲线，并且 7 月水势最低，这主要与辐射、温度等环境要素的季节变化规律相关。5、6 月各种环境因子的变化相对平缓，植物水分状况所受到的影响较小，水势较高；而 7 月处于塔克拉玛干沙漠的盛夏，辐射极端强烈、气温非常炎热，生境条件是全年最恶劣的时段，植物水分条件变差，水势降低；8 月以后，生境条件有所缓和，植物的水分状况有所恢复，水势又升高。方差分析表明：不同灌溉量条件下，梭梭的清晨水势都存在显著差异，这说明在塔克拉玛干沙漠腹地极端环境条件下，植物在经过一天强蒸腾耗水以后，夜间能较好地吸收土壤水分来平衡其体内水分的亏缺，使水分状况得到较好的恢复。午后水势差异性不尽相同与生境因子的实际变化有关，但处理 1 显著低于处理 3，说明相同环境条件下，灌溉量越少，土壤水分条件越差，植物在中午时分强烈的光照及高温下所能吸收的水分就越少，其水势下降得越大，所受的水分胁迫也就越大。在降雨稀少的塔克拉玛干沙漠腹地，由于灌溉量的减少，土壤水分条件变差，梭梭为适应这种土壤水分亏缺的环境条件，可以通过降低水势来平衡体内水分。

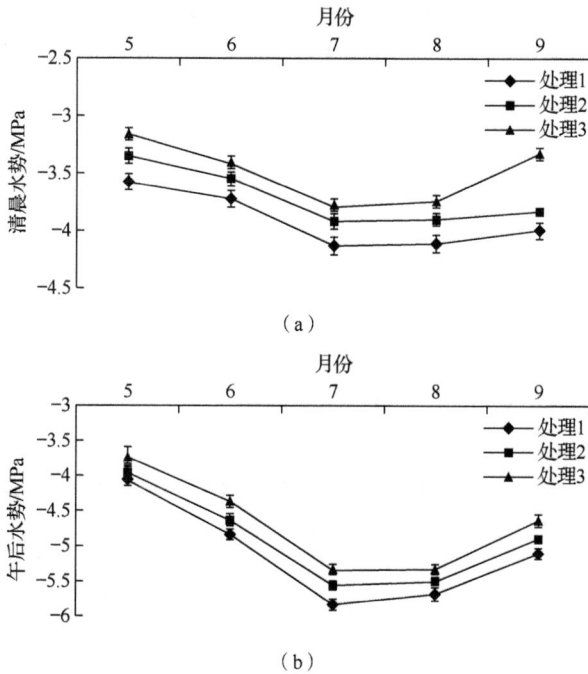

图 13.6　不同灌溉管理条件下梭梭清晨水势和午后水势的月变化

第 14 章　极端环境条件下梭梭的 PV 参数

经典压力–容积（pressure-volume，PV）技术以植物组织细胞从吸水饱和状态直至膨压消失以后失水的全过程为基础，通过水势与相对含水率间的关系获得水分参数。Bartlett 等（2012）通过对全球 317 个物种、72 项实验进行整合分析，得出利用压力–容积技术得到的初始质壁分离点的渗透势（ψ_{tlp}）、饱和渗透势（ψ_{sat}）、质壁分离点相对含水量（RWC_{tlp}）、组织细胞弹性模量（ε）等参数与植物耐旱性密切关联，反映了大部分植物组织在干旱期的维持功能能力，从而使压力–容积技术成为研究树木死亡生理机制——水力衰竭的基础方法之一（Choat et al.，2012）。

14.1　压力–容积分析及 PV 参数的意义

自 Scholander 等（1964）发表了压力室技术之后，Tyree 和 Hammel（1972）等的研究工作为压力–容积分析奠定了理论基础。经过众多研究者几十年的应用和发展，压力–容积分析已成为植物水分生态生理学研究领域的经典方法之一。

20 世纪 80 年代初，该方法被介绍到中国（王万里，1984；郭连生，1985）。随着植物压力室在我国兰州大学生物系研制成功，这一方法开始在我国植物水分状况与抗旱性研究中得到应用，并取得了一些较好的研究结果。通过压力–容积分析可以得到被测植物或其某一部分器官（叶或小枝）的许多水分状况指标，如饱和渗透势（ψ_{sat}）、初始质壁分离点的渗透势（ψ_{tlp}）、质壁分离点相对含水量（RWC_{tlp}）、质壁分离点相对渗透水含量（$ROWC_{tlp}$）、束缚水含量（V_a）、组织细胞弹性模量（ε）等。这些指标不仅对阐明植物对干旱的适应性，以及植物如何进行渗透调节有很大意义，而且是用其他方法难以测得的，因此这一方法在植物水分生态生理尤其是植物抗旱性研究中显示出十分重要的作用。以下简述这些 PV 参数所代表的意义。

ψ_{sat} 为饱和含水条件下的渗透势，ψ_{sat} 越低，表明细胞液浓度越大，植物维持最大膨压的能力越强，即植物的耐脱水能力越强。初始质壁分离点的渗透势 ψ_{tlp} 反映了植物维持最低膨压的极限渗透势，ψ_{tlp} 越低，表明植物维持膨压的能力越强，对干旱的忍受能力也就越强。不同的植物，饱和渗透势 ψ_{sat} 和初始质壁分离点的渗透势 ψ_{tlp} 的高低顺序存在一定的差别，这可能与其细胞中可溶性物质的数量、种类有一定的关系。RWC_{tlp} 和 $ROWC_{tlp}$ 分别为初始质壁分离点时的相对含水量和相对渗透水含量，表明植物细胞在生命临界点的水分状况，在一定程度上也反映了植物组织忍耐高渗透压和原生质忍耐脱水的能力。RWC_{tlp} 和 $ROWC_{tlp}$ 越低，表明植物组织细胞对脱水的忍耐能力越强。抗旱性强的植物具有较高的束缚水含量（V_a），束缚水的比例越大，细胞原生质黏滞性及原生质胶体的亲水性越强，越有利于植物吸水和保水。组织细胞弹性模量（ε）是表示细胞壁弹性的参数，组织细胞弹性模量越大，细胞壁越坚硬；反之，细胞壁越柔软。

14.2　干旱胁迫条件下梭梭的 PV 参数

本节从塔中油田苗圃选择个体大小均匀一致的 1 年生梭梭幼苗，栽入塑料大桶（$d \times h = 50cm \times 80cm$）中，每桶栽 4 株。用滴灌方法定期灌溉，保证其成活。为了保证实验材料充足，经过一年的正常生长后，在 2007 年 5 月 11 日开始进行干旱适应特性实验处理。实验以沙漠公路沿线防护林现行灌溉制度为基础，进行以下干旱胁迫处理：每次灌溉量为 7kg/株，灌溉周期为 10d/次、20d/次、40d/次，分别标记为处理 1、处理 2、处理 3。为了观测不同处理下土壤水分的变动及植物的生理特征，分别在第 38～40 天、第 78～80 天和第 118～120 天进行土壤水分和植物生理指标的测定。

1. 饱和渗透势（ψ_{sat}）和初始质壁分离点的渗透势（ψ_{tlp}）

较低的 ψ_{sat} 说明植物从土壤吸收水分的潜力较大，较低的 ψ_{tlp} 说明植物耐旱能力较强（许浩，2006），逆境下植物选择较低的 ψ_{sat} 和 ψ_{tlp} 比较有利。ψ_{sat} 可说明某生长阶段细胞中可溶性物质可能达到的浓度，它与植物的抗旱和抗寒能力有关，ψ_{sat} 越低，细胞浓度就越大，因此，植物的抗旱性越强。

由图 14.1（a）可知，梭梭的 ψ_{sat} 在处理初期（5 月 10 日）比较低，而 6、8、9 月较高，这可能受梭梭生长季节变化的影响。正常灌溉处理 1 梭梭的 ψ_{sat} 变化无规律，梭梭渗透势的变化为季节性特征，没有水分胁迫的影响，完全随大气环境和季节的变化而变化。处理 2、3 均是第 80 天最低，为-1.473MPa 和-1.486MPa，第 120 天时有所上升，为-1.301MPa 和-1.408MPa。从饱和渗透势分析，处理 2、3 梭梭水分胁迫的迹象很轻微。这可能是因为梭梭耐旱能力强，在渗透势方面没有表现出明显的规律。

由图 14.1（b）可知，在实验初期梭梭的 ψ_{tlp} 与 ψ_{sat} 相同，均表现出季节的最低值。在第 40～120 天时，处理 1 梭梭的 ψ_{tlp} 随着时间的增加逐渐升高，表明其细胞水分充足，没有任何水分胁迫的信息。处理 2、3 的 ψ_{tlp} 随着时间的持续略有降低，只是在第 120 天时出现很小的升幅。梭梭 ψ_{tlp} 变化表明，在处理 2、3 的条件下，梭梭也在通过降低势 ψ_{tlp} 维持植物细胞耐脱水能力。

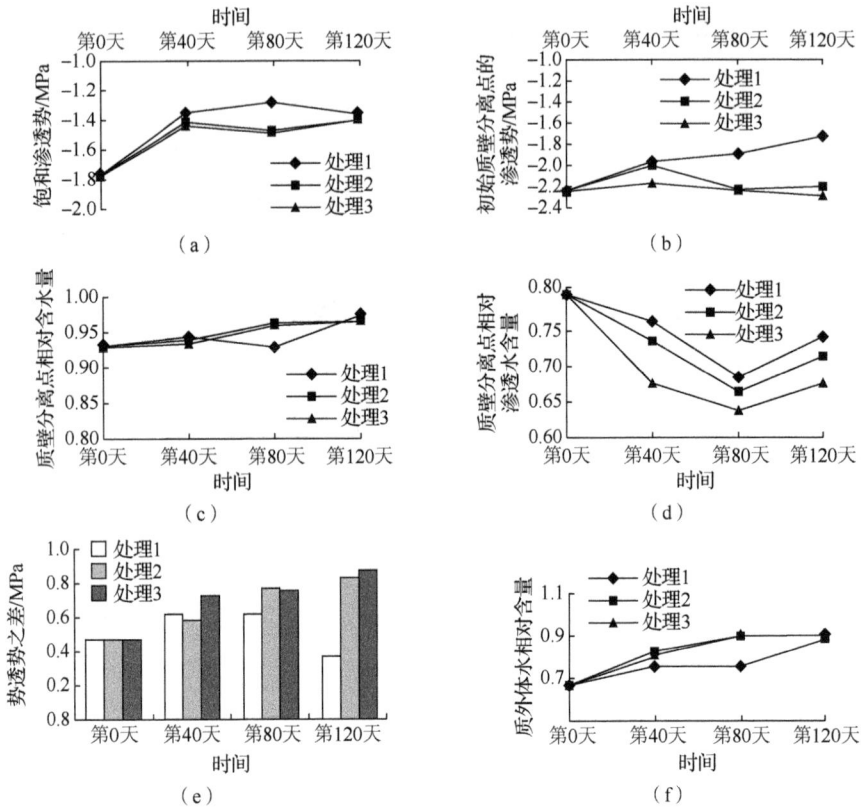

图 14.1　干旱胁迫处理下梭梭 PV 参数随时间的变化特征

2. 质壁分离点相对含水量（RWC_{tlp}）与质壁分离点相对渗透水含量（ROWC_{tlp}）

RWC_{tlp} 和 $ROWC_{tlp}$ 体现了植物组织细胞发生质壁分离时的含水量，在一定程度上反映了植物组织细胞忍耐脱水的能力。一般认为，RWC_{tlp} 和 $ROWC_{tlp}$ 越低，植物忍耐水分胁迫的能力越强。

由图 14.1（c）和（d）可知，处理 1 梭梭 RWC_{tlp} 随时间变化规律不明显，而处理 2 和处理 3 有增大的趋势，这一点很难解释。而梭梭 $ROWC_{tlp}$ 的变化规律比较明显，3 种处理下梭梭的 $ROWC_{tlp}$ 均随着时间的持续而降低，并在第 120 天时表现出回升的趋势。其中虽然包括梭梭 $ROWC_{tlp}$ 的季节变化规律所引起的这种变化趋势，但同一时期，梭梭 $ROWC_{tlp}$ 随着干旱强度增加而降低的趋势非常明显，第 40 天时 3 个处理梭梭的 $ROWC_{tlp}$ 分别为 0.754、0.726 和 0.669，第 80 天分别为 0.676、0.656 和 0.635。这表明在经受水分胁迫时，以 $ROWC_{tlp}$ 的变化进行调节是梭梭适应干旱的一种方式。

3. 渗透势之差（$|\psi_{sat}-\psi_{tlp}|$）

植物的渗透势只有在 $|\psi_{sat}-\psi_{tlp}|$ 范围内，才具有渗透调节的能力。因此，$|\psi_{sat}-\psi_{tlp}|$ 可以作为渗透调节能力的指标。

由图 14.1（e）可知，处理 1 梭梭的 $|\psi_{sat}-\psi_{tlp}|$ 首先随着处理时间的延续而增大，第 80 天为 0.614，然后随着处理时间的延续而减小，第 120 天为 0.371，表明梭梭发挥的调节功能较小。这不是因为梭梭的调节能力差，而是其生理活动在正常的水分下进行，不需要更大的调节功能。而处理 2、3 梭梭的 $|\psi_{sat}-\psi_{tlp}|$ 随时间持续而增大，最大值分别为 0.831 和 0.879。表明这两种处理下，梭梭受到了水分胁迫，并通过自身调节使其应对干旱的能力不断增强。这与梭梭 ψ_{tlp} 的变化所得到的结果完全一致。

4. 质外体水相对含量（AWC）

AWC 是一个比较独立的指标。质外体水是指原生质体以外与某些大分子物质结合或存在于细胞壁中的水分，其余的水分是存在于细胞质和液泡中的渗透水。依据李庆梅和徐化成（1992）的观点，在溶质含量不变的情况下，AWC 越大，组织的渗透势越低，吸水能力越强，植物的抗旱性越强。

由图 14.1（f）可知，AWC 的大小与抗旱能力呈正相关。3 个处理的 AWC 均随着时间持续而增大。第 40 天时，处理 1、2 和 3 的 AWC 分别为 0.766、0.822 和 0.802；第 120 天时最大值分别为 0.884、0.920 和 0.921。随着时间持续，梭梭 AWC 增幅较大，既有季节变化的影响，又有干旱胁迫的原因。同期处理 2 和处理 3 梭梭的 AWC 都高于处理 1，也表明干旱胁迫处理对梭梭 AWC 有一定的影响。但处理 2 和处理 3 梭梭的 AWC 值在同一时期非常接近，说明这种处理在干旱胁迫方面没有引起梭梭 AWC 的差异。这可能是由于梭梭耐旱性较强，这种干旱胁迫对梭梭的影响处于一个近似相同的水平。但总体分析，梭梭在应对干旱胁迫时 AWC 的变化对其耐旱能力的增强具有明显的作用。

14.3　盐分胁迫条件下梭梭的 PV 参数

本节以包括梭梭在内的沙漠公路防护林构成植物为研究对象，依据沙漠公路沿线地下水矿化度的变化范围为盐分胁迫实验范围，以 4g/L、12g/L、20g/L 和 28g/L 4 个盐分梯度进行盐分胁迫处理，另设一个对照。实验以当地地下水为对照，以当地产粗盐为溶质配制灌溉水。灌溉量每桶每次 10kg，每 10d 灌溉一次，时间为 2007 年 5 月 10 日～2007 年 8 月 30 日，每种植物每个处理种植 4 桶，每桶 3 株。

为了观测植物对盐分胁迫的生理变化特点，设计每月25～28d的时间间隔，在灌溉前3～4d进行植物生理指标和土壤水分的测定。

1. 饱和渗透势（ψ_{sat}）

该指标反映了苗木保持膨压的能力。其值越小，苗木维持最大膨压的能力越强。ψ_{sat}主要取决于两个方面：一是细胞中可溶性物质的种类和数量，二是细胞体积的变化。其中，主要是细胞中共质体水（自由水）和非共质体水（束缚水）的变化。一般把细胞内部共质体水和非共质体水之间的转化引起的渗透势下降称为渗透调节（Tyree and Hammel，1972）。ψ_{sat}的变化与水分环境的关系不十分密切，而与树木生长和发育的节律性有关，可见渗透调节的能力主要取决于植物本身的遗传特性（许浩，2006），因此分析ψ_{sat}的变化规律有助于理解植物耐胁迫能力的大小和其适应性强弱。

梭梭的ψ_{sat}在不同盐分处理下的变化如图14.2（a）所示。5月和6月梭梭的ψ_{sat}随着盐分浓度的增大而变化，7月维持在一个相对稳定的状态，8月尽管数据显示是随着盐分浓度的增大降幅极小，从4g/L到28g/L只下降了0.34MPa。同时发现，除5月外，其余月份对照处理的ψ_{sat}都低于盐分处理的值。以上变异表明，梭梭的饱和渗透势随着盐分处理的增强，下降趋势不明显。这是梭梭本身耐盐性的体现，同时表明梭梭自身调节能力较强。据研究，梭梭能够从外界环境吸收大量的盐分储藏在植物体内，并且依靠植物肉质同化枝吸收大量的水分，从而使植物体内的盐分浓度维持在一定的限度内（周智彬和徐新文，2002）。

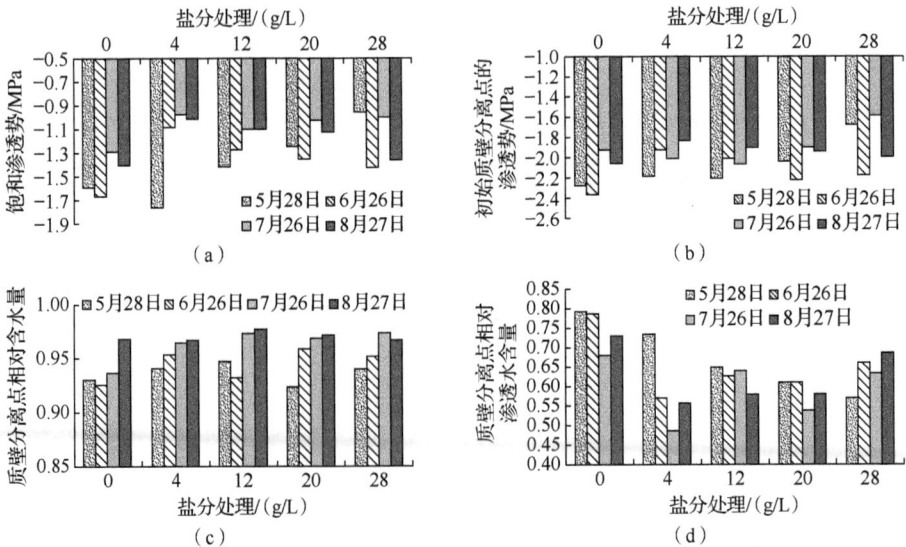

图14.2　盐分处理下梭梭PV参数的变化特征

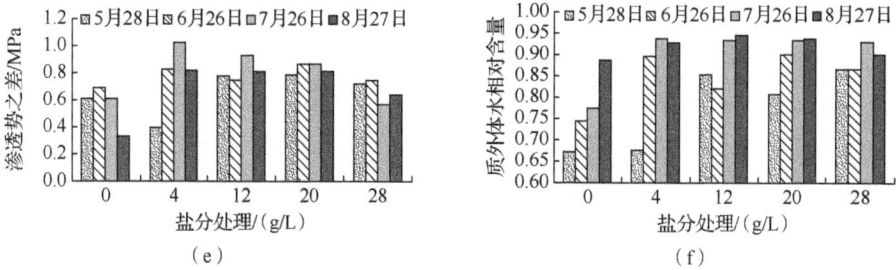

图 14.2（续）

2. 初始质壁分离点的渗透势（ψ_{tlp}）

该指标表示植物维持最大膨压的能力，其值越低，植物耐胁迫能力越强，因此该指标被认为是恒量植物耐胁迫能力的指标之一。如图 14.2（b）所示，从 0g/L 到 28g/L，5 月梭梭的 ψ_{tlp} 随着盐分浓度的增大而升高，这与梭梭饱和渗透势的变化趋势相同，6 月表现为除对照处理的 ψ_{tlp} 较低外，其他处理均随着盐分浓度的增大而降低，这与其饱和渗透势的表现一致；7 月随着盐分浓度的增大而升高，并且各处理的 ψ_{tlp} 均是 7 月高于 5 月；而 8 月其值又呈随着盐分浓度的增大而降低的趋势。梭梭 ψ_{tlp} 这种随着月份交替变化的规律也说明了一个问题，即梭梭的 ψ_{tlp} 随着盐分处理时间的增加和浓度的增大，在做自身的适应性调整。5 月随着浓度的增大而升高，是梭梭进行盐分处理后的初期表现，此时其耐胁迫能力逐渐减弱，盐分浓度大、植物 ψ_{tlp} 低就容易发生质壁分离。但是随着时间的推移，梭梭自身不断吸收水分进行调节，到 7 月其 ψ_{tlp} 呈现逐渐减低的趋势。这表明植物经过初期的胁迫"锻炼"，耐胁迫能力得到了增强，同时也表明梭梭在应对盐分胁迫时具有强大的适应能力。7、8 月的类似变化规律更说明了梭梭调节能力的进一步增强。在经历反复"锻炼"条件下，梭梭耐胁迫能力不断加强。尽管经过"锻炼"梭梭的 ψ_{tlp} 随着盐分加强而降低，但 8 月的 ψ_{tlp} 明显高于 6 月，这表明随着盐分处理时间的延长，其耐胁迫能力也有一定的减弱。

3. 质壁分离点相对含水量（RWC_{tlp}）与质壁分离点相对渗透水含量（$ROWC_{tlp}$）

RWC_{tlp} 与 $ROWC_{tlp}$ 的值越低，植物的耐胁迫能力越强。

图 14.2（c）和（d）表示不同盐分处理下梭梭 RWC_{tlp} 与 $ROWC_{tlp}$ 的变化趋势。由图可知，在 5、6 月各种盐分处理下梭梭的 RWC_{tlp} 都非常接近，在 0.925 和 0.959 之间，差别极小，且没有规律。7、8 月梭梭的 RWC_{tlp} 呈现出随着盐分浓度的增大而增大的趋势，说明 7、8 月梭梭细胞对脱水的忍耐能力随着盐分浓度的增多而降低。这与梭梭的水势、ψ_{tlp} 等表现出的特征相同。而 5、6 月没有表现出明显的规律，表明在此期间梭梭仍具有较强的自我调节能力，对盐分的吸收和储存能够减

轻盐分在相对含水量方面对植物的影响，因此规律不显著。另外，对比盐分处理和对照处理发现，6、7 月盐分处理的 RWC_{tlp} 明显高于对照，表明梭梭对盐分处理在相对含水量方面具有一定的调节能力，但不是主要的调节指标。

虽然 RWC_{tlp} 的变化在初期没有体现出来，但是梭梭的 $ROWC_{tlp}$ 在 5、6 月表现出随着盐分浓度增大而降低的趋势，说明梭梭是以相对渗透水含量的减少（质外体水含量的增加）来应对盐分胁迫的。到 7、8 月，梭梭 $ROWC_{tlp}$ 都已经较低，表明梭梭的渗透调节功能得到了较大的发挥。另外，在盐分处理条件下，梭梭的 $ROWC_{tlp}$ 明显低于对照，表明梭梭主要以相对渗透水含量的变化对盐分胁迫进行调节。

4. 渗透势之差（$|\psi_{sat}-\psi_{tlp}|$）

图 14.2（e）是梭梭 $|\psi_{sat}-\psi_{tlp}|$ 的变化过程，除 5 月 4g/L 处理 $|\psi_{sat}-\psi_{tlp}|$ 低于对照，其他的经过盐分处理的 $|\psi_{sat}-\psi_{tlp}|$ 明显大于对照，表明盐分处理增强了梭梭的渗透调节能力。同时在处理之初的 5 月，其值随着盐分浓度的增大而增大，表明此时梭梭的调节能力在逐渐增强，到了 6～8 月各处理的值基本稳定，表明此时梭梭已经把渗透调节的能力充分施展出来了。28g/L 处理的 $|\psi_{sat}-\psi_{tlp}|$ 在 7、8 月比同期其他盐分处理的值要低，表明此时其渗透调节能力在减弱，梭梭通过调节已经不能解除盐分对它的胁迫，梭梭开始受到盐分的胁迫。

5. 质外体水相对含量（AWC）

AWC 是指存在于原生质体外的水分，与其对应的是存在于细胞质和液泡中的渗透水。在溶质含量不变的情况下，AWC 值越大，组织的渗透势越低，其吸水和保水能力越强，植物的耐胁迫能力也就越强。

由图 14.2（f）可知，梭梭的 AWC 均随着盐分浓度的增大而升高，同时随着处理时间的延长各处理梭梭的 AWC 也在逐渐增大，规律性明显。这说明梭梭在对盐分胁迫的适应过程中，尽管其水势和相对含水量的变化都不显著，甚至 ψ_{sat} 也反映出一种反复的"锻炼"过程，但是，这些现象的背后都是 AWC 的变化。因此，梭梭依靠其肥厚的肉质同化枝吸收大量的水分，使植物体内的盐分浓度维持在一定的限度内，是梭梭对盐分胁迫具有强大适应能力的主要原因。

14.4　梭梭适应干旱、盐分胁迫的特点

通过干旱、盐分处理条件下对梭梭 PV 参数响应的研究，可以得出如下结论。

（1）在干旱胁迫下，梭梭主要通过水势（ψ）的大幅降低、初始质壁分离点的渗透势（ψ_{tlp}）的降低和相对渗透水含量（$ROWC_{tlp}$）的减少来适应干旱胁迫的环境。这在其他相关研究中也有类似的结果。梭梭属于低水势树种，最低值可达 -3.48MPa，日平均值在 -2.87MPa 左右（梁远强等，1983；蒋进，1992）。随着土壤含水量的递减，梭梭水势趋于下降，而当土壤水分条件改善以后，梭梭水势又趋于增加（杨文斌和任建民，1995）。当水分条件较好时，梭梭能以高蒸腾方式抵御高温；当水分条件较差时，梭梭则能以低蒸腾方式抵御高温和干旱（蒋进，1992）。梭梭对干旱的适应属于低水势耐旱类型中对体内水分能进行较好控制的类型。

（2）在盐分胁迫处理下，梭梭的水势（ψ）和饱和渗透势（ψ_{sat}）对盐分胁迫不敏感，这是梭梭耐盐能力较强的表现。在适应盐分胁迫方面，梭梭主要通过质壁分离点相对渗透水含量（$ROWC_{tlp}$）的减少和质外体水相对含量（AWC）的增加缓解盐分胁迫所造成的危害。另外，其初始质壁分离点的渗透势（ψ_{tlp}）随处理时间的增加而表现出的不同增减趋势，反映出植物细胞在受到盐分胁迫后，梭梭耐盐能力增强的生理调节过程。

14.5　5 种木本植物 PV 参数的比较与分析

1. 质壁分离点相对含水量（RWC_{tlp}）和质壁分离点相对渗透水含量（$ROWC_{tlp}$）

RWC_{tlp} 和 $ROWC_{tlp}$ 表明植物细胞在生命临界点的水分状况，在一定程度上也反映了植物组织忍耐高渗透压和原生质忍耐脱水的能力。RWC_{tlp} 和 $ROWC_{tlp}$ 越低，表明植物组织细胞对脱水的忍耐能力越强。由图 14.3 可以看出，5 种木本植物的 RWC_{tlp} 和 $ROWC_{tlp}$ 从高到低依次为梭梭、柽柳、胡杨、沙枣和花棒，即花棒对于细胞脱水的耐受能力最强，沙枣次之，胡杨、柽柳和梭梭较差（谭永芹，2011）。

2. 束缚水含量（V_a）

抗旱性强的植物具有较高的束缚水含量，束缚水的比例越大，细胞原生质黏滞性及原生质胶体的亲水性越强，因而有利于植物吸水和保水。由图 14.3 可以看出，梭梭的 V_a 最高，且 5 种植物相互间差异显著（$P<0.05$），即 5 种植物忍耐干旱和吸水保水的能力强弱依次为梭梭、胡杨、柽柳、花棒、沙枣（谭永芹，2011）。

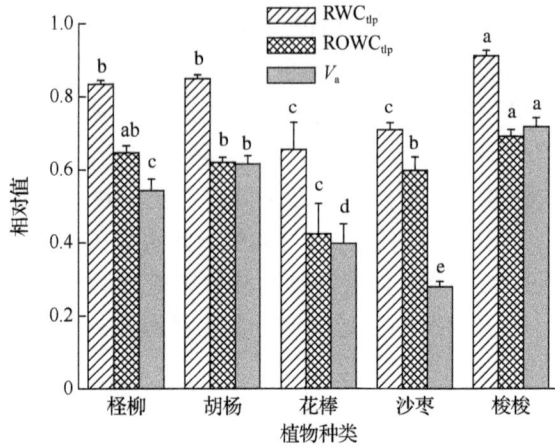

图 14.3　5 种木本植物 RWC_{tlp}、$ROWC_{tlp}$ 和 V_a 的比较

同一参数不同植物之间字母不同表示差异显著（$P<0.05$），字母相同表示差异不显著（$P>0.05$）。

14.6　5 种木本植物的抗旱性能比较

1. 蒸腾速率

由图 14.4 可以看出，胡杨的蒸腾速率最高，其次是沙枣和花棒，柽柳和梭梭较低，且各种植物之间蒸腾速率差异显著（$P<0.05$）。可见，胡杨蒸腾耗水最多，需要大量的水分供应；梭梭蒸腾耗水最少，对环境的水分要求最低；沙枣、花棒和柽柳则处于两者之间（谭永芹，2011）。

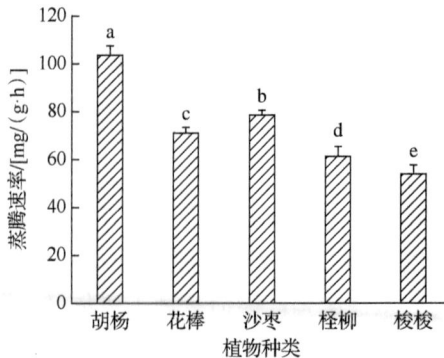

图 14.4　5 种木本植物的蒸腾速率

字母不同表示差异显著（$P<0.05$），字母相同表示差异不显著（$P>0.05$）。

2. 持水力

持水力是表征植物耐旱性的一个重要指标，植物离体后迅速失水，在外界环境条件相同的情况下，一定时间内脱水越多，其保水能力越弱，抗旱能力越差。对 5 种植物枝叶脱水率的测定发现，胡杨在 6h 和 12h 内的累计脱水率均明显高于其他 4 种植物；花棒次之；而柽柳、沙枣和梭梭的脱水率相对较低（图 14.5）。在这 5 种木本植物中，梭梭的持水力最强，沙枣、柽柳次之，花棒和胡杨持水力则相对较弱（谭永芹，2011）。

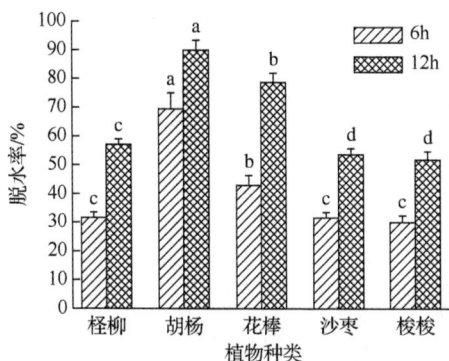

图 14.5　5 种木本植物叶片（同化枝）离体后 6h 和 12h 的脱水率变化
同一参数不同植物之间字母不同表示差异显著（$P<0.05$），字母相同表示差异不显著（$P>0.05$）。

3. 枝叶水势、渗透势

枝叶水势和渗透势是反映植物水分状况的重要指标，水势越低，吸水能力越强，忍耐和抵抗干旱的能力也越强；降低渗透势、通过渗透调节来维持细胞膨压也是植物抵抗水分逆境胁迫的一种重要方式。对 5 种植物枝叶水势和渗透势的测定发现，梭梭在清晨和中午的水势和渗透势均明显低于其他 4 种植物，柽柳次之；而沙枣、花棒和胡杨的水势和渗透势相对较高（图 14.6）。因此，在这 5 种木本植物中，梭梭的吸水能力和通过渗透调节来维持膨压的能力最强，柽柳次之，沙枣、花棒和胡杨则相对较弱（谭永芹，2011）。

4. 枝叶相对含水量

相对含水量越高，植物体保水能力越强，抗旱性也越强。对 5 种植物相对含水量的测定发现，梭梭的相对含水量显著高于其他 4 种植物；花棒与胡杨和沙枣、柽柳与沙枣之间差异显著（$P<0.05$）；柽柳与花棒、柽柳与胡杨之间没有显著差异（$P>0.05$）（图 14.7）。由此推断，在干旱环境条件下的保水能力以梭梭最强，柽柳与花棒次之，胡杨和沙枣最弱（谭永芹，2011）。

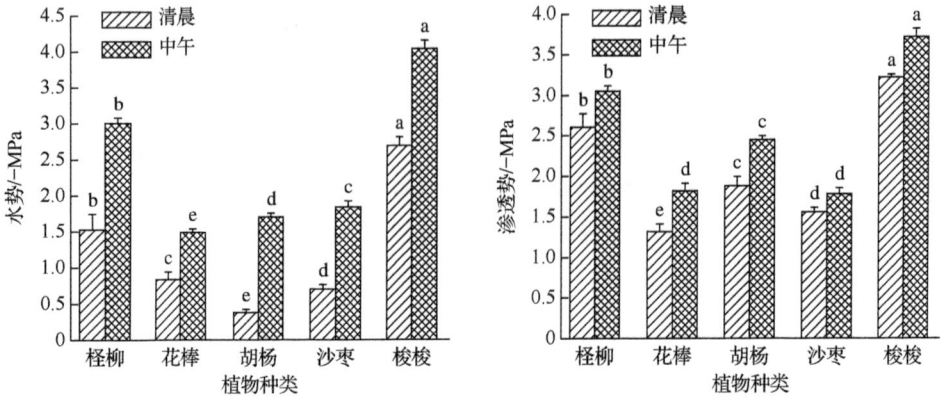

图 14.6　5 种木本植物叶片（同化枝）的水势和渗透势比较

同一参数不同植物之间字母不同表示差异显著（*P*<0.05），字母相同表示差异不显著（*P* >0.05）。

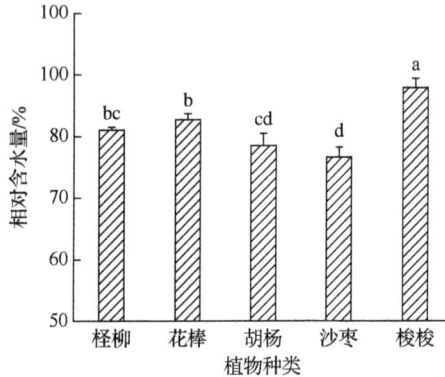

图 14.7　5 种木本植物叶片（同化枝）的相对含水量比较

不同植物之间字母不同表示差异显著（*P*<0.05），字母相同表示差异不显著（*P* >0.05）。

14.7　5 种木本植物抗旱性的比较分析

1. 综合抗旱性能指数评价

植物的抗旱性是受多种形态结构和生理生化特性所调控的，任何单一指标都不能作为评定植物抗旱性的唯一指标。综合抗旱性指数可能是较为全面、客观地评价植物抗旱性的指标。应用隶属函数法对 5 种木本植物的抗旱性进行分析的结果见表 14.1。以 PV 曲线水分参数的 5 个常用指标为依据进行排序，抗旱性由强到弱依次为柽柳、梭梭、胡杨、沙枣、花棒；而以 PV 曲线水分参数和实测水分指标共 10 项指标进行综合排序，抗旱性由强到弱依次为梭梭、柽柳、沙枣、花棒、胡杨，两者之间存在一定差异，特别是胡杨的排序发生了较大的变化。进一步的统计分析发现，以 PV 曲线水分参数的 5 个常用指标为依据计算的 5 种木本植物的综合抗旱性指数之间无显著差异（$P>0.05$）；而以全部 10 项指标为依据计算的 5 种木本植物的综合抗旱性指数表现为梭梭与沙枣、花棒、胡杨之间差异显著（$P<0.05$），梭梭与柽柳之间差异不显著（$P>0.05$），柽柳、沙枣、花棒、胡杨之间差异不显著（$P>0.05$）。即本节 5 种木本植物的综合抗旱性能可分为 3 个层次：第 1 层次是梭梭，抗旱性最强；第 2 层次是柽柳；第 3 层次是沙枣、花棒和胡杨，其中以胡杨综合抗旱能力最差（谭永芹，2011）。

表 14.1　5 种木本植物各水分参数或指标的 IR_i 值及综合抗旱性能指数

水分参数/指标	植物种类				
	柽柳	胡杨	花棒	沙枣	梭梭
ψ_{sat}	0.896	0.572	0	0.698	1.000
ψ_{tlp}	1.000	0.695	0	0.600	0.916
RWC_{tlp}	0.272	0.222	1.000	0.786	0
$ROWC_{tlp}$	0.160	0.272	1.000	0.366	0
V_a	0.615	0.771	0.275	0	1.000
蒸腾速率	0.852	0	0.659	0.511	1.000
脱水率	0.874	0	0.306	0.956	1.000
水势	0.587	0.093	0	0.143	1.000
渗透势	0.649	0.340	0.021	0	1.000
RWC	0.403	0.168	0.550	0	1.000
IR_{PV}	0.589[a]	0.506[a]	0.455[a]	0.490[a]	0.583[a]
IR_T	0.631[ab]	0.313[b]	0.381[b]	0.406[b]	0.792[a]

注：IR_{PV} 指以 PV 曲线计算获得的 5 项水分参数为依据计算的综合抗旱性能指数；IR_T 指以 10 项参数和指标计算的综合抗旱性能指数。

表中同一参数不同植物之间字母不同表示差异显著（$P<0.05$），字母相同表示差异不显著（$P>0.05$）。

2. 抗旱性的比较分析

长期生存在干旱环境下的植物通过形态结构和生理生化上的变化逐渐形成了一套最佳的维持自身生存和繁衍的干旱适应方式。在形态结构方面，胡杨和沙枣为阔叶植物，但是沙枣叶片两面皆被白色鳞片，既可以反射光辐射，又可以减少蒸腾失水；胡杨叶表面虽有角质覆盖，但其反射光辐射或避免蒸腾失水的能力远不及沙枣。梭梭、柽柳和花棒为了适应干旱环境，叶片退化成鳞片状小叶或同化枝，以减少蒸腾耗水。在生理生化方面，胡杨和梭梭具有低水势维持光合作用的能力（柏新富等，2008）；花棒能够通过气孔调节来改善光合作用和减少蒸腾失水（张利平等，1996）；沙枣则能够对光合作用进行补偿和维持较高的保护酶活性（孙景宽等，2009）；而柽柳能够在低水势下维持膨压（曾凡江等，2002），即不同植物的干旱适应方式各不相同。为了更准确地反映植物的抗旱能力，多数学者引入综合抗旱性指数进行判断。本节应用隶属函数法计算综合抗旱性指数，对 5 种木本植物抗旱性的分析结果显示，以 PV 曲线水分参数 ψ_{tlp}、ψ_{sat}、RWC_{tlp}、$ROWC_{tlp}$、V_a 为依据的排序结果与以实测水分指标和 PV 曲线水分参数综合为依据的排序结果存在差异，特别是胡杨的位置发生了较大变化。已有的研究结果显示，胡杨蒸腾耗水量大，难以适应极端缺水的环境（柏新富等，2010）。因此，本节研究的 5 种木本植物的综合抗旱性能可分为 3 个层次：第 1 层次是梭梭，抗旱性最强；第 2 层次是柽柳；第 3 层次是沙枣、花棒和胡杨，其中以胡杨综合抗旱能力最差，其高耗水的特性将使其生存空间越来越小。由此可见，采用 PV 曲线水分参数和实测水分指标进行综合评价更接近各种植物的实际抗旱潜力（谭永芹，2011）。

第15章 梭梭根系适应

根系是植物吸收水分和养分的重要营养器官，其形态结构和生理特性能反映根系对环境的生态适应，适应能力越强，地上部分生长发育越旺盛，对环境的适应能力也越强，进而在一定程度上影响该植物所处的群落环境，并在更大尺度上反映植被的演替和退化状况（周艳松和王立群，2011）。根系形态结构和生理特性还与养分、水分的吸收密切相关，且根系形态和构型是植物水分及养分利用效率的重要指标（Dannowski and Block，2005）。因此，植物根系形态结构和生理特性的研究已成为植物营养效率、水分效率等资源利用效率研究的重要内容之一，也是植物生理生态研究的热点之一。通过根系形态结构和生理特性的研究可以对根系的生长发育进行定量描述，这样就能更加明确植物根系对环境的适应性。

水分是影响植物生存和生长发育的主要限制因子，水分变化对植物体内的水分平衡和植物的形态建成具有重要影响。在干旱地区，多数植物具有发达的根系，尽管在深层土壤中仅有很少比例的根系存在，但它们在植物生命活动维持和逆境适应等方面发挥着非常重要的作用（Gale and Grigal，1987；Jackson et al.，1996）。国外学者对伊犁-阿拉套乌山麓地带湿润和干旱条件下同种植物的根系进行对比研究，结果表明：生长在潮湿环境中的植物根系分枝状况较差，许多植物的根系分枝仅有 2~3 级；而在干旱的南部山麓地带，同种植物根系的分枝可达 5 级（巴吐宁和斯拉木，1995）。一些研究结果显示，轻度水分胁迫条件会促使根系下扎（杨培岭和罗远培，1994；张爱良等，1997）。这些研究结果说明，在干旱地区水分对根系构型和分布具有重要的调控作用。

随着塔克拉玛干沙漠公路防护林工程的完成，沙漠公路防护林的可持续问题受到极大关注。有学者提出若干年后在沙漠公路部分区段改变管理方式，使防护林植物直接利用地下水的可能性。根据盛晋华等（2004）和李钢铁等（1995b）的研究，天然分布的梭梭在内蒙古是利用地下水维持其生命活动的。塔克拉玛干沙漠腹地没有天然分布的梭梭，人工梭梭防护林一直依靠滴灌来满足其对水分的需求。以节约水资源和维护防护林的稳定为出发点，我们于 2005 年在塔克拉玛干沙漠腹地布设了不同灌溉量条件下梭梭幼苗根系的研究实验。

本章以塔克拉玛干沙漠腹地独特的自然条件为背景，调查了不同灌溉量条件下梭梭幼苗根系及其冠层形态结构，探讨了梭梭个体形态特征对水分条件变化的响应。

15.1　根系生物量的垂直分布

　　2005 年 3 月，在塔中实验样地定植了梭梭和多枝柽柳 1 年生实生苗，株行距 4m×4m。灌溉水为当地地下咸水，灌溉方式为滴灌，灌溉周期采用塔里木沙漠公路防护林灌溉所规定的周期，3～8 月为 10d，9～11 月为 15d。为防止风沙对梭梭的沙埋和沙割，在两行苗木之间设置了机械沙障。采用了 3 种不同灌溉量，共形成 3 个处理。处理 1 以塔里木沙漠公路现行的灌溉量为准，即 35kg/（株·次）；处理 2 和处理 3 的灌溉量分别为 24.5kg/（株·次）和 14kg/（株·次）。定植 1 个月后，对不同灌溉量条件下植株的成活率进行了调查，成活率均达 90%左右。

　　在各灌溉量实验地随机选取 4 株苗木，对所选择的植株采用分层分段法进行根系挖掘，挖掘时以植株根茎为圆心，半径 30cm 为一段，自地表向下每 20cm 为一层，分层分段取土。用 2mm 筛孔的筛子筛出各层各段的根系，直到水平和垂直范围没有根为止。挖掘根系之前在所挖掘的植株附近采用 2m 土钻取土样，以 20cm 间隔分层取样测定土壤含水量。同时对所挖掘植株进行地上生长指标（株高、冠幅、基径、当年新枝长）的测定，植株冠层以 20cm 为一层分别测定生物量。然后在实验室内对取回的各层各段根样进行冲洗，待根系恢复原状后，按照直径≤1mm 和>1mm 分类放置。随机选取 5 段，测定分类放置的根系的直径作为该层该段根系的平均直径（d），然后用量筒溢水法测出各层各段根系的体积（V），利用公式 $l = 4V/\pi d^2$ 和 $s = 4V/d$，求出根长（l）和根系表面积（s）。最后将地下各层各段根系与植株各冠层植物材料放入干燥箱，在 105℃条件下烘干至恒重后称重。

1. 不同灌溉量条件下根系生物量的垂直分布

　　从实验结果分析来看，各灌溉量梭梭幼苗根系生物量在土壤中的垂直分布趋势基本一致（图 15.1），即随土壤深度的增加，根系生物量逐渐减少，但随着灌溉量的减少，最深层次根系生物量有增加的趋势。对垂直采样层深度与相应层根系生物量进行了相关分析，结果表明各灌溉量两者均呈负对数关系（表 15.1）。处理 3 在 60～80cm 和 80～100cm 两层生物量分别为 29.77g/株和 8.36 g/株，占该灌溉量总生物量的 21.41%和 6.01%；而处理 2 在该两层生物量分别仅为 3.60g/株和 0.28g/株，只占该灌溉量总生物量的 3.10%和 0.24%；处理 1 在该两层生物量分别也仅为 5.54g/株和 0.00g/株，只占该灌溉量总生物量的 5.45%和 0.00%。方差分析表明，处理 3、处理 1 和处理 2 在 60～80cm 和 80～100cm 两层中相同层之间生物量差异显著（$P<0.05$，df=3），而各灌溉量在 0～60cm 三层中相同层之间地下生物量差异并不显著（$P>0.05$，df=3）。

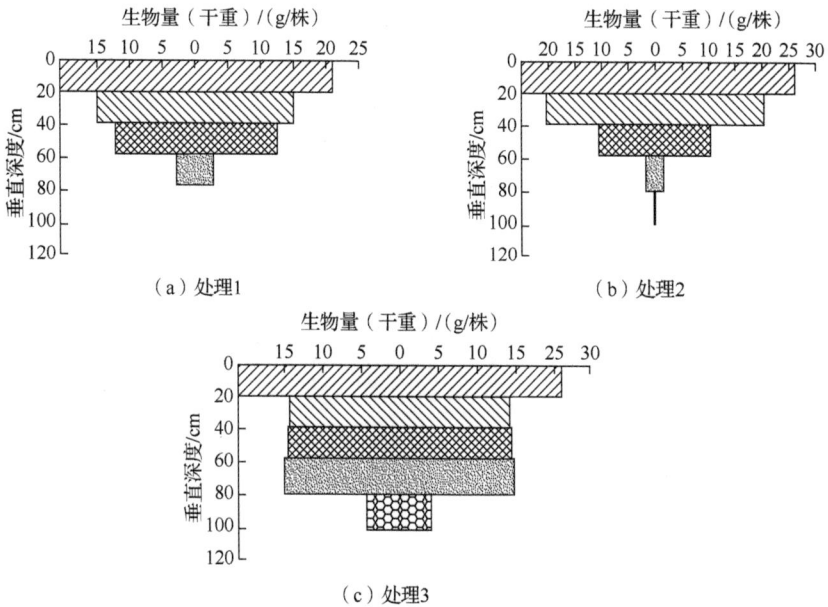

（a）处理1

（b）处理2

（c）处理3

图 15.1　不同灌溉量条件下根系生物量的垂直分布

表 15.1　各灌溉量地下生物量的垂直分布曲线方程（根系层深度与层生物量的关系）

处理	拟合方程	相关系数
灌溉量为 35kg/（株·次）	$Y = -25.944\ln X + 122.86$	$R^2 = 0.9112$
灌溉量为 24.5kg/（株·次）	$Y = -33.613\ln X + 156.12$	$R^2 = 0.928$
灌溉量为 14kg/（株·次）	$Y = -16.65\ln X + 93.632$	$R^2 = 0.7116$

注：Y 为根系层生物量（g），X 为根系层深度（cm）。

2. 不同灌溉量条件下吸收根生物量的垂直分布与土壤水分的关系

土壤含水量随土壤深度的增加为单峰型曲线（图 15.2），但图 15.2（c）显示处理 3 条件下出现了两个峰值。经方差分析，处理 3 的土壤含水量显著低于处理 1 和处理 2 的土壤含水量（$P<0.05$，df=3），而处理 1 和处理 2 之间的土壤含水量无显著差异（$P<0.05$，df=3）。对各灌溉量同层土壤含水量进行方差分析，结果表明：0～20cm 各灌溉量之间无显著差异（$P<0.05$，df=3），这可能是由于在塔克拉玛干沙漠腹地极端干旱的环境条件下，沙层表面强烈蒸发使各灌溉 0～20cm 处均为干沙层，不同灌溉量之间土壤含水量无显著差异；60～80cm 和 80～100cm 两层中相同层之间各灌溉量土壤含水量也无显著差异（$P<0.05$，df=3），这可能是由于滴灌水没有渗透到该层，而在相同立地条件下深层土壤含水量变化不大；但在 20～40cm，处理 3 的土壤含水量显著低于处理 1（$P<0.05$，df=3）；在 40～60cm，处理 3 的土壤含水量也显著低于处理 1 和处理 2（$P<0.05$，df=3）。

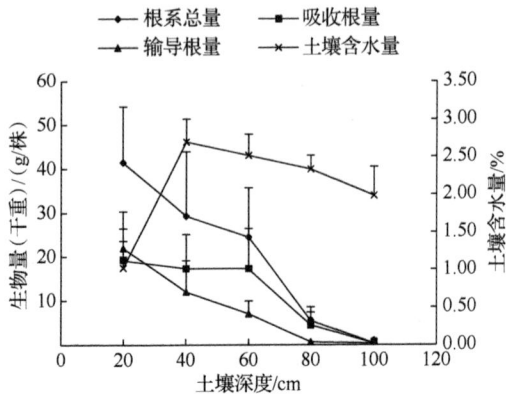

（a）处理1

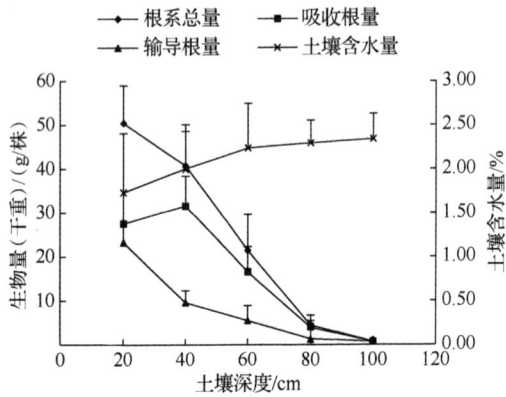

（b）处理2

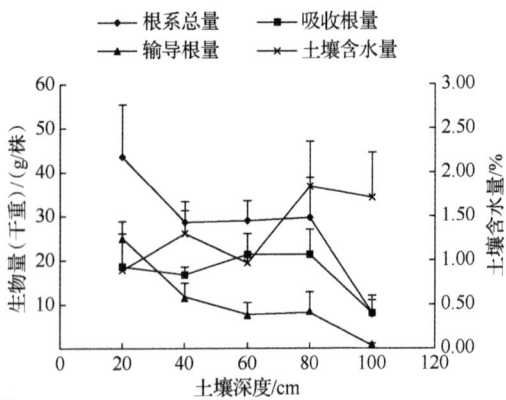

（c）处理3

图 15.2　不同灌溉量条件下吸收根生物量的垂直分布与土壤水分的关系

图 15.2 同时显示，吸收根生物量的垂直分布与土壤含水量的垂直变化趋势基

本一致，均为单峰型曲线，但灌溉量不同，吸收根生物量峰值在土壤中出现的深度也不同，处理 1 的峰值为 19.45g/株，出现在 0～20cm 处；处理 2 的峰值为 31.26g/株，出现在 20～40cm 处；处理 3 的峰值为 21.17g/株，出现在 60～80cm 处。由此可见，随着灌溉量的减少，吸收根集中分布层有向深层发展的趋势，但各灌溉量根系总量和输导根量均随深度的增加而逐渐减小。

15.2　根系生物量的水平分布

梭梭幼苗在不同灌溉量下水平各段根系生物量随距植株基径距离的增加而逐渐减少（图 15.3），但在 60～90cm 处生物量却稍有增加，这是因为 60～90cm 处根密度虽比 30～60cm 处稍小，但其所挖掘的土环体积为 30～60cm 土环体积的 2倍。水平采样各段与相应段地下生物量相关分析表明，各灌溉量两者相关系数差异不大，分别为 -0.9607、-0.967、-0.9602，即各灌溉量水平根系生物量分布趋势一致。对水平根系生物量进行方差分析，结果表明：各灌溉量相同水平段地下生物量无显著差异（$P<0.05$，df=3），不同灌溉量条件下水平根系总生物量也无显著差异（$P<0.05$，df=3）。从水平根系生物量累计百分比来分析，各灌溉量以植株基径为圆心 90cm 半径圆内生物量均占总生物量的 80%左右；但不同灌溉量下最大水平根长有所不同，处理 3 最大水平根长为 210cm，处理 2 和处理 1 最大水平根长为 180cm。

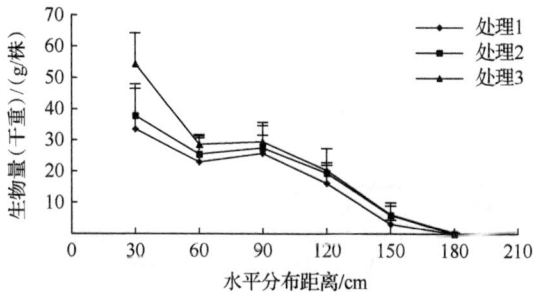

图 15.3　各灌溉量条件下地下生物量水平分布

15.3　根体积、根长和根表面积的变化

由图 15.4～图 15.6 可知，不同灌溉量条件下，梭梭幼苗根体积、根长和根表面积随土层深度的增加均呈单峰型曲线，但各灌溉量根体积、根长和根表面积的

峰值出现在不同的土壤深度。具体表现为处理 1 的根体积、根表面积峰值出现在
20～40cm 处，但最大根长出现在 0～20cm 处；处理 2 的根体积、根长和根表面
积峰值均出现在 20～40cm 处；处理 3 的根体积、根长和根表面积峰值均出现在
60～80cm 处。图 15.4～图 15.6 同时显示，上层（0～60cm）处理 3 的根体积、根
长、根表面积均比处理 1 和处理 2 的小；而下层（60～100cm）处理 3 的根体积、
根长、根表面积反而比处理 1 和处理 2 的大。对各层各指标的百分比进行分析表
明：处理 3 上层（0～60cm）根体积、根长、根表面积分别只为 62.38%、62.39%、
61.17%，而处理 1 上层（0～60cm）根体积、根长、根表面积分别高达 92.51%、
90.50%、91.78%，处理 2 上层（0～60cm）根体积、根长、根表面积也分别高达
95.63%、94.76%、95.31%。方差分析表明，上层（0～60cm）各灌溉量根体积、
根长、根表面积无差异（$P<0.05$，df=3），但下层（60～100cm）处理 3 根体积、
根长、根表面积显著大于处理 1 和处理 2（$P<0.05$，df=3）。

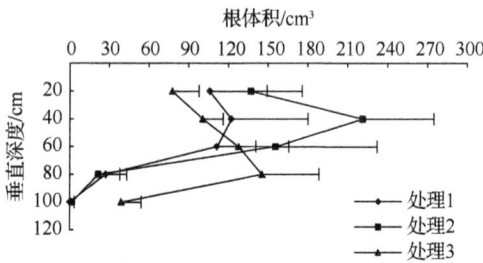

图 15.4　各灌溉量条件下根体积垂直分布

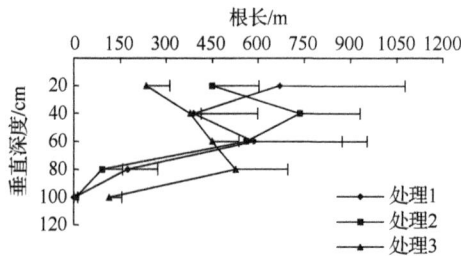

图 15.5　各灌溉量条件下根长垂直分布

　　不同灌溉量下梭梭幼苗根系生物量的垂直分布随土壤深度的增加呈逐渐减少
的趋势，这符合植物根系垂直分布的普遍规律，与前人对其他植物根系生物量垂
直分布的研究结果一致（白永飞，1999；张国盛等，1999；李鹏等，2005；李生
宇等，2005），但在塔克拉玛干沙漠腹地人工滴灌条件下，梭梭幼苗根系生物量在
0～60cm 土层中的累计百分比达 86%，根系趋于表层化，这是由人工滴灌条件下
根系的向水性导致的。不同灌溉量下梭梭幼苗根系的垂直采样层深度与层根系生

物量均呈负对数关系，这与塔克拉玛干沙漠腹地不同立地条件下梭梭的研究结果
一致（李生宇等，2005）。当灌溉量较大时，满足了植物对水分的需求，根系向下
伸展的"积极性"降低，生物量主要集中在上层，根系所占有的空间相对小些；
当灌溉量较小时，植物为获取更多的水分来维持其生长发育，根系向下的"积极
性"较大，伸展得也比较深，根系所占有的空间也相对大。这与沙地柏通过增
大根系深度来补偿土壤水分的亏缺，进而适应缺水环境的结果一致（何维明，
2000）。在降雨稀少的塔克拉玛干沙漠腹地，随灌溉量的减少，梭梭幼苗为补偿
土壤水分的亏缺，只有通过根的伸长生长来吸收水分，以维持植物体内水分
平衡。

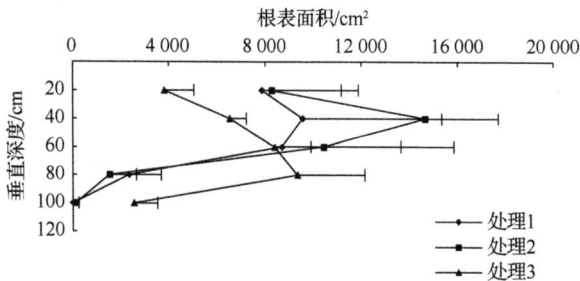

图 15.6　各灌溉量条件下根表面积垂直分布

　　不同灌溉量下梭梭幼苗根系的水平分布范围（0～210cm）为垂直分布深度
（0～100cm）的 2 倍，表明在人工滴灌条件下梭梭幼苗根系的水平生长发达，这
与人工栽培黄柳根系的研究结果一致（任安芝等，2001）。各灌溉量下各段根系生
物量与其相应水平距离的相关系数接近，即不同灌溉量下梭梭幼苗根系的水平分
布趋势一致。在人工滴灌条件下梭梭幼苗水平根系有迂回生长现象，这是由于灌
水后水分主要集中在植株附近，根系的向水性使其迂回生长。这与内蒙古阿拉善
盟阿左旗吉兰泰地区天然梭梭根系迂回生长的现象相似，但该地区迂回生长主要
可能是受降雨的影响（盛晋华等，2004）。

　　同一灌溉量下梭梭幼苗根长、根表面积、根体积垂直变化趋势相似，而不
同灌溉量下根长、根表面积、根体积垂直分布则有所不同，但均为单峰型曲线，
这与不同沙地沙地柏根表面积的垂直分布为单峰型曲线一致（何维明，2000），
而与内蒙古阿拉善地区白刺根体积、根长、根表面积的垂直分布随深度增加逐
渐减少的趋势有所不同（孙祥和于卓，1992）。这可能是由于在塔克拉玛干沙
漠腹地极端干旱的环境条件下，土壤的强烈蒸发使表层 0～20cm 一直为干沙
层，无法满足根系对水分的吸收，因此植物根系在该层分布极少，根长、根表
面积、根体积的垂直分布均为单峰型曲线，但不同灌溉量下其峰值在垂直土壤
层中出现的位置不同，灌水量越少其峰值在土层中的分布越深。各灌溉上层

（0～60cm）根长、根表面积、根体积差异不显著（$P<0.05$, df=3），但下层（60～100cm）处理 3 的根长、根表面积、根体积显著大于处理 1 和处理 2（$P<0.05$, df=3）。

　　根据根系功能划分，可以将根系分为输导根和吸收根。对于草本和小灌木而言，直径大于 1mm 的根系为输导根，其主要作用是输导水分和养分；直径不大于 1mm 的根系为吸收根，其主要进行水分和营养物质的吸收（赵爱芬等，1997）。塔克拉玛干沙漠腹地防护林土壤水分状况主要受滴灌量、地表蒸发、根系吸水的影响，但沙地结构松散，土壤毛细管吸收作用力弱，地表存在的干沙层对沙地的物理蒸发形成了一定的阻碍作用，因此在人工滴灌条件下沙地土壤水分状况主要受防护林吸水影响；又因根系的向水性决定了植物根系与土壤水的关系，而吸收根是植物吸水的主要器官，所以吸收根系的空间分布格局与沙地土壤水分的分布状况密切相关。在塔克拉玛干沙漠腹地人工滴灌条件下，梭梭幼苗吸收根垂直分布格局与土壤含水量的变化格局基本一致，与沙地人工小叶锦鸡儿吸收根与土壤水分均为单峰型曲线研究结果一致（阿拉木萨等，2003），但在塔克拉玛干沙漠腹地，吸收根生物量的峰值随着灌溉量的减少而向土壤深层移动。

15.4　有效根长密度和有效根重密度分布

　　根分布是指根在空间梯度或格点上的存在，主要涉及根生物量、长度或表面积随土层深度的变化、距植物茎部的距离、邻体间的位置等。近年来，随着根系研究方法的不断发展，人们对根系分布特征的研究也越来越多（张国盛等，1999；Li and Zhao，2004；李鹏等，2005；彭少麟和郝艳茹，2005；颜正平，2005）。然而有关有效根密度分布的研究报道甚少（Marashall and Waring，1985；单建平和陶大立，1992）。有效根密度指单位土体中吸收性根系的长度、重量等，其分布与水资源的高效利用、生态系统中水量的平衡与转换紧密相关。因此，对有效根密度的空间分布特征和分布函数进行研究，可为人工林根系吸水函数的建立、根区土壤水分动态模拟及土壤-植物-大气连续系统水分运移调控提供理论依据及相关参数（王进鑫等，2004）。

　　依照式（15-1）（孙祥和于卓，1992）计算各级根系长度 L_r，依照式（15-2）和式（15-3）（王进鑫，2004）计算根长密度和根重密度。

$$L_r=4V_i/\pi d_i^2 \tag{15-1}$$

式中，L_r 为每一层段土体中第 i 级根系长度（cm）；V_i 为每一层、段土体中第 i 级根系体积（cm^3）；d_i 为每一层、段土体中第 i 级根系平均直径（cm）。

$$RDL = L_r/V_s \qquad\qquad (15\text{-}2)$$

$$RDW = W_d/V_s \qquad\qquad (15\text{-}3)$$

式中，RDL 为根长密度（cm/cm^3）；RDW 为根重密度（g/cm^3）；L_r 为根系长度（cm）；W_d 为根系干重（g）；V_s 为土壤体积（cm^3）。若根系长度 L_r 或根系干重 W_d 为吸收根的测定值，则所得到的 RDL 或 RDW 称为有效根长密度或有效根重密度。

1. 有效根长密度分布

梭梭幼苗有效根长密度空间分布见表 15.2。在垂直方向上，梭梭幼苗根区有效根长的累积百分比分析表明，梭梭幼苗有效根系在其方向上分布比较均匀，在 0～80cm 的各土层其平均根长密度非常接近。在水平方向上，梭梭幼苗有效根长密度均随距离植株水平距离的增加逐渐减少，梭梭最大有效根长密度是其平均有效根长密度的 2.2 倍。水平方向上有效根长的累积百分比分析表明，梭梭有效根系主要分布在 0～90cm 的土层中，其有效根长占总吸收根长的 86.80%。

表 15.2　梭梭幼苗有效根长密度空间分布（单位：10^{-2}cm/cm^3）

垂直间距	水平间距							加权平均
	0～30cm	30～60cm	60～90cm	90～120cm	120～150cm	150～180cm	180～210cm	
0～20cm	3.564	7.547	5.572	3.461	0.030	—	—	4.035
20～40cm	9.620	7.911	6.402	5.949	0.078	0.030	—	4.998
40～60cm	14.033	7.048	6.732	3.335	0.059	—	—	6.241
60～80cm	16.415	4.006	2.048	0.999	0.002	—	—	4.694
80～100cm	2.028	0.711	0.711	0.271	0.038	—	—	0.631
加权平均	9.132	5.445	5.445	2.803	0.041	0.030		

2. 有效根重密度分布

人工滴灌条件下梭梭幼苗当年地下根系生长良好，在相对应的土层中梭梭幼苗的有效根重密度见表 15.3。从垂直方向来看，梭梭幼苗的有效根重密度随土层深度的增加而先增大后减小。从水平方向来看，梭梭幼苗的有效根重密度均随距离植株水平距离的增加逐渐减少，最大有效根重密度均分布在 0～30cm 的土层中，梭梭最大有效根重密度是其平均有效根重密度的 2.1 倍。对水平采样各段与相应的有效根重密度进行相关分析，梭梭幼苗的相关系数为-0.98，说明梭梭幼苗的有效根重密度随距离植株水平距离的增大而减少得很快。

表 15.3　梭梭幼苗有效根重密度空间分布 （单位：$10^{-5}\mathrm{g/cm^3}$）

垂直间距	水平间距							加权平均
	0～30 cm	30～60 cm	60～90 cm	90～120 cm	120～150 cm	150～180 cm	180～210 cm	
0～20cm	2.251	3.079	2.907	1.497	0.189	—	—	1.985
20～40cm	4.193	3.171	2.522	1.284	0.353	0.012	—	1.923
40～60cm	5.410	3.042	1.787	0.930	0.216	—	—	2.277
60～80cm	4.279	1.693	0.818	0.451	0.031	—	—	1.454
80～100cm	0.662	0.430	0.053	0.112	0.187	—	—	0.289
加权平均	3.359	2.283	1.617	0.855	0.195	0.012	—	—

15.5　有效根系密度分布函数

虎胆（1999）对玉米根系吸水的研究及王进鑫等（2004）对刺槐和侧柏人工林有效根系密度分布规律的研究表明，以 e 为底的指数形式能很好地反映有效根系密度在土层中的空间分布规律。故可设其为如下形式：

$$RD(x,\ z)=\mathrm{e}^{a+bx+cz}$$

式中，RD 为根系密度；x 为水平向坐标（cm）；z 为垂直向坐标（cm），取向下为正；a、b、c 为待定参数。

依据分层分段测定资料进行非线性参数估计，即可求得所需参数。有效根密度是单位土壤中有效根的长度或重量，实际上是某一坐标区域内的平均值。因此，在统计分析时，某一 RD 所对应的 x、z 坐标均以相应坐标区域的中值表示。其模型参数估计结果如下：

$$RDL(x,\ z)=\mathrm{e}^{-1.977-0.015x-0.004z}\qquad R^2=0.487$$
$$RDW(x,\ z)=\mathrm{e}^{-9.708-0.014x-0.008z}\qquad R^2=0.631$$

从以上非线性回归方程的相关系数（R^2）分析可知，梭梭幼苗有效根系密度空间分布回归模拟方程相关系数并不是很理想。对垂直方向上各层平均有效根系密度进行曲线拟合，结果表明：用二项或三项式能很好地模拟梭梭幼苗有效根长密度和有效根重密度随深度的增加呈单峰型曲线的垂直变化过程。同时对水平各段平均有效根系密度进行曲线拟合，结果显示：用指数方程能很好地模拟梭梭幼苗有效根长密度和有效根重密度均随距离植株水平距离的增加逐渐减少的水平变化过程。

对梭梭幼苗的有效根长密度和有效根重密度的分析表明：从植株总根区来分析，人工滴灌条件下梭梭幼苗的平均有效根系密度较大，在垂直方向上，梭梭幼苗随土层深度的增加呈单峰型曲线。

　　单立山（2007）对多枝柽柳、梭梭幼苗不同土层的土壤含水量进行分析表明：
在相同的灌溉量和立地条件下，梭梭幼苗各层的土壤含水量均比多枝柽柳幼苗相
应土层土壤含水量低，这是梭梭幼苗的有效根长密度和有效根重密度均为多枝柽
柳的 3 倍左右的原因。非线性参数拟合分析表明：采用 $RD(x, z)=e^{a+bx+cz}$ 的函数模
型能较好地模拟多枝柽柳幼苗有效根长密度和有效根重密度的空间分布状况，但
对梭梭幼苗根区根系的模拟相对差些。

第6篇　梭梭植被管理技术

　　本篇就一些理论研究如何应用于实践、一些实践中的技术问题有哪些可能的解决途径进行深入浅出的讲解，主要从梭梭种群结构和年龄结构、梭梭幼苗根系生长调控、梭梭维持水源判定、沙漠公路防护林耗水量估测几个方面做了理论研究，并把这些理论方法应用到实际实验研究中，希望这几个方面的研究能为梭梭的管理、种植提供理论和技术支撑。

第16章 梭梭种群结构与年龄结构

本章研究准噶尔盆地 6 种在典型生境上自然生长的梭梭种群，从种群的径级结构、静态生命表、动态生命表、存活曲线、动态指数方面对梭梭种群现状和面临的问题进行研究，并分析其原因，为梭梭的保护管理提供基础数据和理论支撑。在对准噶尔盆地梭梭主要分布区进行广泛踏查的基础上，选择了 6 种在典型生境上自然生长的梭梭种群作为研究对象。这 6 种典型生境分布于古尔班通古特沙漠边缘（图 16.1），包括该地区梭梭的主要生境类型，如山前戈壁、盐碱土、风沙土等。土壤剖面分析表明，这 6 种生境土壤理化性质差异明显（表 3.2）。在每一样地连续设置 25m×25m 植物调查样方 6 个。对样方中出现的所有梭梭植株进行每木调查，记录其在样方中的相对位置，并测量其基径、冠幅、树高。

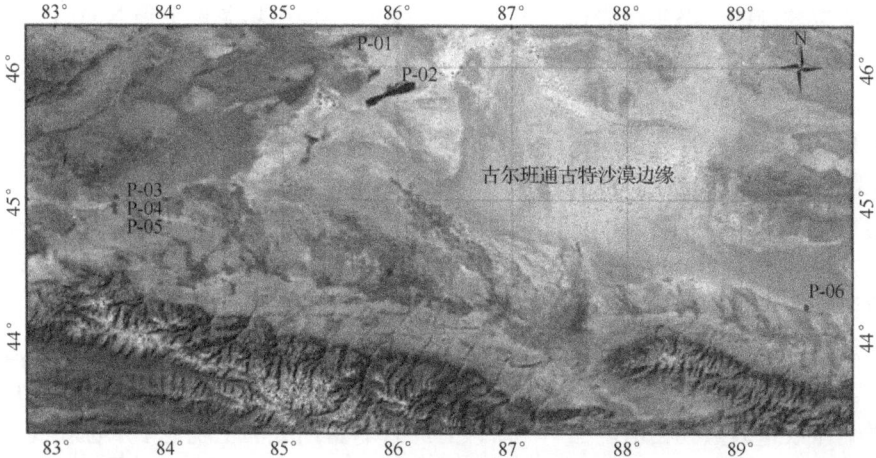

图 16.1 研究样点分布图

梭梭年龄的确定问题一直以来都困扰着科研工作者。里昂节夫（1960）在《卡拉库姆沙漠的梭梭林》一书中曾记载"在梭梭树干横断面上看到的，一般初步当作年轮的线条是不正确的，因为梭梭树干粗生长的情况和其他所有乔木树种都不一样。梭梭不形成规整的年轮"。因此，本节采用梭梭的基径结构间接判断年龄结构。虽然径级和龄级是不同的，但是相同环境下同一树种的径级和龄级对环境的反应规律具有一致性（Frost and Rydin，2000）。本节以梭梭植株基径为划分标准，以 3cm 为径阶，共分为 10 个径级：Ⅰ（$d<3cm$）、Ⅱ（$3cm \leq d<6cm$）、Ⅲ（$6cm \leq d<9cm$）、

Ⅳ（9cm≤d<12cm）、Ⅴ（12cm≤d<15cm）、Ⅵ（15cm≤d<18cm）、Ⅶ（18cm≤d<21cm）、Ⅷ（21cm≤d<24cm）、Ⅸ（24cm≤d<27cm）、Ⅹ（d≥27cm）。统计各径级株数并分析其组成特点。

16.1　静态生命表

　　生命表是研究预测种群在时间上动态变化规律的有效方法（孙儒泳等，1993；李博，2000）。按收集种群数据资料方法的不同，可将生命表分为两种类型：一种为静态生命表，一般指在某一特定时间内对种群作年龄结构的调查资料编制，用空间代替时间的方法来分析种群年龄结构的动态变化（魏宏图等，1992）；另一种为动态生命表，是根据同年出生的所有个体存活数量动态监测资料编制而成的，又称同生群生命表。动态生命表中的个体经历了同样的环境条件，更能客观地反映环境条件变化对种群个体数量动态变化的影响。

　　梭梭种群的静态生命表在一定程度上反映了不同生境条件下种群的历史累积和未来发展。P-02、P-05、P-06 梭梭种群Ⅰ径级个体较Ⅱ径级个体少，出现死亡率为负的情况。可能的情况是种群幼苗补充量较少，自然更新受到阻碍，如这一情况长期存在，种群将因为没有足够的幼苗输入而走向衰亡。同时，这也表明其幼年阶段的个体向成年阶段的发育是不连续的（李先琨等，2002）。从死亡数量大小的角度来看，P-01、P-03、P-04 种群个体数量大量死亡出现在幼苗阶段。研究表明，梭梭结实量大，种子主要散布在母株周围，导致幼苗分布相对集中。随着梭梭植株的生长，梭梭对水分、养分和光照等资源的需求逐渐增加。干旱区自然环境恶劣，承载力有限，梭梭植株对有限资源的竞争导致这个阶段种群数量急剧减小。其后，梭梭个体较少，种群密度降低，种群相对稳定。P-02、P-05、P-06 种群个体数量大量死亡出现在中年阶段。P-02 种群所处的生境地下水位较浅，整体水分条件优越，可能导致早期梭梭个体的死亡数量较少。P-05 种群生境条件的土壤水分也较好，且植株密度相对较小，这可能是该种群早期死亡数量较少的原因。P-06 种群生境条件为沙地，水分条件较差，但该种群密度较低，种内竞争较弱，这可能是其早期梭梭个体死亡数量较少的原因（表 16.1）。

表 16.1　梭梭种群静态生命表

样地	径级	N_x	l_x	d_x	q_x	lg N_x	K_x	e_x
P-01	Ⅰ	435	1.000 00	0.319 54	0.32	2.64	0.17	2.00
	Ⅱ	296	0.680 46	0.436 78	0.64	2.47	0.45	1.47
	Ⅲ	106	0.243 68	0.183 91	0.75	2.03	0.61	1.31

续表

样地	径级	N_x	l_x	d_x	q_x	$\lg N_x$	K_x	e_x
P-01	IV	26	0.059 77	0.050 57	0.85	1.41	0.81	1.27
	V	4	0.009 20	0.006 90	0.75	0.60	0.60	1.75
	VI	1	0.002 30	−0.002 30	−1.00	0.00	−0.30	3.00
	VII	2	0.004 60	0.004 60	1.00	0.30	—	1.00
	VIII	0	0.000 00	0.000 00	—	—	—	—
	IX	0	0.000 00	0.000 00	—	—	—	—
	X	0	0.000 00	0.000 00	—	—	—	—
P-02	I	41	1.000 00	−0.146 34	−0.15	1.61	−0.06	5.20
	II	47	1.146 34	0.000 00	0.00	1.67	0.00	3.66
	III	47	1.146 34	0.463 41	0.40	1.67	0.22	2.66
	IV	28	0.682 93	0.268 29	0.39	1.45	0.22	2.79
	V	17	0.414 63	0.219 51	0.53	1.23	0.33	2.94
	VI	8	0.195 12	0.073 17	0.38	0.90	0.20	4.13
	VII	5	0.121 95	0.000 00	0.00	0.70	0.00	5.00
	VIII	5	0.121 95	0.073 17	0.60	0.70	0.40	4.00
	IX	2	0.048 78	−0.268 29	−5.50	0.30	−0.81	7.50
	X	13	0.317 07	0.317 07	1.00	1.11	1.11	1.00
P-03	I	930	1.000 00	0.350 54	0.35	2.97	0.19	1.95
	II	604	0.649 46	0.455 91	0.70	2.78	0.53	1.47
	III	180	0.193 55	0.132 26	0.68	2.26	0.50	1.57
	IV	57	0.061 29	0.031 18	0.51	1.76	0.31	1.79
	V	28	0.030 11	0.019 35	0.64	1.45	0.45	1.61
	VI	10	0.010 75	0.005 38	0.50	1.00	0.30	1.70
	VII	5	0.005 38	0.004 30	0.80	0.70	0.70	1.40
	VIII	1	0.001 08	0.000 00	0.00	0.00	0.00	2.00
	IX	1	0.001 08	0.001 08	1.00	0.00	—	1.00
	X	0	0.000 00	0.000 00	—	—	—	—
P-04	I	380	1.000 00	0.478 95	0.48	2.58	0.28	2.23
	II	198	0.521 05	0.223 68	0.43	2.30	0.24	2.36
	III	113	0.297 37	0.134 21	0.45	2.05	0.26	2.39
	IV	62	0.163 16	0.044 74	0.27	1.79	0.14	2.53
	V	45	0.118 42	0.060 53	0.51	1.65	0.31	2.11
	VI	22	0.057 89	0.018 42	0.32	1.34	0.17	2.27
	VII	15	0.039 47	0.018 42	0.47	1.18	0.27	1.87
	VIII	8	0.021 05	0.015 79	0.75	0.90	0.60	1.63
	IX	2	0.005 26	−0.002 63	0.50	0.30	−0.18	2.50
	X	3	0.007 89	0.007 89	1.00	0.48	0.48	1.00
P-05	I	99	1.000 00	−1.161 62	−1.16	2.00	−0.33	6.59
	II	214	2.161 62	1.212 12	0.56	2.33	0.36	2.58
	III	94	0.949 49	0.191 92	0.20	1.97	0.10	3.61
	IV	75	0.757 58	0.020 20	0.03	1.88	0.01	3.27

样地	径级	N_x	l_x	d_x	q_x	$\lg N_x$	K_x	e_x
P-05	V	73	0.737 37	0.363 64	0.49	1.86	0.30	2.33
	VI	37	0.373 74	0.080 81	0.22	1.57	0.11	2.62
	VII	29	0.292 93	0.151 52	0.52	1.46	0.32	2.07
	VIII	14	0.141 41	0.070 71	0.50	1.15	0.30	2.21
	IX	7	0.070 71	-0.030 30	-0.43	0.85	-0.15	2.43
	X	10	0.101 01	0.101 01	1.00	1.00	1.00	1.00
P-06	I	33	1.000 00	-1.484 85	-1.48	1.52	-0.40	6.09
	II	82	2.484 85	0.636 36	0.26	1.91	0.13	2.05
	III	61	1.848 48	1.212 12	0.66	1.79	0.46	1.41
	IV	21	0.636 36	0.515 15	0.81	1.32	0.72	1.19
	V	4	0.121 21	0.121 21	1.00	0.60	—	1.00
	VI	0	0.000 00	0.000 00	—	—	—	—
	VII	0	0.000 00	0.000 00	—	—	—	—
	VIII	0	0.000 00	0.000 00	—	—	—	—
	IX	0	0.000 00	0.000 00	—	—	—	—
	X	0	0.000 00	0.000 00	—	—	—	—

注：x 表示径级，以代替龄级；N_x 表示 x 径级内出现的个体数；N_0 表示 I 径级个体数；l_x 表示标准化存活数，$l_x=N_x/N_0$；d_x 表示径级 x 到 $x+1$ 级的死亡数，$d_x=l_x-l_{x+1}$；q_x 表示径级 x 到 $x+1$ 级的死亡率，$q_x=d_x/l_x$；K_x 表示各径级的致死力（损失度），$K_x=\lg N_x-\lg N_{x+1}$；e_x 表示生命期望，即第 x 期的个体在未来所能存活的平均年数，$e_x=\sum_{j=x}^{\infty}l_j/l_x$。

16.2　种　群　结　构

植物种群结构是种群内不同大小、年龄个体数量的分布状况，能反映种群不同龄级个体的分布情况、立地条件及其与环境之间的相互关系（李先琨等，2002；王继和等，2007）。生命表和存活曲线是研究种群结构及动态变化的重要工具（Harcombe，1987；王卓等，2009），它们能直观展现种群各龄级的实际生存个体数、死亡数及存活趋势（Sara et al.，2000；洪伟等，2004），结合时间序列分析能有效地预测同龄级种群未来变化的波动状态（Harcombe，1987；何平，2005）。因此，通过植物种群结构、生命表、存活曲线和时间序列预测模型分析植物自然种群结构及动态，不仅可以了解现在的种群状态，分析过去种群的结构与受干扰情况，预测未来的种群动态，还可以展现种群生物学特性对环境条件的适应结果（申仕康等，2008；吴俊侠等，2010），对于濒危植物的保护和管理具有重要意义。

由图 16.2 可以看出，不同生境条件下梭梭种群径级结构存在较大差异。P-01、P-03 种群径级结构呈不规则的倒 J 字形，小径级个体较多，I、II 径级个体数分别占所有径级个体总数的 84.02%、84.47%，可见该生境条件下梭梭种群处在发展的初期，小径级个体占绝大多数，缺少大径级个体，种群属于年轻种群；P-05 种群径级结构也呈不规则的倒 J 字形，Ⅰ、Ⅱ径级个体数占所有径级个体总数的 48.01%，同时存在一定数量的大径级个体，可见种群发育历史相对较长。

P-02、P-04、P-06 种群径级结构呈非典型的金字塔形，小径级个体较多，Ⅰ、Ⅱ和Ⅲ径级个体数分别占所有径级个体总数的 63.38%、81.49%和 87.56%。P-02 种群同时存在一定数量的大径级个体，可见该种群发育的时间较长，种群处于稳定阶段。P-04、P-06 种群缺少大径级个体，初步认为其发育历史相对较短。整体来看，不同生境条件下梭梭种群以小径级个体为主，种群均处于稳定发展的阶段。

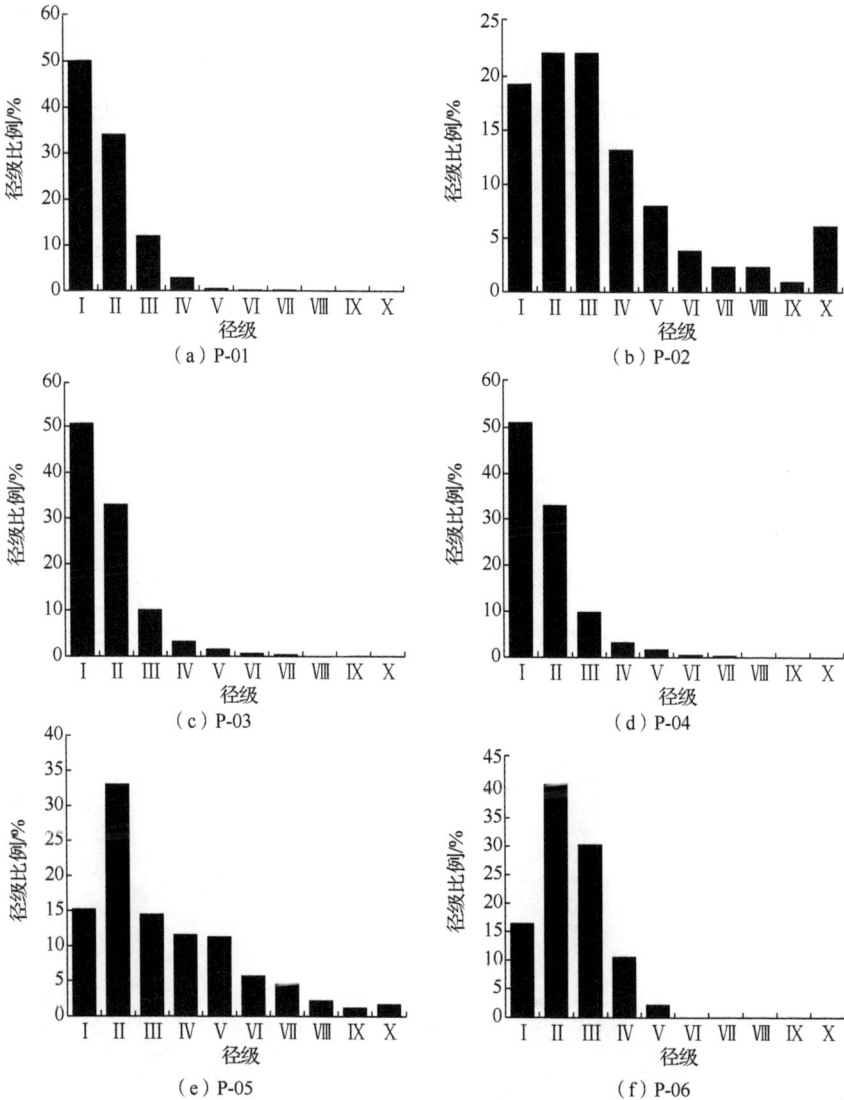

图 16.2　不同生境梭梭种群的径级分布

16.3　存　活　曲　线

　　作为种群动态的重要特征，存活曲线反映了生存率和死亡率随年龄的变化状况。存活曲线以径级为横坐标，对生命表中标准化存活数 l_x 作图，绘制两种典型生境条件下梭梭种群的存活曲线。Deevey（1947）将存活曲线分成 3 种类型： I型存活曲线呈凸型，表示种群中大多数个体均能实现其平均生理寿命，在达到平均寿命时几乎同时死亡；II型存活曲线呈对角线型，表示各龄级具有相同的死亡率；III型存活曲线呈凹型，表示幼龄个体死亡率高，以后的死亡率低而稳定。

　　由图 16.3 可见，不同生境条件梭梭种群的存活曲线均趋近于 Deevey III型。梭梭种群低龄级植株呈现较高的死亡率，在 I、II 径级向大径级成株转化过程中，植株大量死亡。我们认为，大量的小径级植株对有限资源的竞争引起自然稀疏过程，实现自然淘汰，剩余的个体才能够长期生存。其后，梭梭种群整体密度较低，种内竞争较弱，种群处于稳定阶段。

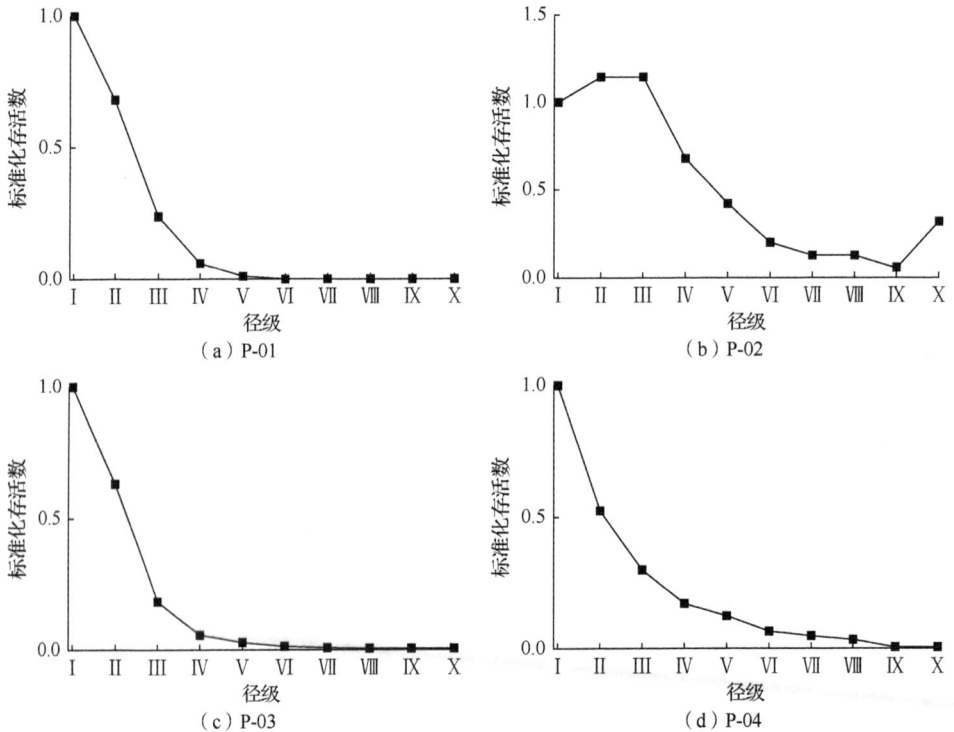

（a）P-01

（b）P-02

（c）P-03

（d）P-04

图 16.3　不同生境梭梭种群的存活曲线

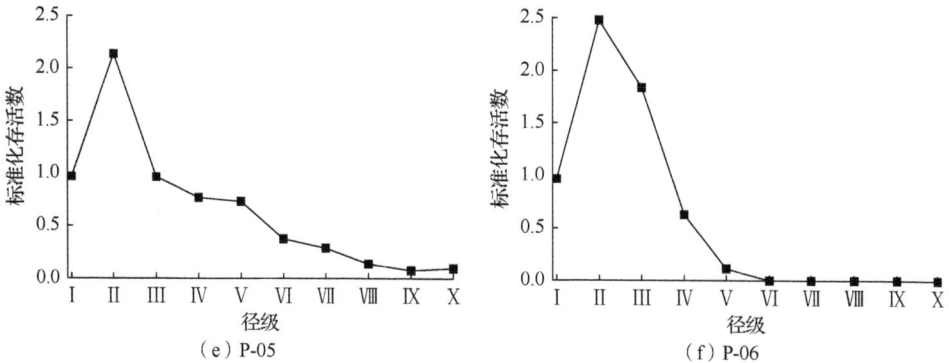

（e）P-05　　　　　　　　　　　　（f）P-06

图 16.3（续）

　　不同生境，由于环境条件的差异及种群发育历史的不同，梭梭种群特征存在较大差异。从径级结构来看，P-01 梭梭种群以小径级个体为主，缺失大径级个体，种群密度较大。经调查，未发现大规模樵采的痕迹，也没有观察到大径级枯木。据此，初步判定：第一，该种群所处生境自然条件恶劣，种群整体长势较差。第二，该种群发育历史可能较短，种群尚处于发展初期。P-02、P-05 梭梭种群小径级个体占一定的比例，同时存在一定数量的大径级个体，不存在径级缺失现象。种群内分布着一定数量的高龄植株，表明这两个种群发育时间长，初步判定其处于稳定发展阶段。同时，这两个种群 I 径级个体较 II 径级少，说明其缺少小径级个体输入，种群更新可能已经存在问题，种群已有衰退的倾向。P-03 梭梭种群以小径级个体为主，缺少较大径级个体，且种群密度是 6 种生境梭梭种群中最大的。据调查，样地内有一定数量的较大径级的枯立木和倒木。初步判定，该样地可能处于大径级个体大量死亡后的更新阶段，由于地下水位较浅，水分条件较好，小径级个体大量发育，种群处在群落一次演替循环的初期。P-04、P-06 梭梭种群以小径级个体为主，大径级个体缺失，种群处在稳定发展阶段且发育时间较短。

　　从静态生命表和存活曲线来看，小径级的梭梭个体死亡率较高，中径级的梭梭个体死亡率有所降低，直到大径级个体，随年龄的增长，死亡率逐渐增加。这与宋于洋等（2008）对石河子地区梭梭种群的研究结果相一致，造成这种现象的主要原因是随着梭梭种群的发展，平均个体大小不断增加，植株需要更多的资源（水分、光照、土壤、温度等）来维持其正常生长。种群个体间为争夺有限资源而展开激烈的竞争，进而导致自然稀疏（宋于洋等，2008）。其后，种群密度降低，种间竞争趋弱，种群处于稳定发展阶段。

　　种群的更新是种群生态学关注的焦点。种群能否更新是种群能否存在和发展的关键。从样方调查的结果来看，P-01、P-03、P-04 梭梭种群小径级个体数量均占多数，说明这些种群不缺少小径级个体的输入，种群更新较好，种群处于稳定发展阶段。P-02、P-05、P-06 梭梭种群Ⅰ径级个体数量较少，种群缺少幼龄个体，种群更新较差。调查发现，P-02 土壤表层聚盐现象十分严重，并形成一层坚硬的盐结壳，这对梭梭幼苗定居十分不利；P-05 梭梭种群大径级个体数量较大，种内竞争激烈，且该生境梭梭植株冠幅较大，荫庇作用较强，不利于梭梭幼苗向幼树转化；P-06 水分条件较差，不利于梭梭幼苗的存活与生长。因此，初步判定这 3 个种群更新存在问题。如果不加以关注，随着时间的推移，该种群会逐渐走向衰退，直至灭亡。

土壤贫瘠的严酷环境条件形成以梭梭为优势种的优势群落甚至纯林，说明梭梭是适应力极强的乡土树种。由于当地生态环境十分脆弱，梭梭种群的稳定与发展对当地生态环境影响巨大。鉴于此，一方面，对于处于稳定发展阶段的梭梭种群，要加以保护，避免不合理的开发利用，维持生态系统的稳定；另一方面，对于更新不良、已经开始衰退的梭梭种群，要深入研究其更新机制，努力恢复其自我更新能力，以期保护当地脆弱的生态环境，这将是今后需要重点关注的问题。

16.4　动 态 预 测

对不同代表性的地段设置 20m×100m 样地 5 块，每个样地设置 20m×20m 的连续样方 5 个，共 25 个。在样地内采用相邻格子法（格子大小为 5m×5m）对所有株高大于 30cm 的活立木进行每木检尺，记录样方内乔木种类、基径、树高、冠幅。调查灌木和草本种类、数量、高度、盖度等。按径级和高度级标准分别统计株数。以径级和高度级为横坐标，个体数为纵坐标，分别绘制梭梭种群径级和高度级结构图，并采用陈晓德（1998）的量化方法对种群动态进行定量描述。具体计算方法如下：

$$V_n = \frac{S_n - S_{n+1}}{\max(S_n, S_{n+1})} \times 100\% , \quad V_{pi} = \frac{1}{\sum_{n=1}^{k-1} S_n} \sum_{n=1}^{k-1}(S_n V_n)$$

式中，V_n 表示种群从 n 到 $n+1$ 级的个体数量变化动态；V_{pi} 表示整个种群结构的数量变化动态指数；S_n、S_{n+1} 分别表示第 n 与第 $n+1$ 年龄级种群个体数。

当考虑外部干扰时，计算方法如下：

$$V'_{pi} = \frac{\sum_{n=1}^{k-1}(S_n V_n)}{K \min(S_1, S_2, S_3, \cdots, S_k) \sum_{n=1}^{k-1} S_n} , \quad P_{极大} = \frac{1}{K \min(S_1, S_2, S_3, \cdots, S_k)}$$

式中，K 为种群年龄级数量；V'_{pi} 与 V_n 取正、负、零值分别反映种群或相邻年龄级个体数量的增长、衰退、稳定的动态关系。P 为种群对外界干扰所承担的风险概率，只有当 P 的值为最大时，才对种群动态 V'_{pi} 构成最大的影响。

选用一次移动平均法对梭梭的种群龄级结构进行模拟和预测（肖宜安等，2004）。

$$M_t = \frac{1}{n}\sum_{k=t-n+1}^{t} X_K$$

式中，n 为需要预测的未来时间年限；M_t 为未来 n 年时 t 龄级的种群大小；X_K 为当前 K 龄级的种群大小。本节分别对径级 II、IV、VI 和 VIII 进行未来种群发展趋势预测。

1. 种群径级结构图

从梭梭种群径级结构图（图 16.4）可以看出，梭梭种群的龄级结构（以径级代替龄级）属于增长型种群，种群的龄级基本呈基部极宽、顶部狭窄的金字塔形。经统计，准噶尔盆地东南缘的种群结构 I ~ III 龄级个体占比例较大，达 70%，IV ~ VI 龄级占 26%，VII ~ X 龄级仅占 4%，种群整体结构接近金字塔形，属于增长种群，但梭梭种群中幼苗个体少，I、II 龄级个体数目少于 III 龄级的个体数目。根据量化分析方法进行种群动态分析，从表 16.2 可以看出，梭梭种群相邻各级间个体数量变化动态指数为 V_1、V_2 小于 0，说明 I、II 龄级个体数目少于 III 龄级个体数目；整个种群径级结构的动态指数 $V_{pi} = 25.6\% > 0$，受随机干扰时的种群年龄结构动态指数 $V'_{pi} = 2.6\% > 0$，随机干扰风险极大值即种群结构对随机干扰的敏感性指数 $P=0.025$，说明种群整体是增长的，但对外界干扰较敏感。

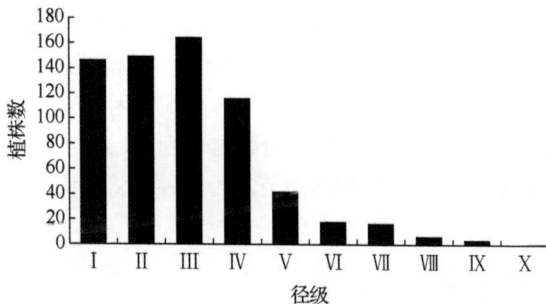

图 16.4　梭梭种群径级结构图

表 16.2　梭梭种群龄级结构动态分析

动态指数	V_1	V_2	V_3	V_4	V_5	V_6	V_7	V_8	V_9	V_{pi}	V'_{pi}
数值	-2.0%	-9.2%	43.0%	64.9%	57.5%	6.3%	68.8%	60.0%	50.0%	25.6%	2.6%

　　植株的径级结构反映该种群个体在空间和时间上的配置差异，因此植物种群的高度和径级结构分析是揭示种群生存现状和更新策略的重要途径之一（张文辉，1998；侯琳等，2005）。从梭梭种群径级结构和量化分析可以判断准噶尔东南缘梭梭种群是稳定的，但是不容忽视的是，梭梭种群年龄结构Ⅰ、Ⅱ龄级个体数量少于Ⅲ龄级个体数量，说明幼龄级株数少，Ⅲ级株数较多，虽然种群总体呈现稳定，但Ⅰ、Ⅱ龄级树到Ⅲ龄级呈衰退趋势。也就是说，如果没有幼龄个体对中老龄株数的补充，梭梭种群的整体稳定性将难以维持。这种年龄结构与其他濒危植物比较相似（谢宗强等，1999；张文辉和谢宗强，2002；申仕康等，2008）。太白红杉种群年龄结构也存在同样问题，因为太白红杉属于阳性植物，幼苗数量较少的主要原因是林下郁蔽导致幼苗不能正常生长（张文辉等，2004）。野外调查发现：梭梭成年植株结实量大，冬季有一定量的积雪保证种子萌发出苗，但梭梭幼苗个体萌发早，幼年个体年龄较小，生长和竞争能力弱，其在生长过程中容易受到动物取食和不利气候因素的影响（刘国军，2010a）。由于受到环境条件的筛选，大量的梭梭幼苗个体中只有少量个体能进入幼树阶段生长，而通过环境筛生存下来长大的小树较少。由此可见，幼苗个体无法向幼树阶段转换已成为该物种种群更新和发展的瓶颈。

　　2. 存活曲线

　　存活曲线（图 16.5）表明：梭梭种群幼苗个体不足，但幼年个体数量明显高于后面几个阶段，种群存活曲线基本趋于 Deevey Ⅲ型，种群在第Ⅲ级向第Ⅴ级转化的过程中，种群数量急剧下降，其中只有 35.1% 的个体能进入第Ⅴ级生长。野外调查发现：梭梭幼苗个体萌发早，而通过环境筛生存下来长大的小树较少，最终造成梭梭幼苗个体进入幼苗阶段生长的可能。由此可见，幼苗个体无法向幼年阶段转换已成为该物种种群更新和发展的瓶颈。梭梭种群死亡率 q_x 和致死力（损失度）k_x 曲线变化趋势基本一致（图 16.6），致死力（损失度）k_x 在第Ⅳ级和第Ⅶ级出现峰值。第Ⅳ级出现峰值是由于幼年个体以高死亡率为代价向成年阶段转换，这与存活曲线的分析结果一致；第Ⅶ级出现峰值是由于植株个体受到人为樵采和植株个体接近其生理衰老，从而形成死亡高峰；梭梭Ⅰ、Ⅱ龄级死亡率为负，说明幼苗库不足，该种群要保证持续发展至少需要补充相应数量的幼苗，否则种群将走向衰退（张文辉，1998；张文辉等，2005）。

　　3. 时间序列动态预测

　　梭梭种群数量时间序列动态预测以梭梭种群各龄级株数为原始数据，按照一次平均推移法预测各龄级在未来 2、4、6、8 个龄级后的株数，将结果绘成龄级与株数关系图。从图 16.7 可以看出，梭梭种群各龄级株数峰值在预测序列中依次向后推移，老龄个体逐渐增多，幼龄株数则显不足，最终老龄株数也呈急剧减少的衰退势态。可以推断，由于缺乏可更新的幼龄个体，如不采取适当的护林抚育措施，梭梭种群未来必然趋于衰退。

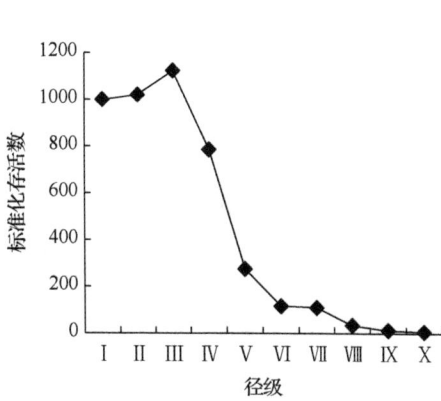

图 16.5　梭梭种群标准化存活曲线

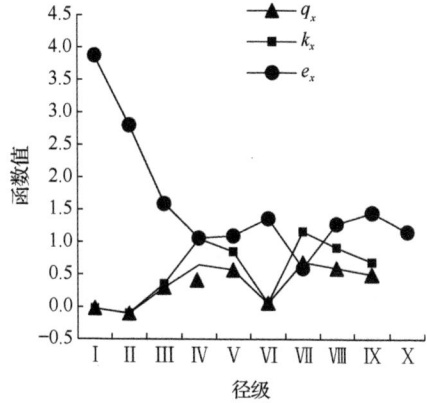

图 16.6　梭梭种群死亡率、致死力
和生命期望曲线

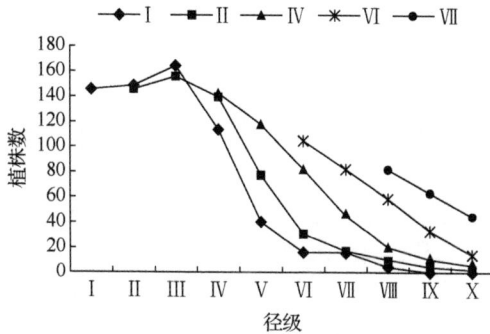

图 16.7　梭梭种群数量时间序列动态预测

16.5　动态生命表

　　通过以梭梭幼苗一个生长季不同时段数量编制的动态生命表，能够直观地了解每个时期梭梭数量在自然条件下的变化，同时也能掌握幼苗死亡的高峰阶段。通过动态生命表方法对自然更新关键阶段的判断，能够为梭梭的管理、保护提供一种有效的方法。

　　在梭梭幼苗较多的地段设置 3 个固定样地，在每个样地内设置 5 个 10m×10m样方，共 15 个样方。在样地内采用相邻格子法（格子大小为 2m×2m）对所有幼苗进行定期观察记录，记录梭梭幼苗数量。在每个样地内随机选取 5 株幼苗，测量株高后，进行全根挖掘，并将其带回实验室，测定其根长，地上、地下部分鲜重和干重。梭梭 3 月中旬左右开始萌发，到 4 月初幼苗数量达到最多。本次实验从 4 月 1 日幼苗基本达到最多时开始观察计数，4、5 月每半个月调查一次，6 月后每一个月调查一次，经过 9 次统计，至 10 月 15 日，幼苗进入休眠期。

16.5.1 苗期动态生命表

从编制的梭梭天然幼苗苗期动态生命表（表 16.3）可见，梭梭幼苗在第 1、2 时段的标准存活比率 l_x 下降较快，标准存活比率由起始的 1000 依次下降为 643 和 301，2 个时段的递减数量均超过 340；第 5 时段下降也很快，从 209 下降到 149。同时，相对应的死亡率 q_x 和致死力 k_x 也较高，其中第 1 时段的死亡率 q_x 升高了 47%，致死力 k_x 升高了 73%；第 3 时段的标准存活比率下降趋缓，相应的死亡率 q_x 和致死力 k_x 开始降低。梭梭苗期总死亡率为 90.3%，而前 3 个（0，1，2）统计时段的死亡率已经高达 66%。第 3、4、6、7、8 时段，标准存活比率 l_x 变化幅度较小，变化幅度在 60 以内，相应的死亡率 q_x 和致死力 k_x 较低，幼苗存活个体数在这 5 个时段处于较为稳定的生长状态。

表 16.3　梭梭天然幼苗苗期动态生命表

时间段	n_x	l_x	s_x	d_x	q_x	$\ln l_x$	k_x
0（4-1）	805	1000	1.000	357	0.36	6.91	0.44
1（4-15）	518	643	0.643	343	0.53	6.47	0.76
2（5-1）	242	301	0.301	51	0.17	5.71	0.19
3（5-15）	201	250	0.250	41	0.16	5.52	0.18
4（6-15）	168	209	0.209	60	0.29	5.34	0.34
5（7-15）	120	149	0.149	20	0.13	5.00	0.14
6（8-15）	104	129	0.129	17	0.13	4.86	0.14
7（9-15）	90	112	0.112	15	0.13	4.72	0.14
8（10-15）	78	97	0.097			4.57	

注：n_x 为在 x 时间段级内出现的个体数；l_x 为在 x 时间段开始时的标准存活比率（一般标准化为 1000），$l_x = n_x/n_0 \times 1000$；$s_x$ 为活到 x 天的比率，$s_x = n_x/n_0$；d_x 为从 x 年龄级到 $x+1$ 年龄级间隔期内的标准化死亡数，$d_x = l_x - l_{x+1}$；q_x 为从 x 年龄级到 $x+1$ 年龄级间隔期内的死亡率，$q_x = d_x/d_{x+1}$；$\ln l_x$ 的标准化存活数的自然对数值；k_x 为各年龄组的致死力（损失度），$k_x = \ln l_x - \ln l_{x+1}$。

16.5.2 苗期存活状况分析

苗期动态生命表（表 16.3）、幼苗期存活率曲线（图 16.8）表明，在幼苗初期存活率急剧下降，第 1、2 时段（4 月 1 日～5 月 1 日）幼苗存活率从 100%下降到 31%，到后期，幼苗存活率下降较为缓慢，为 Deevey III 型，说明幼苗死亡事件主要发生在幼苗早期。日均死亡率曲线（图 16.9）表明，梭梭自然更新幼苗存活率很低，最终存活率仅有 9.7%，幼苗出现两个死亡高峰（4 月 1 日～5 月 1 日和

6 月 15 日～7 月 15 日)(图 16.9)。早期幼苗幼嫩，抗性弱，容易受到不利天气的影响，如早春的大分天气会导致幼苗被沙埋死亡，也会把幼苗吹干而使其死亡。恶劣的天气是导致梭梭幼苗早期死亡率高的一个直接因素。

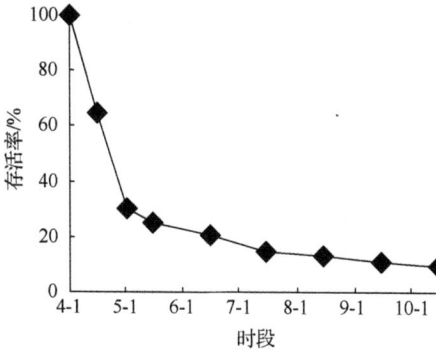

图 16.8　存活率曲线

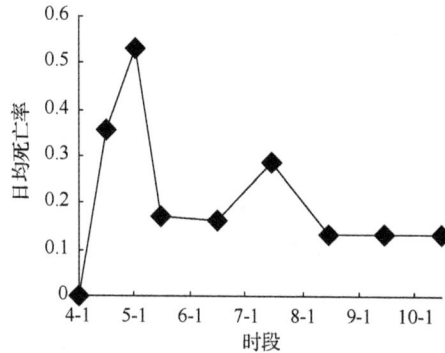

图 16.9　日均死亡率曲线

16.6　生命表的应用

　　准噶尔盆地东南缘梭梭种群生命表和种群数量预测分析表明，种群幼龄级个体数较少，随着时间的推移，种群将趋于老化。而由于幼苗的严重缺乏，梭梭种群幼苗到幼树、幼树到小树阶段会呈衰退趋势。梭梭种群存活曲线的分析表明，梭梭种群存活曲线接近 Deevey Ⅲ型。但是，如果要包括 I、Ⅱ 龄级，梭梭种群存活曲线并不完全符合 Deevey Ⅲ型。这是因为幼龄个体数量少，植物种群幼苗缺乏。种群数量时间序列预测表明，随着时间推移，不同梭梭种群均会呈现老龄级株数增加的趋势，缺少幼龄补充是共同特征。对依靠种子繁殖的梭梭种群来说，增加结实量、提高种子向幼苗转化率是种群恢复的关键环节。由于梭梭种群数量不大，幼年个体少，中年个体数量多，成年植株数量少，梭梭幼年个体缺乏竞争力且受环境筛和外界干扰因素的影响，梭梭幼年个体很难进入种群的更替层，即种群幼年植株很难向中年和成年阶段转化，这在一定程度上限制了梭梭种群的自然更新，形成该物种生存繁衍的瓶颈。而中年和成年梭梭结种量大，只要提高成年个体种子生产能力，提高种子向幼苗的转化率，梭梭种群的恢复潜力还是存在的。梭梭种群产种在增长过程中受到多方面环境因素的影响，有利因素包括梭梭在好的年份能够结大量的种子，准噶尔盆地冬季有稳定的降雪，能够满足梭梭幼苗萌发所需要水量。不利因素主要是人为干扰、滥采、过度放牧，以及不利的气候因素。个体生长前期阶段需要封育，在种子丰产年应适时、采收种子，在降雪量大的年份应该选择合适的时间撒播、飞播一些种子，提高天然条件下的种子发芽率，在人工辅助下进行种群的恢复。

动态生命表是种群生态学研究中较为成熟的研究方法之一，可以较为准确地反映种群的消长规律，国内已见相关报道（龙利群和李新荣，2003；郝日明等，2004）。由于所观察个体经历了同样的环境条件，其结果有较强的可比性。从动态生命表中可以获得的重要信息有存活曲线和致死力，其中以标准存活比率对时段所作的存活曲线能够比较直观地表达所研究的同生群的存活过程，以死亡率对统计时段作图能直观地表达所研究同生群的死亡过程。制作幼苗期或幼树期统计时段的生命表，选致死力指标较能正确反映幼苗期生长实际情况。随着幼苗逐渐长大变壮，其抵抗不利外界环境的能力增强，致死力下降，并逐步趋于稳定在一个较低水平。

梭梭幼苗动态生命表可以反映梭梭幼苗在自然条件下的生长发育规律，进一步能够分析影响生长发育规律的主要环境因素和幼苗自身特点，能够为有针对性地制定苗期栽培管理措施提供科学依据。借助苗期动态生命表所揭示的幼苗生长发育规律，可以揭示梭梭种群自然更新关键过程的生理生态机制。就梭梭而言，从动态生命表中可以看出，其出苗早期由于苗弱，出苗时间早，生存能力较弱，容易受大风等不利自然因素影响，也容易受动物的破坏，必须加强管理。在此期间如能采取适当养护措施，可有效地提高成苗率。到了 8 月前后，随着幼苗根系的发育，同化枝数逐渐增多，幼苗根系能够达到稳定的湿沙层；根系吸水能力和同化枝的光合作用能力逐渐增强，幼苗抵抗不良环境的能力显著提高。本章通过对梭梭幼苗动态生命表的研究，科学地揭示了其幼苗期的生长发育规律，这将有利于对梭梭种群自然更新关键过程生态机制的揭示和阐明，为在人工适度干扰条件下实现梭梭大面积自然更新和保育恢复提供理论依据。

第 17 章　供水量对梭梭幼苗的生长调控

在干旱区，水分无疑是最主要的制约因素。水分条件直接影响植物水分代谢的各个环节，同时直接或间接地影响不同水平上的其他生理与生态过程（许皓和李彦，2005）。年降水格局在塑造干旱区植物用水策略及决定植物组成方面起到关键作用（Schwinning and Ehleringer，2001）。降水量和蒸发量的巨大反差决定了荒漠植物在其各生长阶段都面临着水分的匮缺。对不同地域的梭梭进行研究表明，降水是决定梭梭养分循环、光合生长、群落生产力和更新的重要因素（Su et al.，2003；郭京衡等，2014；杨淇越和赵文智，2014）。降水的变化会导致梭梭幼苗个体形态与用水策略的改变（刘国军等，2012；郭京衡等，2014），成年梭梭能通过个体形态的调节来维持碳水平衡和生理生态的各项指标平衡（许皓等，2007；李彦和许皓，2008）。

本章通过用不同供水来模拟春季不同的融雪供水下，梭梭幼苗地上、地下部分生长动态的观测资料，分析梭梭幼苗不同供水条件下生长的动态特点，揭示未来降雪变化下梭梭的更新及生态适应策略，为进一步了解其更新变化过程提供科学依据，也为幼苗栽培提供理论参考。

实验根据 50 年（1951~2000 年）奇台县冬季降水资料，冬季 4 个月的降水量约 40mm，模拟冬季积雪一次性融完补给供水。设计单次供水 10mm、20mm、40mm、60mm 和 80mm 积雪融水量 5 个水分梯度，各梯度所对应的供水量分别为 95mL、190mL、380mL、570mL 和 760mL。实验用沙取自新疆奇台县荒漠化防治站附近，在沙丘上取距沙表 40cm 以下的沙子，晒干。实验用塑料圆柱形容器，内径为 11cm，高为 30cm，埋于沙丘平坦处。实验仅在初期一次供水（5 个水分梯度），加够水分梯度的量。每个处理设置 35 个重复，每个重复 20 粒种子。实验于 2008 年 3 月中旬地面积雪融化完时开始，以保证与自然情况一致。雨天时，用防水塑料阻挡自然降雨，下面用树枝撑开，从而使除降雨外的其他因子尽量接近自然状况。本实验从 3 月中旬开始到 7 月中旬，研究区几乎没有降雨天气。因此，对于研究春季一次供水对梭梭幼苗的影响较为有利。实验于 4 月开始，在 4~5 月，每半个月调查一次，6 月后，每一个月调查一次，直至幼苗进入休眠期。共进行 7 次调查，每次在每个水分梯度内随机选取 5 株幼苗，用直尺测量株高，将植株周围的沙土冲入沟中，并不断清理沟中沉积的沙土，直至整个根系冲出。观测根系的分布状况，测量最长侧根长和垂直根长。用游标卡尺测量其基径。对取回的地上部分和冲洗干净的根样，在实验室内用电子天平测定地上、地下部分鲜重，再分别放入 80℃烘箱烘干 48h 至恒重，称其干重。

17.1　地上部分在生长季的变化

由图 17.1（a）可以看出，整个生长季节内，同一供水条件下，梭梭幼苗的高度积累呈增加趋势，到 10 月由于秋季同化枝脱落，苗高降低。一个生长季后，在 20mm、40mm、60mm、80mm 供水条件下，梭梭苗高分别达 21.8cm、25cm、31cm 和 34.1cm。各水分梯度间苗高差异显著（$P<0.01$）。

由图 17.1（b）可以看出，6～7 月梭梭幼苗高度生长速率最快。在 20mm、40mm、60mm、80mm 供水条件下，苗高日均增加量分别为 0.28cm、0.36cm、0.42cm、0.55cm。幼苗生长前期，幼苗的生长高度、生长速率受供水量的影响不大。6 月后，各个水分梯度对幼苗高度的影响明显，尤其在 6～7 月，水分对幼苗高度、生长速率的影响非常显著（$P<0.01$），各个水分梯度都差异显著（$P<0.01$），供水量越大，幼苗高度、幼苗高度日均增加量越大。7 月后，水分对梭梭幼苗高度生长速率的影响较小。

由图 17.1（c）和（d）可以看出，在同一供水条件下，在整个生长季节内，梭梭幼苗的苗干重增加量积累呈增加趋势，从 6 月开始，梭梭幼苗干重增加显著（$P<0.01$）。一个生长季后，在 20mm、40mm、60mm、80mm 供水条件下，梭梭苗干重分别为 2.8g、5.3g、5.6g 和 10.7g。在 6～7 月，梭梭苗干重生长速率变快。但 7～9 月，梭梭垂直根生长速率明显下降，9～10 月生长速率有所增大。幼苗生长前期，苗干重、苗干重日均增加量受到供水量的影响不大。6 月后，各个水分梯度对苗干重的影响明显，尤其在 6～7 月，供水量对苗干重、苗干重日均增加量的影响都非常显著（$P<0.01$），各个水分梯度差异显著（$P<0.01$），供水量越大，苗干重、苗干重日均增加量越大。

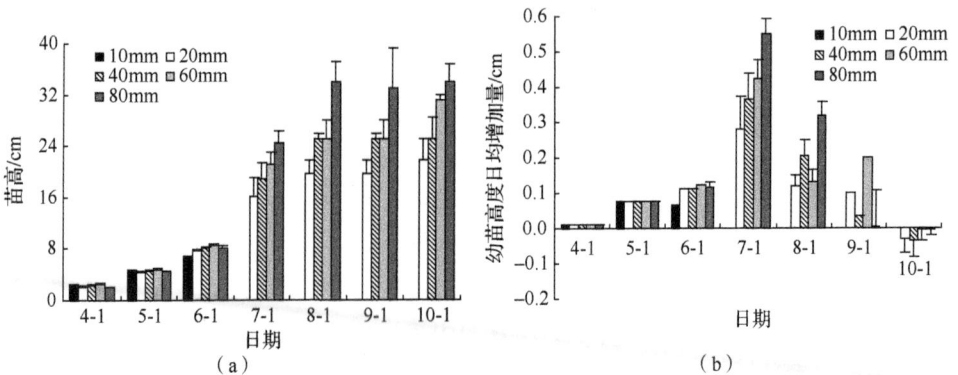

图 17.1　不同供水条件下梭梭地上部分的变化

10mm 供水条件下的梭梭幼苗 7 月后基本全部死亡，因此图中 7 月后均无这个处理。

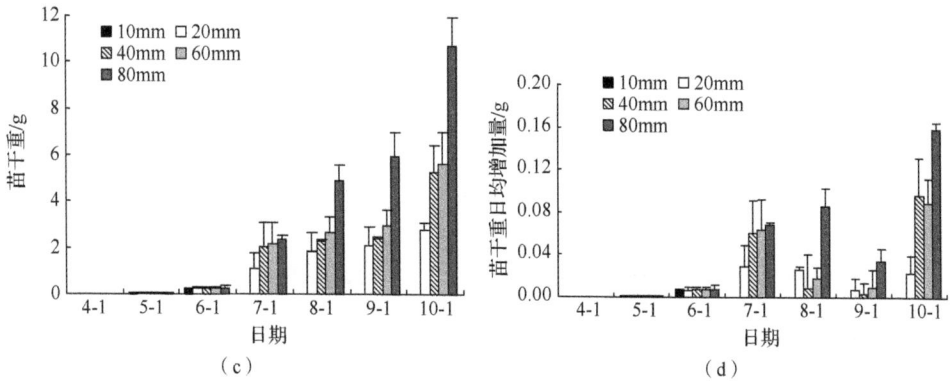

图 17.1（续）

17.2　地下部分在生长季的变化

由图 17.2（a）和（b）可以看出，在同一供水条件下，整个生长季节内，梭梭幼苗的垂直根增加量积累呈增加趋势。一个生长季后，在 20mm、40mm、60mm、80mm 供水条件下，梭梭根长分别为 90cm、105cm、110cm 和 114.2cm。在 6～7 月，梭梭垂直根长生长速率最快，在 20mm、40mm、60mm、80mm 供水条件下，根长日均增加量分别为 1.19cm、1.60cm、1.47cm 和 1.75cm。但 7～9 月，梭梭垂直根生长速率明显下降（$P<0.01$），9～10 月生长速率有所增大。幼苗生长前期，幼苗的垂直根长、根长日均增加量受供水量的影响不大。6 月后，各个水分梯度对垂直根长的影响明显，尤其在 6～7 月，水分对垂直根长、根长日均增加量影响都非常显著（$P<0.01$），各个水分梯度间差异显著（$P<0.01$）。供水量越大，根长、根长日均增加量越大。

由图 17.2（c）和（d）可以看出，在同一供水条件下，整个生长季内，梭梭幼苗的根干重增加量积累呈增加趋势。一个生长季后，在 20mm、40mm、60mm、80mm 供水条件下，梭梭根干重分别为 1.8g、2.8g、3.2g 和 6.2g。在 6～7 月，梭梭根干重日均增加量上升。7～9 月，梭梭根干重日均增加量明显下降。9～10 月，根干重日均增加量最大，在 80mm 供水条件下，最大达 0.146g。幼苗生长前期，幼苗的根干重、根干重日均增加量受到供水量的影响不大，6 月后，各个水分梯度对根干重影响明显，尤其到 9～10 月，水分对根干重、根干重日均增加量都影响非常显著（$P<0.01$）。各个水分梯度差异显著（$P<0.01$），供水量越大，根干重、根干重日均增加量越大。

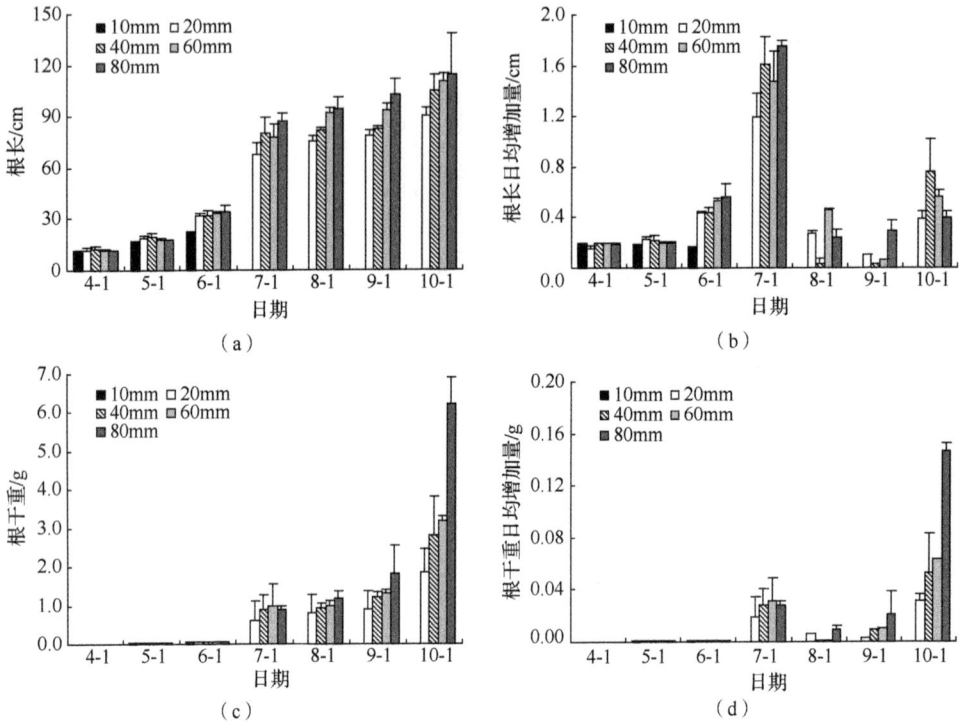

图 17.2　不同供水条件下梭梭地下部分的变化

17.3　基　径　增　长

由图 17.3（a）和（b）可以看出，在整个生长季内，同一供水条件下，梭梭幼苗的基径积累呈增加趋势，80mm 供水条件下，梭梭最大基径达 4.6mm。在 6～7 月，梭梭基径生长速率最快，80mm 供水条件下，基径日均增加量达 0.073mm。但 7～9 月，梭梭基径生长速率明显下降（$P<0.01$），9～10 月生长速率有所增大。幼苗生长前期，幼苗的基径、基径日均增加量受供水量的影响不大，6 月以后，各个水分梯度对幼苗高度影响明显，尤其在 6～7 月，水分对基径、基径日均增加量的影响都非常显著（$P<0.01$），各个水分梯度间差异显著（$P<0.01$），供水量越大，基径日均增加量越大。

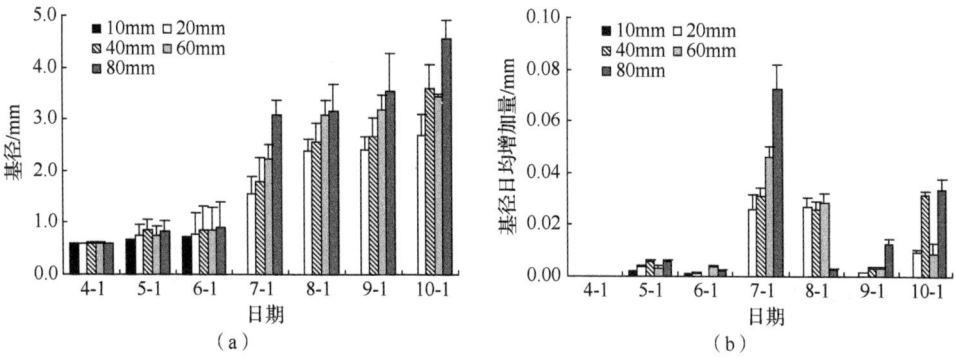

（a）　　　　　　　　　　　　　　　（b）

图17.3　不同供水条件下梭梭基径的变化

17.4　根冠比的变化

由梭梭幼苗根冠比的季节变化过程（图17.4）可以看出根冠比的变化特征：从整个生长季来看，梭梭幼苗的根冠比变化趋势呈近似于 W 形，即增加—减小—增加—减小—再增加的趋势，4~5 月，各水分处理下，幼苗根冠比都增加，5 月中旬达到最大，6 月根冠比下降最快；而 7 月中旬有所升高，8 月略微下降，9 月中旬又有小幅增长，到 9 月中旬~10 月中旬，根冠比继续增加。在 7~8 月，梭梭幼苗的根冠比随着降水量的增加而逐渐降低，说明幼苗地下部分的生物量分配随着初次供水量的增加而降低，体现梭梭幼苗在不同水分条件下资源分配的不同适应策略。在水分充足的条件下，幼苗将生物量相对多地分配到地上部分的生长上，以便于幼苗分配更多的资源去捕获更多的光能，提高光合能力，以满足植物本身消耗和生长的需要；而在水分匮乏时，幼苗将更多的资源分配到根系生长，以适应在水分胁迫下吸收更多的水分和营养物质，提高竞争生长能力。

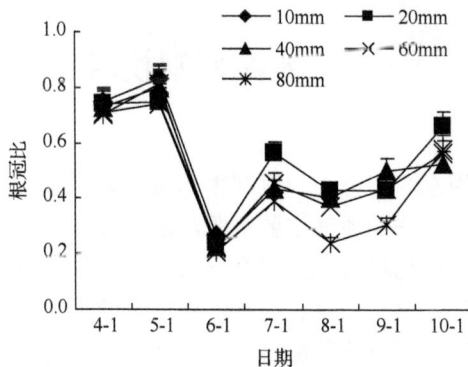

图17.4　不同供水条件下梭梭根冠比的变化

第18章　梭梭维持水源判定

地下水、降水及土壤水是植物主要利用的水源，不同植物利用的水源不一样（Sternberg and Swart，1987；Dawson，1996）。植物可能会同时利用几个水源，或者季节性地转换水源利用（White et al.，1985；张立运和陈昌笃，2002；徐皓，2007）。然而在植物利用的水源中，总有一个或几个关键水源在维持植物整个生长季生命活动中扮演着决定性的角色，这就是维持水源，如果没有这种水源的存在，植物很难存活下去（Snyder and Williams，2000）。植物所需的几种重要水源中，有些水源容易受到环境条件的制约，产生较大的起伏。例如，降水通常会时空分布不均，年际变化较大，尤其近些年随着全球气候变化的加剧，降水的不确定性陡然增加，容易降低植物对其稳定性的依赖。除此之外，随着农业的快速发展，干旱区工农业用水量加剧，越来越多的地下水被利用，地下水下降已经呈现明显态势，严重影响干旱区建群种植物的生存。所以深入研究干旱区建群种植物梭梭的维持水源和水分利用策略，对于植被，尤其是荒漠区植被的恢复、重建有着积极的作用。

本章介绍了一种利用氢氧稳定性同位素技术判断水源的方法，该方法能够解决以往传统方法中不能判断利用水源的量和环境因素影响的问题，既能准确判断水源来源，又能判断水分来源的比例，确定主要水源。通过该方法，梭梭维持水源这个很复杂的问题得到了很好的解决。本章通过测定分析各种水源，探讨梭梭主要维持水源的状况及梭梭各种水源利用的季节性动态变化，为梭梭种群的保护提供水源方面的依据。

18.1　水源判别技术

传统研究植物利用水源的方法一直都很困难，如根系挖掘法，虽然可以确定植物可利用的水源，但无法判断其主要水源，因为根系的存在并不意味着这些根在水分吸收方面活跃。植物群落中的根系分布策略被认为是生态位分化的一种形式，所以根系分布仅代表水分的可利用性，而非水分本身分布的结果。气体交换法也是先前常用的方法，该方法所测量的水分利用率为瞬时水分利用效率，只能反映植物在某一时刻的水分利用状况，且受环境因素影响较大。而随后的氢氧稳定性同位素示踪技术可以精确测定植物的水分利用比例和动态，该方法不仅可以克服传统方法中遇到的困难，更因其准确性，成为目前研究植物叶片长期水分利用效率的最佳方法。

稳定性同位素分析在过去已经广泛应用于探明植物水源。植物木质部中的水源可能是不同水源的混合，而其中的 δD、$\delta^{18}O$ 值也是各个不同水源 δD、$\delta^{18}O$ 值的混合值。这些水源本身所带有的 δD、$\delta^{18}O$ 值是存在差异的，这主要是由于这些水源物理、化学、生理生化作用发生了同位素分馏效应。其原理是：如果存在几个水源，那么植物水的同位素组成应该是各水源同位素组成的线性混合值，据此可建立端元同位素线性混合模型（Philips，2001）。

$$\delta D_P = \sum_{i=1}^{n} f_i \delta D_i$$

$$\delta^{18}O_P = \sum_{i=1}^{n} f_i \delta^{18}O_i$$

$$I = \sum_{i=1}^{n} f_i$$

式中，δD_P、$\delta^{18}O_P$ 分别为植物水的 δD、$\delta^{18}O$ 值；δD_i、$\delta^{18}O_i$ 分别为水源 i 的 δD、$\delta^{18}O$ 值；f_i 为植物对水源 i 的吸收比例。这样就可以推断出植物水源中 δD、$\delta^{18}O$ 的值，通过比较分析稳定氢氧同位素组成，了解该植物利用的各个水源的比例关系。

土壤和植物样用低温真空蒸馏法提取，用同位素质谱仪测定不同水体的 δD、$\delta^{18}O$ 值。水样在 Isoprime-PyrOH 高温裂解-还原炉中反应后，在 Isoprime 质谱仪上在线测定 $\delta^{18}O$（误差小于 0.5‰）。测定结果用 V-SMOW 标准校正。通过与 V-SMOW（海洋水的标准值）作比较得出 $\delta^{18}O$ 样品中的氧同位素构成：

$$\delta^{18}O_{\text{sample}} = \left[\frac{R_{\text{sample}}}{R_{\text{standard}}} - 1 \right] \times 1000$$

式中，R 为轻重同位素的比例关系（$^{18}O/^{16}O$）；R_{sample} 和 R_{standard} 分别为采集的样品和标准化的同位素值。

为了系统了解梭梭的用水策略，我们收集了冬季降雪、冻融之后不同深度的土壤水、夏季大中量降雨、地下水和梭梭木质部水等水源，目的是通过对比不同水源的 $\delta^{18}O$ 系统，了解梭梭的主要利用水源和用水策略。两次降雪样品数 11 个，其 $\delta^{18}O$ 丰度值为-24.00‰~-19.00‰，平均为-21.00‰；实验中选取对梭梭影响更为显著的中量降雨作为降雨源，降雨样品 12 个，其 $\delta^{18}O$ 丰度值为-8.00‰~-6.00‰，平均为-7.5‰；地下水 $\delta^{18}O$ 丰度值比较稳定，采集样品 24 个，其 $\delta^{18}O$ 丰度值集中在-10.9‰~-10.6‰，平均为-10.8‰；土壤水同位素 $\delta^{18}O$ 同位素峰值主要集中在 40~80cm 剖面，取样 45 个，范围主要为-17.3‰~-11.5‰（表 18.1）。

表 18.1　2010 年不同水源的样品数、δ^{18}O 丰度平均值和幅度

样品	样品数	平均值/‰	幅度/‰
降雪	11	−21.00±2.86	−24～−19
降雨	12	−7.50±2.12	−8～−6
梭梭	73	−11.71±1.34	−13.50～−8.38
地下水	24	−10.8（±0.1）	−10.9～−10.6
土壤水 40～80cm	45	−14.5（±2.85）	−17.3～−11.5

18.2　木质部水及地下水 δ^{18}O 值的动态变化

通过稳定性同位素技术可知，2010 年 1～6 月采集的地下水的 δ^{18}O 值维持在 −10.9%～−10.6‰，同位素年季变化较小。这说明地下水源很稳定，很少有外源水的补给，或者补给的效果不明显。同时，我们隔期采集梭梭枝条，抽取木质部水分，然后通过同位素质谱仪分析梭梭样品 δ^{18}O 值的变化趋势，发现梭梭木质部水 δ^{18}O 值变化显著。对 4～6 月 73 个梭梭样品的同位素测定表明，梭梭木质部水源动态变化主要为-13.50‰～-8.38‰，3、4 月梭梭同位素值显著高于 6 月。对不同月份梭梭 δ^{18}O 值进行线性分析发现，4～6 月梭梭木质部水源有下降趋势（R^2=0.69），说明在 4～6 月梭梭利用的水源比例有变化。尽管同位素值可以准确反映梭梭的用水策略，但这并不能因此单一地说明梭梭通过季节性用水策略的调整来保持其有足够的水源，也可能是季节性干旱导致梭梭枝条蒸腾作用加大，从而使木质部水的 δ^{18}O 值发生进一步的分馏，而此时梭梭利用的水源可能并没有发生变化。

从图 18.1 可以看出，梭梭 δ^{18}O 值从冬季到夏季处于一个显著变化的过程。总体而言，梭梭的木质部水 δ^{18}O 值呈下降趋势（R^2=0.69），说明在从冬季到夏季梭梭可能存在明显的水源转换策略，这意味着梭梭可能在冬季、春季和夏季利用了不同的水源，或者利用的不同水源比例出现了显著的变化。相比梭梭木质部水 δ^{18}O 值的剧烈波动与下降，地下水 δ^{18}O 值整体比较稳定（图 18.2），无明显起伏。同时我们采集的地下水深达 10 余米，相对较深，说明该区域的地下水水源补给整体处于稳定状态，从冬季到夏季这个阶段不存在或者很少存在额外水源补给。

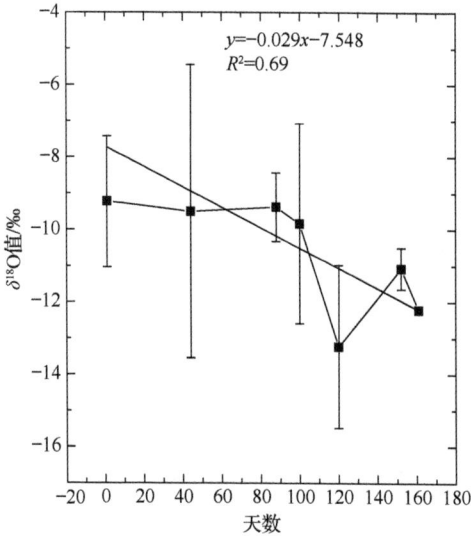

图 18.1　梭梭在融雪后到夏季木质部水
$\delta^{18}O$ 值的动态变化和线性拟合

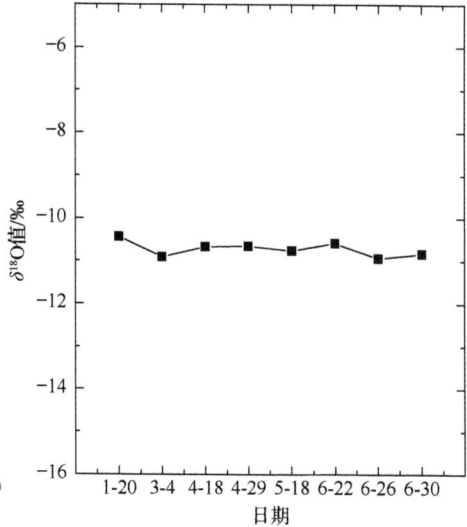

图 18.2　地下水 $\delta^{18}O$ 值的变化情况

18.3　木质部水 $\delta^{18}O$ 值对降雨的响应

梭梭木质部水 $\delta^{18}O$ 值是否存在对降雨的响应值得探讨，这对于全球气候变化引起的降雨量偏少是否引起干旱区建群种植物的生存有着重要的意义。由此，我们开展了大中量降雨对梭梭木质部水 $\delta^{18}O$ 值影响的研究，在古尔班通古特沙漠梭梭分布区，开展了大中量降雨前后梭梭木质部水 $\delta^{18}O$ 值波动性实验。从图 18.3 可以看出，6 月 22 日和 24 日采集降雨的 $\delta^{18}O$ 平均值为-7.5‰，地下水 $\delta^{18}O$ 平均值为-10.6‰。梭梭的 $\delta^{18}O$ 值范围为-12.4‰~-10.8‰。22 日降雨后，梭梭 $\delta^{18}O$ 值没有明显变化，而在降雨后的第四天（25 日）木质部水中的 $\delta^{18}O$ 值明显上升，有峰值出现，并持续 1 天时间，随后 $\delta^{18}O$ 值逐渐下降。27 日又有峰值出现，随后峰值回落。这恰好与 6 月 22 日和 6 月 24 日降雨同位素值有明显相关性（$P<0.05$）。这说明降雨是梭梭的利用水源之一，只是梭梭虽利用了降雨，但并没有马上对降雨产生响应，而是在降雨后的 2d 左右有明显利用变化，这说明梭梭对降雨的利用具有滞后性。

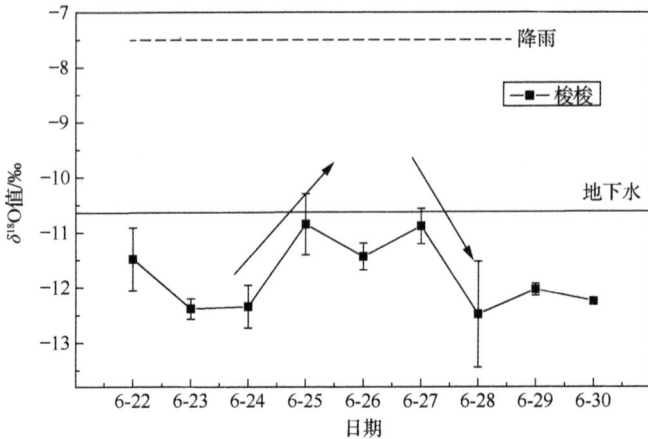

图 18.3　梭梭对大中量降雨的响应

18.4　梭梭利用地下水比例的动态变化

不同水源同位素 $\delta^{18}O$ 值的分布如图 18.4 所示，2010 年整个生育期梭梭木质部水 $\delta^{18}O$ 值徘徊在 -13.5‰~-8.38‰。1~4 月梭梭的 $\delta^{18}O$ 值相对较高，从 4 月底开始，梭梭木质部水 $\delta^{18}O$ 值开始显著降低，5 月数值出现略微波动，几乎与地下水 $\delta^{18}O$ 值重合。6 月梭梭木质部水 $\delta^{18}O$ 值介于地下水和浅层土壤水之间。总体来说，梭梭在 4~6 月利用的水源状况呈下降趋势（R^2=0.69）。冬季梭梭 $\delta^{18}O$ 值较高，这可能是由于梭梭处于半休眠状态，根系吸水量较少及较多利用深层土壤水和地下水。4 月开始梭梭的 $\delta^{18}O$ 值出现明显下降趋势，这可能是由于梭梭在化雪后，表层土壤解冻，土壤含水量上升，使梭梭须根萌发吸水。此时梭梭木质部水的 $\delta^{18}O$ 值介于地下水和浅层土壤水之间，这说明这两种水源是春夏季梭梭主要的维持水源。4 月中旬~5 月中下旬是梭梭木质部同位素变化最明显的阶段，分析原因可能是 4 月温度上升，梭梭林积雪融化完毕，但是沙漠边缘昼夜温差大，有明显冻融交替现象的存在，所以地面下层的土壤仍然处于冷冻状态，梭梭的表层须根还没有被更新，使梭梭主要吸收利用的水分是深层土壤水或者地下水。而在 5 月中旬的采样中发现，梭梭木质部水 $\delta^{18}O$ 值稳定于地下水和浅层土壤水之间，这说明梭梭表层须根已经发育完全，利用其二态性根稳定地吸收这两种水源。可以看出，春夏季梭梭木质部水利用水源主要集中在地下水和浅层土壤水之间。由此可断定，这两种水源是梭梭在春夏季节的重要维持水源。

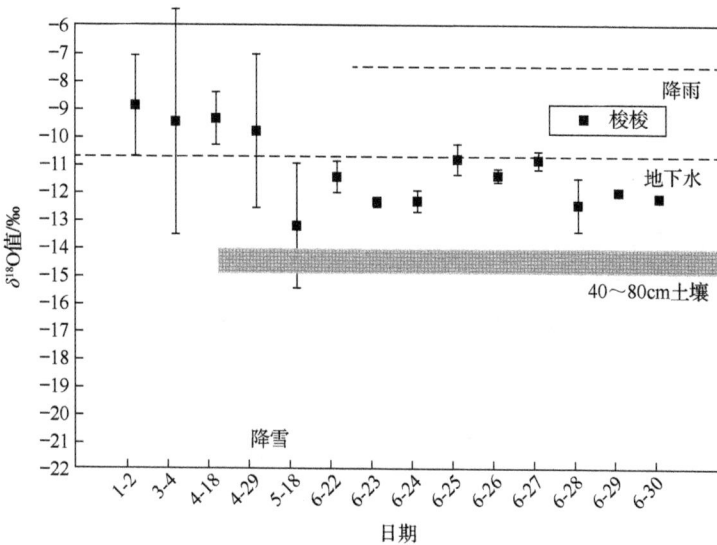

图 18.4　不同水源同位素 $\delta^{18}O$ 值的分布

对梭梭主要生长季 $\delta^{18}O$ 值的动态变化研究发现,梭梭主要利用的水源是地下水和浅层土壤水。这两种水是梭梭重要的水源,也是其维持水源。尤其是地下水在梭梭整个生长季中占据着较大的比例。这与李晖等(2008)在对梭梭的水源探测中得出的结果相一致,但与李彦和许皓(2008)的结论不太一致。他们在调查研究中发现,梭梭很少利用到地下水,降水和浅层土壤水是梭梭的重要水源。造成研究结果不一致的原因可能与研究区域的立地条件、地下水的深浅、地形的起伏及植株形态大小等因素有关。

降雪对梭梭的直接影响很小,因为冬季梭梭处于半休眠状态,天然梭梭林生长地的冬季最低气温可以达-30℃,这使梭梭很难利用降雪,并且对于处在冷冻状态的浅层土壤水利用很少。但是冬季降雪,尤其是大量降雪的年份,降雪融化后导致浅层土壤含水率增加。这种水源可以成为梭梭二态性根在春季土壤解冻后所能利用到的重要水源之一,对生长季梭梭形态塑造作用重大。

降雨对梭梭也有影响。许皓等(2007)认为,梭梭通过生理与个体水平适应机制的协调最大限度地利用有限的、变动的浅层土壤水来维持同化器官稳定的光合作用。较强的气孔控制和有效的形态调节,是其适应降水变化的两个主要机制。然而通过同位素技术我们发现,梭梭对降雨具有间接响应的特点,梭梭木质部同位素值在降雨后的 2~3d 有明显上升,这与 Cheng 和 An(2006)、李晖等(2008)、李鹏菊和刘文杰(2008)的结果一样。因为 6 月 22 日降雨发生前,梭梭利用的 3 种水源中,地下水和土壤水 $\delta^{18}O$ 值几乎不变,但是降雨后梭梭的木质部水 $\delta^{18}O$ 值有变化,所以我们推测梭梭利用了降雨。梭梭同位素峰值滞后的原因可能是梭梭没有直接利用降雨，而是降雨进入土壤后下渗到梭梭表层须根，间接吸收降雨。但我们认为，梭梭还会通过转换利用水源的比例来调整自身对各种水源的需求。梭梭对降雨的响应既与梭梭本身的生理特性及个体差异有关，又与梭梭在极端干旱条件下长期形成的水源转换利用策略有关。李彦和徐皓（2008）在同样的地区采用人工降雨的办法发现，双倍降雨处理下，成年梭梭 0.5m 以下土层中根系分布特征与自然降水下没有显著差异，而 0～0.5m 土层中根系表面积显著增多，约占总面积的 80%。由此可见，不管是降雨还是冬季积雪渗透所形成的表层土壤水，只要有充足的浅层土壤水，梭梭就会吸收利用该层水分，这种水源转化利用现象与 Eagleason（1982）的生态最优化理论一致。

　　受时间、人力和技术手段的限制，我们没有对该区域采样点整个土壤剖面取样，是否会遗漏深层土壤水这个重要水源还不得而知。另外，有学者研究提出沙漠地区植物可以吸收客观的凝结水，凝结水是否也是梭梭的一个重要水源，还需要进一步的考证。不过我们根据以往研究成果了解到，浅层土壤水、降水和地下水的确是梭梭的重要水源，尤其地下水是成年梭梭的维持水源，前面的同位素技术也已经证明。准噶尔盆地南缘梭梭主要的利用水源是地下水和浅层土壤水，其维持水源具有多样性特点。

第 19 章　沙漠公路防护林耗水量估测

　　蒸腾在植物水分代谢中起着很重要的作用，而蒸腾速率是衡量植物水分平衡的一个重要生理指标，可以反映植物调节自身水分损耗及适应干旱环境的能力。植物的蒸腾作用既由其自身生理特性决定，同时在很大程度上又受到环境因子的影响。影响蒸腾的主要环境因子有土壤含水量、光强、空气湿度和温度等。土壤充分供水的条件下，蒸腾的强弱主要受气象因素的影响，蒸腾速率与环境因子的相关性大小依次为光照强度、气温、相对湿度和大气水势。土壤水分条件对蒸腾作用的影响也十分显著，在土壤干旱阶段，增加土壤含水量可以提高叶含水率和加快蒸腾速率；但是在自然降水条件下，植物蒸腾作用的变化趋势不仅受土壤水分变化的影响，还受其自身生理调控、生理阈值和年生长节律的制约，并不是土壤含水量越小蒸腾速率就越低，或者土壤含水量越大蒸腾速率就越高（于界芬，2003）。不同植物的蒸腾速率日变化趋势基本一致，即随着太阳辐射的增强而迅速增加，在上午 10:00 左右或下午 14:00 左右蒸腾速率达最大值，其日变化曲线多为单峰型、双峰型，偶有旗型；在饱和土壤条件下，蒸腾速率日变化在不同的天气条件下也有差异。尽管不同植物蒸腾速率的日变化和季节变化规律基本一致，但不同植物的蒸腾速率是不同的。不同植物或同一植物不同年龄个体蒸腾耗水的差异主要取决于其生物学特征及生理活性（于界芬，2003）。

　　本章通过 Sap Flow32 茎流测定系统进行茎干液流的测定，研究蒸腾耗水量的变化规律，从而阐明植物自身的耗水特性及其与外界条件的关系，并为水量平衡计算和植被水分控制提供依据。通过对沙漠公路防护林主要树种梭梭的耗水量进行测定与估算，能够量化沙漠公路地下水平衡关系中最重要的平衡分量。为防护林优化灌溉管理是保证防护林功能发挥条件下耗水接近最小量的灌溉管理方法，这些研究资料为防护林的可持续性科学论证提供了依据。

19.1　耗水量的测定

　　本节在塔中沙漠公路林带内进行了耗水量的测定。在防护林带内选择适合于传感器测定直径范围的植株（要求植物生长正常，茎干被测部位通直圆滑、无枝杈结疤），用小刀将被测茎干外的死皮和粗糙部分刮去（在刮皮时需小心，不要损伤茎干的韧皮部），再用砂纸将其打磨光滑。然后，用游标卡尺精确测定准备安装探头部位的茎干直径、调试探头直径和茎干直径的适合程度，使探头与茎干紧密接触。为了增强探头和茎干的接触，在安装探头前用 G4 混合油涂抹茎干，这同时有利于防止水分顺茎干进入测定部分或者水汽的液化，保护探头不受损伤和与茎干的粘连等作用。

将探头安装于梭梭的茎干基部，使探头紧紧与茎干接触，用探头上的绑扎带将其扎紧，保证探头上的几个温差电偶和茎干能直接接触。然后用隔热环套将探头的上下两头密封严实。为防止太阳辐射对探头温度的影响，在安装好探头后，再在探头的外层包上防太阳辐射保护套。将探头和数据采集器的电源线与电源（12V 的铅酸电池）接通，将数据采集器上进行数据传输的电线与数据采集器相应的接口进行连接，然后将测定植物的横截面面积、起始时间、数据记录的间隔等参数通过计算机输入数据采集器（本实验设置每 15min 记录一次液流速率读数，每 15min 记录一次液流累积量）。测量从 4 月 11 日开始，至 10 月 20 日结束。表 19.1 是实验植株的直径及探头型号。

表 19.1 实验植株的直径及探头型号

编号	直径/cm	探头
1	3.4	SGB35
2	2.8	SGB25
3	2.0	SGB19

研究中还测定了土壤含水量、植物清晨水势和午后水势、环境因子等相关因素。土壤含水量采用土钻取样烘干称重法测定，钻取土壤 400cm 土层测定其含水量的长期变化，每 20cm 为一层取样，5～10 月每月中旬采样一次。植物水势采用压力室测定，主要测定带叶小枝和同化枝的水势，3 种植物每种取 6 株，每株 3 个重复。5～10 月每月中旬分别于清晨 7:00 和午后 14:00 测定一次水势；5 月做一次水势日变化，自清晨 7:00 开始，每 2h 测定一次，直至晚上 21:00 结束。环境因子采用塔中研究站环境监测仪测定的数据。

19.2 茎干液流的基本特征

茎干液流是在蒸腾拉力的作用下产生的，因此茎干液流也就是蒸腾流。茎干液流的变化能够准确反映植物蒸腾作用的过程。不同植物种因本身的生理特征，其木质部输导组织对水分的传输能力有所差异，因此，茎干液流能够在一定程度上反映植物输导组织的特性，如木质部的比导率（徐茜和陈亚宁，2012）。

植物的蒸腾受自身生理活动的影响，有明显的昼夜节律性，白天太阳辐射强烈、温度高时蒸腾速率大，晚上光合作用停止，蒸腾速率减小或者停止。图 19.1 是梭梭茎干液流的日变化曲线。由图 19.1 可以看出，茎干液流日变化有明显的昼夜波动趋势，受环境因子的影响呈单峰型或多峰型波动曲线。茎干液流速率在早上 8:00 开始有明显的升高趋势，并在 11:00～15:00 出现高峰值。在 17:30 以后茎干液流开始有明显的下降趋势，茎干液流速率最小值出现在 0:00～3:00；夜间的茎干液流速率一般维持在 0～70g/h，茎干液流 0 值出现在 4 月生长初期，在 5～7 月生长旺季，夜间茎干液流一般维持在 60g/h。这可能是由于沙漠极端干旱的气候条件下，植物体白天无法及时补充失去的水分，需要在夜间保持有一定的茎干液流以补充植物体白天的水分消耗，而且夜间气温较高，空气流动速度快、空气干燥也可能是夜间水分散失的一个重要原因。

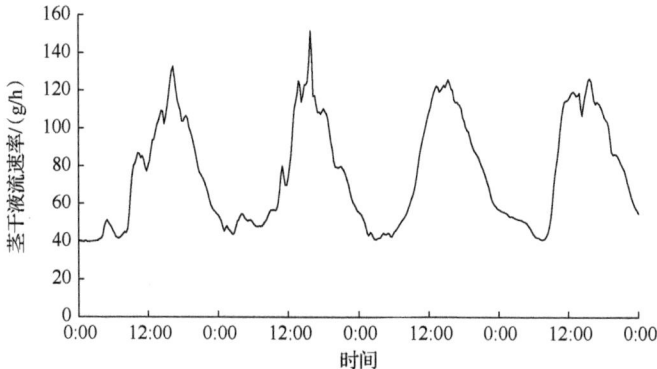

图 19.1　梭梭茎干液流的日变化曲线

表 19.2 是一个生长季梭梭茎干液流的特征值。可以看出，梭梭日平均液流速率为 61.54～128.46g/h，日最大液流速率可达 244.12g/h。

表 19.2　梭梭单株日平均茎干液流速率和日最大茎干液流速率

直径/cm	日平均茎干液流速率/（g/h）	日最大茎干液流速率/（g/h）
2.0	61.54	99.74
2.8	91.16	208.13
3.4	128.46	244.12

19.3　茎干液流与主要气象因子的关系

植物的蒸腾除了与自身的生理生态特性相关以外，还受一些环境因子的影响。

不同环境条件下各环境因子对茎干液流的影响也有所不同。马履一和王华田（2002）对北京西山林场油松的树干液流进行了研究，得出影响油松树干液流的主要因子依次是温度、太阳辐射和土壤温度，空气相对湿度对树干液流的影响较小；熊伟等（2003）对六盘山地区华北落叶松进行树干液流研究表明，太阳辐射、风速和土壤含水量是影响树干液流的主要环境因子；而且他们都建立了不同地区环境因子和树干液流速率的回归方程。沙漠公路防护林目前的灌溉方式为防护林提供了较为充足的水分供应，而且土壤水分一直保持在一个较为稳定的水平，因此土壤水分对蒸腾的影响减弱，蒸腾主要受到一些气象因子的影响。

　　图 19.2 是一些主要气象因子对梭梭茎干液流的影响。可以看出，茎干液流速率的波动和太阳辐射、气温、风速的波动趋势十分相似，尤其是太阳辐射和气温的波动与梭梭茎干液流速率的波动趋于一致。

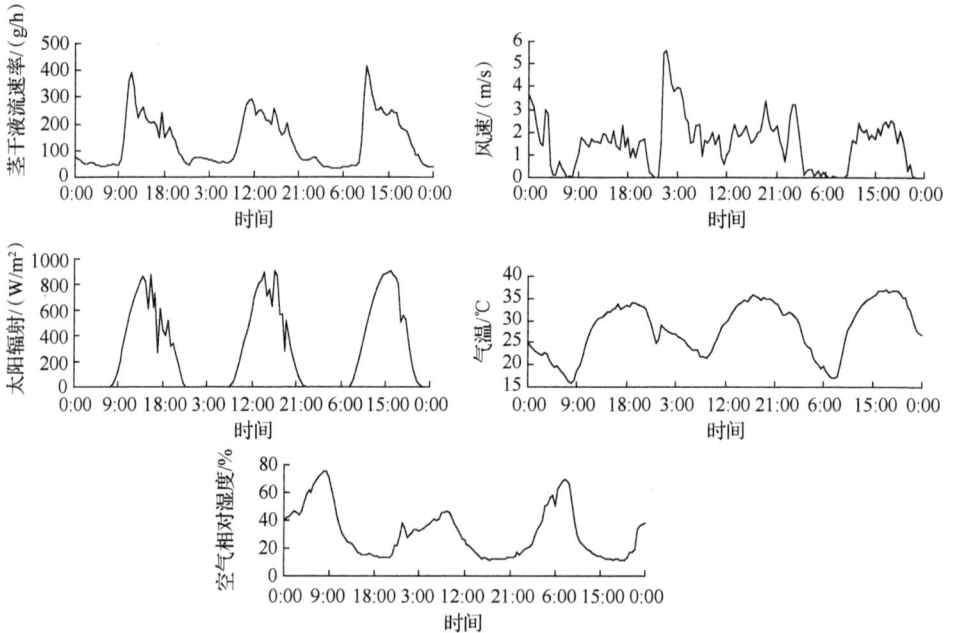

图 19.2　主要气象因子对梭梭茎干液流的影响

　　表 19.3 是梭梭茎干液流和一些主要环境因子的相关关系。可以看出，梭梭茎干液流速率和太阳辐射、气温、空气相对湿度、风速均有显著相关性（$\alpha=0.01$）；茎干液流与太阳辐射的相关关系最强，相关性系数为 0.885；与气温和风速也有明显的正相关性；茎干液流与空气相对湿度呈明显的负相关性。这是因为，蒸腾作用首先取决于植物自身的生理特性，太阳辐射直接影响植物的光合生理特性，在太阳辐射强烈的时候，植物的光合作用加强，各项生理指标都比较活跃，所以蒸

腾作用加强，茎干液流也明显较大；气温通过影响植物的生理活动和植物叶面温度来影响蒸腾，进而影响茎干液流，在沙漠高温条件下，植物通过加强蒸腾作用来降低叶面温度，以免高温灼伤；在沙漠腹地，空气相对湿度一般保持在 30%左右，防护林带的蒸腾作用使局部小气候有所改变，尤其是空气相对湿度的变化最明显。空气相对湿度和植物蒸腾是一个相互作用的过程：当空气干燥时，空气相对湿度较低，使空气水汽压差变大，水分更容易从植物体散发出去，所以空气相对湿度和蒸腾作用是负相关的，而蒸腾作用的加强又使更多的水汽进入空气，使局部空气相对湿度有所增加；空气的流动使更多的干燥空气取代植物周围湿度较高的空气，风速对茎干液流的影响主要是以更干燥的空气替换植物体周围相对湿度较高的空气，使空气水汽压差变大，导致蒸腾作用的加强，所以风速越大，空气交换越频繁，蒸腾作用也就越强烈，但是植物蒸腾主要是在太阳辐射强、生理活动活跃的白天进行，白天风速对茎干液流有明显的影响；而进入夜间以后，植物生理活动减弱，蒸腾作用很弱，所以在夜间风速对茎干液流几乎没有什么影响。利用多元回归的方法建立了梭梭茎干液流和一些气象因子的相关性回归模型，通过逐步回归确定了梭梭茎干液流和两个主要气象因子(太阳辐射和空气相对湿度)的模型：

$$S_f = 145.705 + 0.211X_1 - 1.07X_2 \quad R^2 = 0.905$$

或茎干液流和太阳辐射的回归模型：

$$S_f = 107.086 + 0.237X_1 \quad R^2 = 0.885$$

式中，S_f 为茎干液流速率；X_1 为太阳辐射；X_2 为空气相对湿度。

表 19.3　梭梭茎干液流和一些主要环境因子的相关关系（N=145）

项目	茎干液流	太阳辐射	气温	空气相对湿度	风速
茎干液流	1.000				
太阳辐射	0.885**	1.000			
气温	0.686**	0.614**	1.000		
空气相对湿度	−0.577**	−0.464*	−0.944**	1.000	
风速	0.379**	0.371**	0.425**	−0.493**	1.000

** 在 0.01 水平上具有显著相关性。

19.4　茎干液流与直径的关系

不同直径的植物茎干液流速率有很大差异。图 19.3 是不同直径的 3 株梭梭茎干液流速率的日变化过程。可以看出，在夜间不同直径植株液流速率差别不大，随着液流速率的增加，差距逐渐明显，在白天液流速率达到高峰，差距最明显；在同一天内，由于受相同环境因子的影响，不同直径的植株液流速率的波动趋同，但对于液流速率较高的植株，其液流波动明显，说明液流速率越大，越容易受环境因素的影响；日平均液流速率和直径有显著的正相关性，直径越大，日平均液流速率也越大。

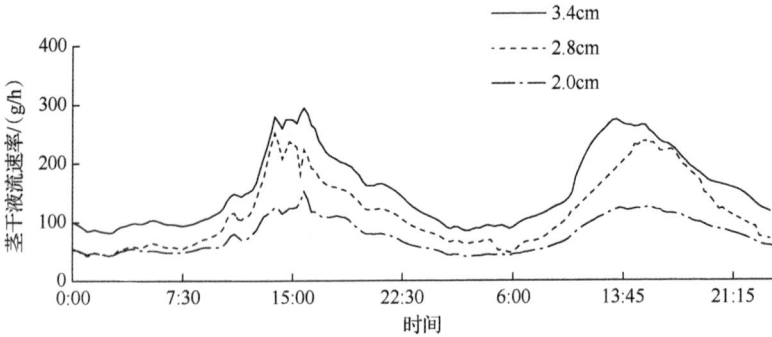

图 19.3　不同直径的 3 株梭梭茎干液流速率的日变化过程

　　植物在一个生长季的耗水过程是随着生长阶段不同而变化的，梭梭在 4 月初开始萌动，10 月开始衰退，整个生长季的耗水过程曲线是单峰型，这是由其生长节律所决定的。图 19.4 是 3 株梭梭在生长季各月的日平均耗水量曲线。可以看出，梭梭在 6 月和 8 月耗水量较大，在 7 月耗水量略有降低。表 19.4 统计了 3 株梭梭在一个生长季的日平均耗水量。可以看出，3 株不同直径梭梭的日均平耗水量分别为 1.48kg、2.18kg 和 3.08kg，直径为 3.4cm 的梭梭的最大日耗水量近 5kg；而其年耗水量分别为 280.37kg、414.45kg 和 585.01kg，相对于干旱的沙漠环境，这样的耗水量是很大的。

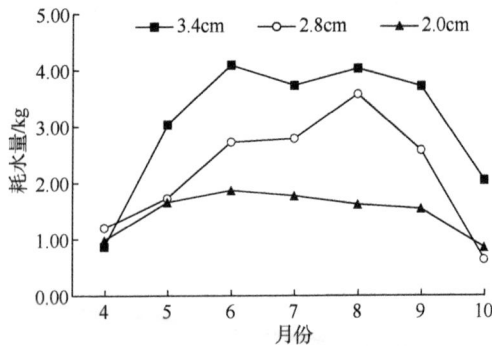

图 19.4　3 株梭梭在生长季各月的日平均耗水量曲线

表 19.4　3 株梭梭在一个生长季的日平均耗水量

直径/cm	最大日耗水量/kg	日平均耗水量/kg	年耗水总量/kg
2.0	2.39	1.48	280.37
2.8	4.35	2.18	414.45
3.4	4.99	3.08	585.01

　　木本植物的蒸腾耗水量与其直径呈正相关关系。沙漠公路防护林植物的测定结果也显示耗水与直径呈明显的正相关关系，直径越大，蒸腾耗水量也越大。依据木本植物的解剖结构，植物茎干输导水分的有效部分位于边材部分，直径越大，边材面积必然也越大，水分的输导能力也越强，对于同一种植物，直径越大者，茎干有效水分输导截面面积也越大，蒸腾耗水量也必然越大（表 19.4）。可以看出，直径越大，日耗水量也越大，而且直径与耗水量之间的线性相关性极为明显。分析表明，梭梭直径与耗水量的相关性系数 $R^2=0.989$。

　　在土壤-植物-大气连续系统中，土壤是水分移动的起点，无疑土壤含水量的高低（包括土壤水势）对植物的蒸腾起决定作用。塔里木沙漠公路防护林采取持续少量的滴灌方式，这样的灌溉方式适合于沙土，因为沙土持水力差，所以过量的灌溉必然导致水分的径流损失或者渗漏损失，而植物的水分供应得不到保障，滴灌方式使土壤含水量保持相对稳定，从而确保了植物的水分需求。图 19.5 是实验地林带内土壤表层 400cm 各月的土壤含水量。可以看出，林带内土壤各个层次各月份的含水量差异不是很大，基本保持在相对稳定的水平。而且平均含水量维持在 8%左右，土壤水分比较充足。在 340cm 左右存在黏土层，黏土的持水力较强，因此该层土壤含水量一直较高。挖掘表明，植物根系主要分布在土壤表层 300cm 以内，而在自然条件下梭梭的根系分布很深。这也从侧面表明植物对水资源的利用状况和灌溉对根系生长的控制作用。当浅层土壤水分供应比较充足时，根系不需要再深入更深的土壤层去开拓更多的水资源。

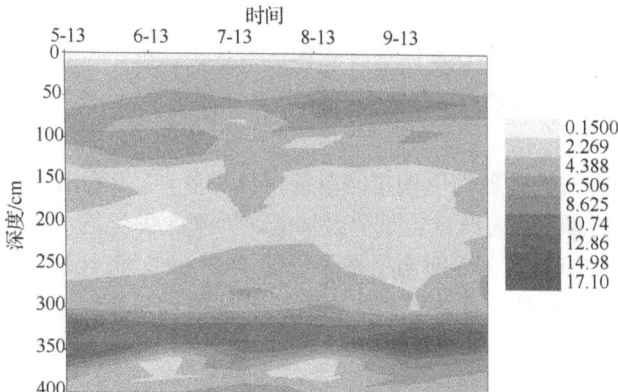

图 19.5　实验地林带内土壤表层 400cm 各月的土壤含水量

19.5　梭梭单株日耗水量

本节为了探讨灌溉条件对梭梭耗水的影响，设置了 3 个水分处理［处理 1～处理 3 的灌溉量分别为 17.5kg/（株·次）、28kg/（株·次）和 35kg/（株·次）］来测定梭梭的耗水状况。图 19.6 是不同处理条件下梭梭日耗水量的月变化曲线。可以看出，不同灌溉量条件下，5～10 月单株日耗水量都随着灌溉量的减少而减小。这说明随着灌溉量的减少，梭梭通过降低其蒸腾速率进而降低单株耗水量来减少体内水分的损失，以维持其体内水分平衡。

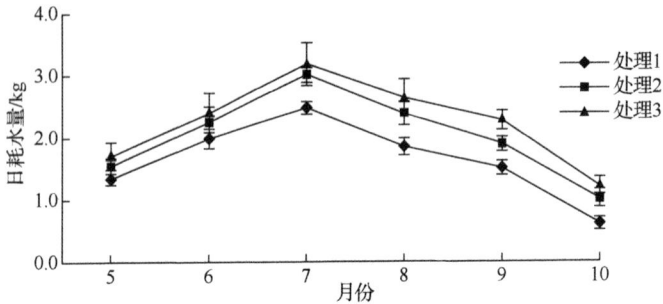

图 19.6　不同处理条件下梭梭日耗水量的月变化曲线

本节对不同处理条件下梭梭各月日耗水量的差异显著性进行了分析。结果表明：3 种处理条件下，在 5 月、9 月、10 月处理 1 与处理 2、处理 3 存在显著差异，处理 2 与处理 3 不存在显著差异；6 月、7 月、8 月 3 种处理间都存在显著差异。这表明灌溉量的多少对不同植物的单株日耗水量具有不同的影响，这可能与植物本身的生理特性有关。

从图 19.6 还可以看出，不同处理条件下，梭梭在整个生长季内单株日耗水量的动态变化均为单峰型曲线，7 月是耗水量最大的月份，这与植物水势的变化趋势相一致。

表 19.5 是不同处理条件下梭梭的单株年耗水量。可以看出，不同处理条件下，梭梭的年耗水量都随着灌溉量的减少而降低。处理 3 的年耗水量为 450.54kg，处理 2 和处理 1 的年耗水量分别比处理 3 降低了 11.69% 和 27.61%。这说明随着灌溉量的减少，土壤水分条件变差，植物所能吸收的水分减少，因而其蒸腾耗水量也降低。

表 19.5　不同处理条件下梭梭的单株年耗水量

处理	年耗水总量/kg
1	326.13
2	397.89
3	450.54

　　不同处理条件下，梭梭各月单株日耗水量的变化都表现为处理 3>处理 2>处理 1，即随着灌溉量的减少，3 种防护林植物的单株日耗水量也减少。这与前人对干旱胁迫下一些树木的单株耗水量的研究结果基本一致（李吉跃等，2002；单长卷等，2005）。

　　不同处理条件下，梭梭在其整个生长季日平均耗水量的动态变化趋势均为单峰型。各处理条件下，7 月是耗水量最大的月份，因为 7 月是塔克拉玛干沙漠一年内最热的时候，环境条件最恶劣，植物可以通过增加其蒸腾耗水量来降低叶面温度，进一步适应干旱的环境条件。通过研究还发现，这一时期植物的水势最低，所受胁迫最大。10 月以后植物单株日耗水量开始降低，这可能是因为植物在这个时间已经进入了整个生长季的末期，植物叶片开始枯黄凋落，对水分的需求较小，并且在这一时段各种环境因子也都有所好转，使植物的蒸腾耗水量降低。

　　不同处理条件下，梭梭年耗水量的变化趋势与其日耗水量一致，即随着灌溉量的减少和土壤水分条件的变差，植物的年蒸腾耗水量减少。这说明在塔克拉玛干沙漠腹地，当周围环境条件一致时，灌溉量对植物的蒸腾耗水量有着一定的影响，进而影响其整个生长季的耗水量。

19.6　梭梭防护林带年耗水量估算

1. 不同灌溉量条件下耗水量的估算

　　防护林带的耗水量是在单株测定的基础上，通过尺度转换来估算的。防护林带是由 4 年生和 5 年生的植物构成的，对于整个防护林带的耗水量估算，是通过测定单株耗水量，推算出 4 年生和 5 年生植物的单株耗水量，然后把每株植物的耗水量相加得到的。

　　对于 4 年生和 5 年生的单株植物耗水量，是基于热脉冲方法的思路进行估算的。实验所测定的对象是 8 年生防护林植物。对于同一植物种而言，其木质部结构是相同的，在相同的土壤水分条件和环境条件下其对水分的输导能力也是相同的。而热脉冲方法的原理是用热脉冲探针测定木质部茎干液流的速度 V（cm/h），然后根据茎干的木质部比导率 ρ（g/cm^3）和时间计算单位时间内的茎干液流通量 F_d [g/（cm^2·h）]。茎干液流通量是一个绝对蒸腾速率，可以进行各植物种蒸腾量大小的比较。要计算单株耗水量，则要根据有效水分输导能力的茎干面积和液流通量的乘积计算出单位时间内的耗水速率（g/h）。整个热脉冲测定结果转换为热平衡法测定单位的过程如下。

茎干液流通量

$$F_d=V\rho$$

茎干液流速率

$$F=SF_d（S 为边材面积）$$

耗水量

$$W=Ft$$

热平衡法的测定结果直接输出为茎干液流速率（g/h），但是不能直接估算各植物种耗水量的比较和不同直径植物的耗水量。为了能够计算不同直径植物的耗水量，依据热脉冲方法和热平衡法的关系，可以把热平衡法测定的茎干液流速率转化为茎干液流通量：$F_d=F/S$，这里的 F_d 为分配到整个茎干的液流通量（包括心材和边材），和边材液流通量有所不同，但是这并不影响计算结果。

对于单株植物耗水量的估算，可以通过下式进行：

$$W=F_dS_i$$

式中，S_i 为需计算的植株的茎干截面面积。

该式用被测植物一个生长季平均茎干液流通量代表该植物种在一个生长季的茎干液流速率平均值。

沙漠公路防护林带主要由梭梭组成，而且防护林植物的年龄主要有 4 年生和 5 年生。依据不同年龄的植物单株日平均耗水量、株数和生长季日数计算各种植物的单株年耗水量，所有植物单株耗水量之和，即为防护林带的耗水量。防护林带梭梭的耗水量计算公式为

$$Q=（q_1n_1+q_2n_2）T$$

式中，Q 为梭梭林带耗水量；q_1 为 4 年生梭梭单株耗水量；q_2 为 5 年生梭梭单株耗水量；n_1 为 4 年生梭梭株数；n_2 为 5 年生梭梭株数；T 为生长季日数，以 200d 计。

2. 沙漠公路防护林带植物种组成及林龄

沙漠公路防护林带的主要组成植物种为梭梭、柽柳、沙拐枣，其中梭梭共约 527.53 万株。就种植年份而言，2004 年完成了总工程量的 47%，2005 年完成了 53%。当年种植的苗木年龄平均记为 2a，所以在 2007 年耗水量的估算中，4 年生和 5 年生所占比例分别为 53%和 47%。植物的直径生长是和年龄密切相关的，因

此知道了各植物年龄所占比例，就可以推算其耗水量。

3. 梭梭防护林带年耗水量估算结果

表 19.6 是不计防护林植物成活率、灌溉不均匀、立地条件等因素的影响，依据 $Q=(q_1 n_1 + q_2 n_2) T$ 计算得出的不同灌溉量条件下，梭梭防护林带 2007 年总的耗水量。可以看出，随着灌溉量的减少，梭梭的总耗水量也逐渐降低。处理 1 总耗水量最少，处理 2 次之，处理 3 最多。在整个生长季内，防护林植物只有在 7 月最热的时候，多枝柽柳和乔木状沙拐枣受到了水分胁迫（梁少民，2008），但其自身的生长指标并没有受到严重的影响，仍具有一定的生长量，而梭梭没有受到胁迫。因此，根据估算耗水量的最大值和最小值，结合植物生理生长指标可知，防护林还有一定节水空间。

表 19.6　不同处理下梭梭防护林带 2007 年耗水量估算结果（单位：$\times 10^4$t）

年龄	处理 1	处理 2	处理 3
4	102.3	124.8	141.3
5	69.7	85.1	96.3
林带耗水	172.0	209.9	237.7

第 7 篇　　梭梭自然更新与植被持续管理中几个基本问题的探讨

在撰写本书接近尾声之时，作者再次深深地感到，人类认识自然是一个漫长的、循序渐进的过程。前面我们用了大量的篇幅，试图比较全面地梳理和总结涉及"梭梭自然更新与维持"的主要科学问题，其中既包含很多同行的研究成果，也汇集了我们团队数十年的心血成果。然而，当我们试图在大量研究工作的基础上进行理论提炼、量化升华时，仍感到有不少的研究缺陷。眼前洋洋数十万字的梳理和总结，使我们在揭示梭梭自然更新和维持的规律时仍然意犹未尽。

为此，在本书的末尾，再次就其中的一些基本问题加以讨论。

第 20 章　梭梭自然更新与维持生态学再思考

20.1　梭梭种群自然更新过程的数量关系

自然更新是一个极其复杂的生态过程，受到环境条件、自然和人为的干扰，更新种自身遗传学、生理学、生态学特性及其与相邻种类之间的关系（如植物种间的竞争、化感作用）等影响（王战和张颂云，1992；Ponge，1998；Zhu et al.，2003）。一般认为，成功的森林自然更新（有性繁殖）必须具备以下条件：充足且有生命力的种子/种源，以及适合种子萌发，支持幼苗成活、生长和幼树形成的环境条件（李俊清和李景文，2003；Zhu et al.，2003；刘足根等，2005；Liu et al.，2005）。经过种子生产、种子散布后，植物的种子到达或不达到某一生境。而到达了某一生境的种子还需经过幼苗的萌发、定居、生长等生活史才能长成新的植株体，完成更新过程（Clark et al.，1999a；Nathan et al.，2000a；Wang and Smith，2002）。这说明在自然更新过程中，植物本身不断面临个体数量减少的严重威胁。

Clark 等（1999b）将不同研究者的研究观点归并为两个大类：第一为种子雨观点。持该观点的人认为少且不确定的种子供应或幼苗定居是种群更新限制的原因，当地种源的缺乏、种子生产的失败与散布限制对种群的动态产生影响。第二为幼树迁移观点。持该观点的人相对淡化种子供应和幼苗建立的作用，而将树木的种子生产到幼苗萌发的生活史看作一个幼树的供应过程，进而假设了一个"幼树雨"的存在，从而将研究重点转到微生境的分布与质量及其与幼树的动态作用关系上。这不仅体现了研究者们所关注的侧重点有所不同，同时也进一步证明，自然更新过程是一个个体数量大量减少的过程。

为了探讨梭梭自然更新过程中个体数量的动态变化，吕朝燕（2013）对梭梭自然更新主要过程的个体数量进行了统计，获得了非常宝贵的监测数据（表 20.1）。

表 20.1　梭梭自然更新主要过程的数量变化

更新过程	平均值	保存率/%[①]	保存率/%[②]
种子产量密度	5023 粒/m²	100	100
累积种子雨密度	389 粒/m²	7.74	7.74
土壤种子库密度	277 粒/m²	5.51	71.20
幼苗密度（2010 年 4 月）	177 株/m²	3.52	63.89
幼苗密度（2010 年 10 月）	16 株/m²	0.32	9.04

① 某过程密度与种子产量密度的比。

② 后一过程密度与其前一过程密度的比。

通常植物想依赖种子进行天然有性更新并获得成功，必须满足两个条件：①足够数量的种子；②种子在适宜的微生境中萌发（肖治术等，2003）。分布在干旱区的植物种子都不大，结实量较大，而且往往带有利于传播的结构（翅、毛等）（刘媖心，1985，1987，1992），从而增加了种子的扩散机会和种子传播距离。对梭梭而言，种子是其自然更新的唯一方式（黄培祐，2002），这说明充足的种源对梭梭自然更新的意义重大。研究表明，古尔班通古特沙漠不同生境梭梭种群的种子生产量非常大，平均单株种子产量高达 24 641 粒（换算为平均种子产量密度为 5023 粒/m^2）。但从梭梭种子形成开始，病菌感染、虫蛀、动物取食等因素导致梭梭种子数量的损失巨大，所形成的种子雨密度与种子产量密度相比，损失率达 92% 以上。其后，经种子散布，降落到土壤表面的种子受动物取食或其他生物破坏（Hughes et al.，1994；Wang and Smith，2002）、微生境状况（Nathan et al.，2000a）、生理引起的死亡（Thompson and Grime，1979；Baskin C C and Baskin J M，1998；Thompson，2000）等的作用而在萌发前死亡，或因动物的搬运而在土壤中发生位置的移动（Chambers and MacMahon，1994），余下部分则储藏于土壤中。这是梭梭种子的第二次损失，其与种子雨密度相比较，损失率约为 28%。

虽然梭梭种子数量经过上述两个过程损失巨大，但梭梭种子产量的基数很大，因此经历两个过程后保留下来的梭梭种子仍然可以满足梭梭更新的需要。在早春萌发时，处于整个生长期温度、水分最佳组合条件的梭梭种子能够迅速萌发出土形成幼苗。种子萌发出土与种子形态结构、萌发特性、环境因子和生物因素密切相关（彭闪江等，2004；王友凤和马祥庆，2007），且一般幼苗出土后的死亡率极高，是植物种群生活史中幼苗亏损的主要阶段（彭闪江等，2004；王友凤和马祥庆，2007；殷东生，2007）。根据研究数据可知，经过 4～10 月一个生长季，梭梭当年生幼苗的数量再次急剧减少，与萌发幼苗数量相比，仅有不到 10% 的幼苗可以存活，实现定居。在整个自然更新过程中，梭梭个体数量的损失高达 99.6%，付出的代价相当高昂。

李钢铁和杨美霞（1995）在吉兰泰地区对梭梭幼苗的研究表明，2 年生幼苗的抗性已经较强，只要当年生幼苗能够保存下来，以后就会有较大的保存概率。这说明经过一个生长季仍然存活下来的当年生幼苗对梭梭的自然更新已经具有实际意义，有很大的概率可实现对梭梭种群的补充。可见，从梭梭种子的形成开始到经过一个生长季后存活下来的当年生幼苗，经过各个过程生物、非生物因子组成的环境筛的自然选择，数量发生了巨大的变化。仅有极少数种子（低于种子产量的 0.5%）有望最终形成幼苗、成株，补充梭梭种群，实现梭梭的自然更新。

梭梭的自然更新过程直接面对严酷的自然选择，实际上就是一个以绝大多数个体的损失为代价，来换取极少数个体获得定居成功的过程。自然更新所面临的是极其复杂的外界环境变化，各种影响因素均具有极大的不确定性，因此梭梭的自然更新对较为适宜的自然更新条件具有较强的依赖性，并不是在所有年份梭梭都能实现自然更新。正如一些学者的研究所述，梭梭更新良好的情况 8～11 年才有一次（里昂节夫，1960）。梭梭林每 8～10 年才能成功地更新一批（胡式之，1963）。吉兰泰地区平均每 9 年有一个梭梭可自然更新年（李钢铁和杨美霞，1995）。

20.2　梭梭自然更新过程的水分问题

干旱地区植被生态系统及与其相关的全部过程，无一例外地主要受制于水分条件。对植物或者植被而言，其主要与生境基质的水分状况相关联。作为温带荒漠区地带性植被主要建群种的梭梭，其在与古尔班通古特沙漠环境长期共存的过程中，建立了一套"默契的"适应关系。认识这种生态关系，对于把握梭梭生态系统的生态过程、掌握梭梭种群的自然更新规律、维持梭梭生态系统的持续发展、改善梭梭植被的修复与管理等均具有非常重要的意义。

20.2.1　古尔班通古特沙漠梭梭天然分布区基质水分状况的基本特征

为了探明古尔班通古特沙漠生境基质的水分特征、认识其与地带性植被的生态关系，进而揭示生态系统的水分运动规律，不少学者付出了长期不懈的努力。其中一些学者为了掌握古尔班通古特沙漠生境基质水分条件的变化规律，在不同年度对基质水分状况随时间和空间的变异进行了观测与研究（赵从举等，2003；王雪芹等，2006；陈钧杰等，2009；杨艳凤等，2011；朱海等，2016），还有一些学者则探讨了古尔班通古特沙漠生境基质水分条件与梭梭自然更新的动态关系，对生境基质水分条件和梭梭幼苗建成进行了同步监测（张世军，2004；刘国军，2009；吕朝燕，2013）。这些观测获得了丰富的数据资料，取得了积极的研究进展，为揭示古尔班通古特沙漠生境基质水分变化的基本规律奠定了基础。虽然这些学者的研究目的、研究区域、研究地点、研究年度、研究周期等不尽相同，对分析生境基质水分状况的基本规律有一定的困难。然而，这些来自相同地理单元、不同时间和空间的资料，正好为我们全面了解生境基质水分状况在时间维度和空间维度上的多样性和变异程度、科学揭示该区域生境基质水分变化周期性模式和变化趋势等基本规律提供了较为丰富的数据基础。

通过这些学者的资料、数据，本节至少可以梳理并揭示出以下基本规律。

1. 古尔班通古特沙漠梭梭天然分布区生境基质水分状况年度变化的周期性模式

基于揭示梭梭主要分布区——古尔班通古特沙漠区域性生境基质水分条件随时间变化规律的考虑，在此借助于有关学者的研究资料，并重点选择监测周期较长的研究（陈钧杰等，2009；吕朝燕，2013）为基础，阐述古尔班通古特沙漠生境基质水分条件随时间的变化规律。不同学者的研究有其特定的、具体的目标。尽管部分研究目标基本一致，但因研究区域或者研究年度不同，所得到的结果都有不同程度的差异。致力于揭示区域性的变化规律和模式的我们，并不十分拘泥于其中的一些细节，而重在把握大的变化规律，我们需要的是不同地点、不同年度、时间序列较长的研究数据，以利于更好地把握带有区域性特征的变化规律。

古尔班通古特沙漠位于准噶尔盆地腹地，地理位置为北纬 44°11′～46°20′，东经 84°31′～90°00′，面积约 $4.88×104km^2$，是我国最大的固定与半固定沙漠。该区域年积温 3000～3500℃，年降水量 70～150mm，年潜在蒸发量达 2000mm 以上，为典型内陆干旱气候。该区域降水年度分配比较均匀，4～7 月占比偏大，约占全年总降水量的 65%。

新疆位于我国地表水资源匮乏的西北地区，但其积雪资源得天独厚（Li，1983，1993）。新疆北部的古尔班通古特沙漠，积雪储量从 11 月下旬开始积累，于第二年 2 月达到峰值，此后快速消融集中补给沙地土壤，直接影响北疆沙漠土壤水分的时间分布。

古尔班通古特沙漠属于我国稳定积雪地区（Che and Li，2005；Cui et al.，2005），冬季普遍被厚度为 20～30cm 的积雪覆盖，其可为土壤提供重要的短期热通量、水和化学物质（Jones et al.，2003）。尤为重要的是，这个区域的冬季降雪可占全年降水量的 15%～25%，并在早春几天时间以融水形式释放补给土壤，从而使春季成为全年土壤水分最好的季节。冬季稳定积雪的存在是这个特殊环境中的重要事件，直接影响该沙漠土壤水分的变化规律。良好的水分条件与转暖的气温同步，是古尔班通古特沙漠早春植被广泛发育的关键所在（王雪芹等，2006）。正常年份该区域 3 月上中旬进入积雪快速消融期，3 月底基本结束。积雪储量的变化在很大程度上控制了该沙漠土壤水分的时间分布走势，非常有利于植物生态系统充分利用积雪水资源（Li et al.，2006）。

图 20.1 是 2004 年 2 月～2006 年 2 月古尔班通古特沙漠边缘生境基质水分条件的动态变化，其中柱状图为逐月土壤含水量，曲线为土壤水分状况年度变化的趋势拟合。这个变化趋势较为清晰地刻画出古尔班通古特沙漠边缘生境基质水分条件以月为单元的年度变化的周期性规律。

初春（3～4 月）为生境基质水分融雪补给期，此时地表温度上升，冻土和积雪开始融化，蒸发较弱。准噶尔盆地冬季积雪在半个月左右迅速融化，最大含水层分布较浅，生境基质水分较为充足，能满足种子萌发、植物生长的需要；2004 年 3 月垄间土壤含水量达 4.56%，2005 年 3 月达 3.07%，均为当年最高，此时期土壤水分以融雪补充为主，是全年生境基质水分含量最高的时期。

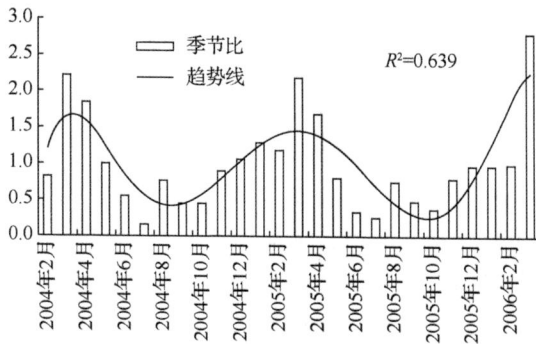

图 20.1　古尔班通古特沙漠边缘生境基质水分条件的动态变化

根据陈钧杰等（2009）修改

春末初夏（5～6 月上旬）为生境基质水分消耗期，特别是表层土壤水分下降更为明显，最大含水层下移，生境基质水分含量下降，土壤水分成为幼苗成活、植物生长最主要的限制因子（赵从举等，2003）。4 月下旬～5 月中旬，短命植物进入花盛期，覆盖度也达 50% 左右，根系集中分布于地表 30cm 范围（王雪芹和赵从举，2002），短命植物的存在，大量消耗了春季融雪所补给的上层土壤水分，造成这一时段浅层土壤水分的迅速下降。

夏末（7～8 月）生境基质水分进一步大量消耗，此时气温处于全年的最高水平，降雨稀少，浅层土壤水分继续下降，最大含水层进一步下移。7 月成为全年基质水分条件最差的时段。8 月入秋后，气温开始走低，基质水分有所恢复。

秋季（9～10 月）生境基质水分相对稳定，此时气温继续下降，降雨有所增加，表层土壤含水率存在波动，深层土壤含水率进一步下降。

生长季结束到第二年开春（11 月～第二年 2 月）为土壤水分冻结凝滞期，土壤水分处于相对稳定的状态（陈钧杰等，2009）。

张世军等（2005）、王雪芹等（2006）在古尔班通古特沙漠不同区域的研究也得到了类似的结果。从整体看，古尔班通古特沙漠边缘生境基质水分条件的周期性变化模式如下。

初春（3～4 月）为生境基质水分融雪补给期，生境基质水分状况为全年最好时段；5～10 月为生境基质水分消耗期，期内降水量占全年 50% 以上，但蒸发量远大于降水量，且 5～10 月处在植被生长耗水期，对水分影响很大。自 5 月起，月均温和地表温度上升，太阳辐射强度增大，来自融雪补给期的水分开始急剧散失。6 月上旬～8 月中旬进入持续高温，7～9 月为生境基质强失水期，2004 年 7 月不同坡位土壤含水量平均值为 0.85%，2005 年同期仅为 0.65%。此阶段内除 2004 年 7 月 20 日有 54.1 mm 极罕见的突发性高强度降雨外，降雨在强烈的蒸发下仅能湿润沙地表层，水分无法下渗至 10cm 下，生境基质水分含量绝对值较小，总体处在失水阶段（2004 年 7 月土壤水分监测时间在突发性降雨前）。8 月中旬～10月温度降低，蒸发量变小，水分散失速度趋缓，但仍以消耗为主。

土壤含水量变异系数为融雪补给期（62.41%）>冻结滞水期（51.53%）>消耗期（47.42%），这也说明融雪补给期土壤水分变化最大。2004 年（168.7mm）属于降水较多年份，2005 年（97.9mm）属于降水正常年份，但因为该地区蒸发量大于 2000mm，远高于降水量，所以土壤含水量年平均变异系数 2004 年（51.4%）与 2005 年（54.8%）差异不大。对生境基质含水量月变异系数进行 F 检验，二者无显著性差异（P>0.05，F=0.11），土壤水分季节变化规律也相同。

11 月～第二年 2 月属于生境基质水分冻结凝滞期，自 11 月开始，地表温度及月均温在 0℃以下，地表水分主要以气态形式向上转移，含水量为 1%～2%。此时期土壤水分变化很小。

生境基质含水量的季节变化分为补给、消耗和冻结滞水 3 个时期。不同坡位平均生境基质含水量峰值均出现在 3 月，最小值出现在 7 月，具有明显的季节变化特征，3～4 月、5～10 月、11 月～第二年 2 月，表现出 3 个明显的季节变化周期，年度生境基质水分变化趋势拟合为升高—降低—升高模式。生境基质水分条件年度变化规律也是确定幼苗更新关键时段的重要依据，对植被自然更新和管理具有重要意义。

2. 古尔班通古特沙漠生境基质水分状况垂直变化规律

采用标准差判别法（王孟本和李洪建，1995；黄志刚等，2007）对土壤水分垂直分布进行定量分析，可将其分为活跃、过渡和稳定 3 个层。标准差为活跃层>过渡层>稳定层。对其进行多重比较，活跃层与稳定层（P<0.01，F=0.009）、活跃层与过渡层（P<0.01，F=0.001）均有极显著差异，稳定层与过渡层之间无显著性差异。

土壤含水量均值为活跃层（2.71%）>过渡层（2.14%）≈稳定层（2.11%）；同时，变异系数的变化规律为活跃层>过渡层>稳定层。

0～30cm 活跃层土壤水分对降水、积雪融化、植物耗水、土壤蒸发等响应敏感，是变化幅度最大的土壤层次，甚至在短时间内可以出现剧烈变化（王雪芹等，2006）。其中，垄顶表层变异系数最大，2004 年由于降水量较大，并有突发性降水，土壤含水量变化幅度大于 2005 年。

从活跃层到稳定层土壤含水量变化程度依次降低，30～60cm 过渡层土壤水分在特定时期也会受积雪补给及突发性特大降水的影响，相对活跃层变化幅度较小。60～120cm 稳定层全年受外界环境因子影响较小，土壤含水量常年保持在 1%～2%。

春季为土壤水分补水期，补给来源于冬季融雪，其间土壤水分活跃层受到全年最多的水分补给，土壤含水量变化较大，同时局地地形变化也导致水分条件的分异，土壤含水量垄间>坡中>垄顶。

30~60cm 过渡层土壤水分主要受补给水分地形地貌再分配和下渗作用的影响，土壤含水量也相对较高。

60~120cm 稳定层土壤水分从过渡层到稳定层出现明显拐点。该时期内土壤含水量垂直变化最大。消耗期同时也是植物生长期，地表植被盖度垄间>坡中>垄顶，活跃层含水量垄间<坡中<垄顶。与春季补水期相反。

失水期内土壤含水量较低，土壤水分垂直分布的变化相对较小。

冬季冻结滞水期内由于活跃层土温月均温小于 0℃，土壤表层处于冻融交替状态，过渡层、稳定层土壤水分受地温及水分再分配自身影响，表现出相似的变化规律。自地表 0~30cm 活跃层以下，土壤含水量垂直变化较小。

生境基质水分条件的垂直变化规律在一定程度上决定着幼苗垂直根系与干沙层拓展之间的竞争结果，也是确定幼苗更新关键时段的重要依据，对植被自然更新和管理同样具有重要意义。

20.2.2　干沙层

1. 干沙层的概念（王志等，2006）

沙漠地区蒸发强烈，地表存在的极其干燥的沙层被称为干沙层（Mastsuda et al.，1972），干沙层的形成与地表蒸发有着紧密的关系（Fritton et al.，1967；Hillel，1971；Campbell，1985）。干沙层的形成可以降低蒸发速率（Li P F and Li B G，2000；Lu and Yang，2004），其对下垫面生态水的保护具有重要作用。干沙层的厚度随时间和空间的变化而不同（兰州沙漠研究所沙坡头沙漠科学研究站，1991），因而有不同的确定方法（Fritton et al.，1967，1970；Matsuda and Noilhan，1991；冯起，1994；Shurbaji et al.，1995）。对干沙层特性的研究表明，土壤内水分的汽化发生在干湿沙层边界（Hillel，1971；Campbell，1985），当辐射输入变化时干沙层内部也有短时的汽化和凝结发生（Yamanaka et al.，1998；Yamanaka and Yonetani，1999；曹文炳等，2003），同时干沙层的发展变化与当地地温变化具有相似的周期性（冯起，1994）。

凋萎系数就是植物开始发生永久凋萎时的土壤含水率，也称凋萎含水率或萎蔫点。目前能够查到的梭梭的凋萎系数如下：松细沙中梭梭的凋萎系数为 0.72% 左右（方正三，1960），梭梭永久萎蔫系数为 0.73%（杨文斌等，1991），梭梭的凋萎系数为 0.821%（马全林等，2003；李引滼，2016）。

2. 干沙层问题的重要性

干沙层是干旱区生态水文过程中的一个基本问题，它与干旱区气候、植被、生境等关键系统具有密切的关联。同时，干沙层对植被更新也具有重大影响。正因为具有重要的理论与实践价值，干沙层一直为学者们所关注。

干沙层在北疆荒漠梭梭分布区普遍存在。干沙层具有两面性：一方面，它可以切断毛管水的通道，有效保护下层基质湿度，减少水分流失；另一方面，它对以种子为繁殖体的植物种群的有性自然更新构成严重威胁。因为干沙层对植物幼苗的根系而言，是无法逾越的障碍，所以从某种意义上讲，梭梭自然更新成功的一大障碍来自干沙层的威胁，来自早春融雪期后干沙层的形成与增厚速率。

3. 干沙层的形成规律

沙地水分动态一直是研究沙漠水分平衡的重点问题之一（包梅荣等，2006）。在干旱、半干旱地区，由于降水少、蒸发强烈，环境总体处于水分亏缺状态，水分是沙漠化地区植被恢复和沙地治理的制约因素，也是沙漠化地区生态环境的重要影响因子（李新荣等，2001）。揭示沙地土壤水分特征的变化规律及沙地水循环和平衡机理，可为沙地水土资源评价提供一定的理论依据，同时对于保护当地有限的水资源和提高水资源的利用效率，以及沙漠化防治、固沙植物的选育、退化生态系统的恢复与重建具有重要的实践意义。

研究表明，近地表干沙层的发育是水分下渗、蒸发和水汽凝结共同作用的结果（王志等，2006）。大量研究将固定沙丘水分深度分布剖面划分为4层，即表层干沙层、水分强烈变化层、低含水量缓变层和高含水量变化层（钱鞠等，1999），并指出沙地水分动态具有垂直变化和季节变化。垂直变化表现为表层干沙层（0~10cm或0~20cm）、水分活跃层（20~80cm）、水分稳定层（80cm以下）。季节变化表现为冬春季的调整与弱失水阶段（12月~第二年5月下旬）、夏季降水补给阶段（6~8月下旬）、秋季失水阶段（9~11月下旬）（冯起和高前兆，1995）。

4. 干沙层的形成原因

长期的研究认为，沙地中干沙层的形成与表层蒸发、地温变化和浅层土壤水汽运动有关（野村安治，1979）。自然情况下，沙丘表面蒸发、孔隙水分扩散、热传导及植物根系吸水，会在沙面形成干燥的沙层。由此可见，干沙层形成的主要影响因素包括沙层毛管力、热特性及风沙流所携带沙的堆积。

5. 干沙层的形成过程

方正三（1960）认为，沙丘表面常常形成一层含水甚少（小于0.5%）的松散沙层，称为干沙层。地表干沙厚度一般在20cm以内变化，个别年达24cm。李品芳和李保国（2000）通过研究指出，一般来说，土壤水分在无降水时期，从表层开始失水干燥。在干旱的初期阶段，蒸发消耗掉从下层向上供给地面的水分（匀速干燥期），造成下层水分减少，致使向地表供给速度下降，蒸发速度随之而降（减速干燥期），表面的含水量也就减少。这种状态再进一步推进，就在表面形成液态水分不可能移动，只能以气态水分进行水分输送的极端干燥层，其一般有数厘米或数十厘米厚，称为干沙层。张世军等（2005）的研究指出，在古尔班通古特沙漠分布的主要植物种为梭梭，梭梭正常生长的风沙土湿度为 2%（罗杰，1965），换算成体积含水量为 3%，故将含水量低于该值的沙丘层次称为干沙层，将含水量高于该值的沙丘层次称为稳定湿沙层。

关于干沙层，目前并没有统一的认识。一般认为，沙漠地区蒸发强烈，地表存在的极其干燥的沙层即为干沙层。上面列举了几个学者的定义，而我们更加倾向于在干沙层的定义中引入量化的指标。例如，陈隆亨先生对干沙层的定义为沙丘表面有一干沙层，厚度几厘米至 20cm（或 40cm），其含水量在 0.6% 左右，处于植物凋萎系数以下（兰州沙漠研究所沙坡头沙漠科学研究站，1991）。这样更便于大家在实践中的判别和应用，同时也便于在学术交流中的比较。

6. 干沙层的厚度

古尔班通古特沙漠的土壤水分条件与梭梭自然更新的关系密切。虽然古尔班通古特沙漠降水量不高，但季节分配相对均匀，风沙土一般具有干沙层，干沙层的深度和厚度随气候环境及时间发生变化，因此成为梭梭自然更新成功的关键。

正因为如此，风沙土干沙层问题成为大家关注的热点。有研究者注意到，准噶尔盆地南缘的莫索湾沙漠边缘降水条件，特别是与梭梭自然更新关系密切的冬、春两季降水较少年度的干沙层情况，发现在冬春雨雪较少的年份，春季沙地表面以下 15～80cm 常为干沙层所占据。在这种情况下栽植的苗木，根系通常难以穿透这类干沙层吸取下部湿沙层中的水分，故不易成活（张立运等，1998）。刘国军（2009）的研究指出，准噶尔盆地东南缘奇台县沙漠边缘在最干旱的夏季干沙层厚度可能达 80cm；同时也提及干沙夹层对梭梭幼苗定居的影响。张世军（2010b）曾在准噶尔盆地东南缘奇台县沙漠边缘对活化沙丘表层的干沙层形成过程进行观察，他对干沙层是这样描述的，"活化沙丘表面存在一定厚度的干沙层，但在沙丘中部和下部 60cm 深度存在一定厚度的湿沙层，加之有积雪融水，能够提供梭梭、白梭梭种子萌发所需的水分，在积雪全部融化后沙丘表面逐渐形成干沙层，并在 5 月厚度达到最大，其中顶部最大厚度可达 90cm，而沙丘中部和下部干沙层厚度一般保持在 30cm。在干沙层以下有一稳定湿沙层存在，且含水量能够满足当地主要植物种梭梭、白梭梭幼苗的生存需求"。

这些来自沙漠边缘的观测资料告诉我们，干沙层是种群自然更新的巨大障碍，其增厚速度与幼苗垂直根生长速率的博弈决定幼苗能否实现定居。幼苗根系生长速率大于干沙层增长速率是幼苗实现定居的关键。

综上所述，土壤水分随时间的动态变化既是制约植被分布的原因，又受到植被的影响，是植物根系吸水和土壤蒸发共同作用的结果。植物根系吸水活动与植物生长状况密切相关，土壤蒸发又与各种气象要素密切相关，由于植物生长状况和气象要素均随时间而不断变化，土壤水分状况产生随时间变化的特征（王孟本和李洪建，1995；孙长忠等，1998；阿拉木萨等，2003；陈海滨等，2003；王新平等，2004；赵姚阳等，2005）。天然梭梭林整个生长季（3～10月），土壤含水率整体呈现升—降—相对稳定—降—相对稳定的年内变化趋势。古尔班通古特沙漠梭梭天然分布区全年最佳土壤水分条件出现于3月升温融雪期，沙地表层土壤含水率处于饱和、近饱和状态，水热组合条件是梭梭启动种子萌发的最佳机遇；而全年基质水分条件最差阶段出现于7月高温少雨期，土壤含水量很低，是梭梭幼苗建成的关键时期。梭梭自然更新幼苗建成的核心条件：幼苗根系垂直生长速率大于干沙层增长速度。

20.3　梭梭种子低温萌发问题的再认识

梭梭是温带荒漠的地带性植被。种子繁殖是梭梭种群扩大的唯一途径，种子萌发行为直接影响种群的更新（黄培祐，2002）。由于温带荒漠地区生境条件严峻，梭梭的自然更新面临很多困难。在梭梭的自然更新过程中，种子能否与其生境要素的变化规律高度协调，成为关系其自然更新成败的关键环节。无疑，水分条件对梭梭种群更新至关重要，本书已经重点讨论了梭梭自然更新各个环节的水分支撑问题。但结合梭梭生境要素综合考虑，温度也是一个不可低估的生态因子。因为生境实质上是一个多因子综合影响的结果，而且这种多因子综合作用往往建立在水热组合基本关系的基础之上。种子在萌发阶段就面临如何适应早春积雪融化期水热组合条件，抓住最佳萌发生境机遇，为成功定居奠定良好基础的问题。种子萌发的迟早对幼苗成活率影响极大，因为萌发迟，出苗率就低，而保苗率就更低（黄振英等，2001b）。

关于梭梭种子萌发已经有不少研究成果，温度对梭梭种子萌发影响的一般问题已经在本书7.2节进行了阐述。本节的重点是讨论梭梭种子的低温萌发问题。

关于梭梭种子萌发与温度条件的关系研究，内蒙古学者在20世纪80～90年代进行过较为细致的研究，获得了一批量化研究成果，为梭梭种子生态学实验研究奠定了很好的基础。关于梭梭种子具有低温萌发特性是研究梭梭的学者们的一个共识，但这是一个模糊概念。梭梭种子低温萌发的温度条件到底是一个什么概念，大家似乎并不十分清楚。截至目前，在涉及梭梭种子萌发温度条件的研究中，所报道的梭梭种子的最低萌发温度为 2℃（杨美霞等，1995；张树新等，1995；张世军，2010a）。

既然内蒙古学者已经阐述了梭梭种子萌发与温度的关系，并初步揭示了梭梭种子具有低温萌发的基本特性，为什么还要进一步讨论？原因在于一些学者所描述的情况引起了我们的注意，结合我们自身在梭梭种子萌发过程中所观察到的一些现象，我们有一种直觉，有必要重新思考并继续探讨梭梭种子的低温萌发特性。以下选择几个较为典型的、引起我们注意的有关梭梭种子低温萌发的条件进行描述。

1. 梭梭种子萌动出苗期的气象条件

该资料来自新疆学者探讨梭梭种子撒播技术（刘钰华和刘光宗，1985），他们于 1979 年和 1980 年在准噶尔盆地南缘莫索湾进行雪地梭梭种子撒播的实验资料。

实验年份冬季最大稳定积雪分别为 12cm 和 13cm，均小于 18.7cm 的多年均值。播种时地面积雪厚度和温度状况见表 20.2。

表 20.2　梭梭播种时地面积雪厚度和温度状况

日期	积雪厚度/cm	气温/℃			地面温度/℃		
		日平均	最高	最低	日平均	最高	最低
1979 年 3 月 12 日	7	-6.9	-0.9	-14.6	-6.2	6.5	-21.2
1980 年 3 月 20 日	5	-2.7	-3.4	-9.5	-4.8	9.6	-15.1

资料来源：摘自刘钰华和刘光宗（1985）。

在上述气象条件下，两年实验均得到了较好的出苗。应该指出，梭梭种子出苗时的温度仍不是很高。如 1979 年 3 月 12 日播种，至 3 月 19 日积雪融化完毕时，种子也已完成萌动出苗，当时的温度状况是日平均气温 0.7℃，最高 5.6℃，最低 -4.9℃；地面日平均气温 -0.6℃，最高 8.6℃，最低 -6.9℃。

早春，白天气温较高，在积雪融化时，种子开始吸水，夜间低温结冰时停止吸水，利用融雪这一短暂时期，梭梭种子充分吸水膨胀并完成萌动出苗。

2. 雪墒造林研究资料

该资料来自新疆学者的雪墒造林研究资料（陈奇凌等，2001），他们于 1997 年在准噶尔盆地南缘农六师 103 团北部固定、半固定沙丘直播造林实验。

适时造林是保障造林成活的重要前提，适宜的造林季节应是最有利于种子发芽和生长的时期。利用雪墒直播造林，其种子萌发生长所需水分由积雪融化产生，温度则决定积雪融化情况。

1997 年 2 月 27 日播种，至 3 月 2 日气温为 -7.4～1.8℃，土壤中仍有结冰，但 3 月 2～15 日始终有种子发芽，此时气温为 -5.3～3.8℃；3 月 16～20 日，气温降至-12.2~-7.2℃，但3月21日、22日，化冰后又有种子发芽。

可见，梭梭种子在顶凌时节（有一定融水）充分萌发需4d时间，其吸水过程中出现低温（冻结）并不影响发芽和已发芽种子的活力。

这两个研究实验的观测资料使我们对截至目前所报道的梭梭种子低温萌发温度条件2℃产生了质疑，并认为梭梭种子的低温萌发条件有可能是在0℃上下某一范围内波动的。

上述两个比较典型的观测资料为改写梭梭种子低温萌发温度范围提供了自然界的证据。

此外，我们还注意到一些与此相关的间接证据。

例如，据报道（李姝娟等，2014）同处准噶尔盆地南缘梭梭分布区范围内的高枝假木贼在早春萌发成苗的日平均温度为-2.5~8.5℃。

谢继萍等（2013）于2013年在准噶尔盆地南缘梭梭群落春季融雪期研究了林地土壤呼吸。作者描述到，2012年早春研究区积雪厚度达12cm，积雪完全消融时间为3月17日。我们根据作者提到的融雪期，查阅了中国科学院阜康荒漠生态系统研究站当年3月研究观测区逐日土壤温度的资料，资料显示2012年3月实验区逐日地表温度变化范围为-6.5~13.9℃。

另外，融雪期在干旱荒漠区属重要时期，对区域生产、生活和经济发展均具有重要作用。融雪期土壤属季节性冻土，由于该时期温度在0℃上下波动，土体受到频繁的冻融交替作用的影响。该时段的气候特征为日平均气温为0~5℃，并且气温有明显上升的天数为7~10d。总之，梭梭种子萌发期在时间上与该区域早春积雪融化期吻合，该时段温度变化特征是温度变化从0℃上下某一范围波动开始，并逐步升高。梭梭种子萌发期与融雪期的吻合是一种环境适应的良好策略的体现。

为什么会出现这样的问题？

实验手段的限制大概是主要原因。首先，我们现在采用的实验观察方法都是在基本恒定的温度梯度条件下进行的，充其量有个别实验设计采用昼夜两个不同变温，但这与自然条件相去甚远。在自然界，种子萌发并不是像我们研究的那样，在近乎恒定的温度条件下进行的，而是在一个连续变化的、具有某种小温度周期条件下进行的，而直至今天我们的实验条件似乎仍然很难模拟这种种子萌发过程的自然生境条件。

温度是影响种子萌发的重要环境因素之一。19世纪中期，德国学者就提出了影响种子萌发的三基点温度，即最低温度（base temperature，T_b）、最适温度（optimum temperature，T_o）和最高温度（ceiling temperature，T_c）（Bewley and Black，1994）。Garcia-Huidobro等提出种子萌发的积温模型，该模型主要观点为：①在亚适宜温度（$T < T_o$）范围内，种子萌发速率与萌发温度呈线性正相关，在超适宜温

度（$T>T_o$）范围内，种子萌发速率与萌发温度呈线性负相关；②同一种群内，个体萌发的最低温度（T_b）与最高温度（T_c）恒定不变；③种群内个体萌发需要累积一定的积温值（温度×时间），积温值随萌发率的变化而变化，且符合正态分布或对数正态分布（Dahal et al.，1990）。在国外，积温模型已广泛应用于定量分析种子萌发对温度的需求。中国利用模型研究种子萌发特性较晚，王梅英等（2011）利用积温模型分析了不同温度梯度下 10 种禾本科植物种子萌发所需的积温和基温，刘文等（2011）利用积温模型对青藏高原东缘的菊科植物进行积温效应分析，胡小文等（2012）利用积温模型研究了野豌豆属 4 种植物种子萌发对温度的响应，鲁小名等（2012）利用积温模型对 4 种药用植物种子萌发进行模拟和预测。

为了进一步探讨梭梭种子的低温萌发特性，我们再次进行了细致的不同温度条件下的梭梭种子萌发实验，通过模型计算得到以下结果：梭梭萌发的起始温度为（-6.14 ± 0.56）℃，积温为 13.05℃·d。

20.4　植物水分来源与植被可持续管理

20.4.1　植物水源问题的重要性

组成干旱区生态系统的植物，特别是非地带性中旱生植物吸收的水分除来源于降水外，还可能来源于地表水、土壤水和地下水。环境管理者和政策制定者希望了解植被吸收的水分来源的比例及其时间变化规律，以制定环境管理的政策（赵文智和程国栋，2001）。

20 世纪 70 年代，同位素技术被广泛应用于生态学和水文学研究领域，并迅速成为该领域研究的有效手段之一。环境同位素技术在确定植物水分来源和利用方面得到了广泛的应用（Ehleringer and Dawson，1992；Brunei et al.，1995；Liu et al.，1995）。应用稳定氧氢同位素技术对澳大利亚河岸桉树生长季节蒸腾的水分来源的研究表明，桉树蒸腾消耗的水分来自地下水、降水转化的土壤水和河流的地表水（Mensforth et al.，1994；Dawson and Pate，1995；Dawson，1996；Jolly and Walker，1996）。在加利福尼亚州山区的常年河流沿岸，树木生长季节早期蒸腾的水分主要来源于土壤中，而在大部分土壤干燥季节来自于地下水（Smith et al.，1991）。在亚利桑那州西部的常年和季节性河流沿岸，弗里芒氏杨和古丁氏柳在生长季节蒸腾的水分均来自于地下水（Busch et al.，1992）。犹他州槭树林蒸腾的水分来自于地下水而不是降水和地表水（Dawson and Ehleringer，1991），但在亚利桑那州这种树木蒸腾的水分却来源于河流水和降水（Kolb et al.，1997）。亚利桑那州 San Pedro 河流沿岸弗里芒氏杨夏季雨季蒸腾的水分 26%～33%来自降水转化的土壤水，而古丁氏柳蒸腾的水分来源于地下水（Synder and William，2000）。上述研究说明，干旱区植物吸收的水分来源因植物种和时间的不同而不同。干旱区本身的降水不足以维持其生态系统，特别是非地带性的中旱生植被组成的生态系统的正常运转。例如，中国干旱区天然绿洲生态系统维持的水资源绝大部分来源于地下水和干旱区内孤立分布的高山拦截的地表水，而不是降水。干旱区有限的水资源在年际和年内的分配都是不均匀的，如何利用干旱区十分有限的水分维持生态系统的正常运转呢？这就需要对干旱区特殊的植被吸收的水分来源及其分配规律进行深入研究。利用环境同位素技术确定干旱区生态系统主要植被吸收的水分来源的研究案例在中国较少，而这恰恰是中国干旱区人工植被建设植物种选择与配置的科学依据之一，据此可以根据干旱区特定地域的水分特点，指导营造与局地水分条件相适应的植被模式（赵文智和程国栋，2001）。

　　植物水分来源问题与天然林保护、恢复关系密切，对于植物水分来源不明的区域或林分更是如此。例如，对荒漠地区的一些区域和林分，人们对一些林分的水分来源的认识就比较模糊。众所周知，天然林的保护与恢复问题除了人为活动的影响外，保持水分平衡也是一大关键，而解决这一问题的前提是了解天然林的水分来源问题。不能准确了解其水分来源，在制定保护与恢复的措施时，就必然缺乏针对性，产生盲目性。

　　国外 20 世纪 30 年代发现元素氢的稳定性同位素——重氢，此后发现不同水源的水中所含有的重氢含量不同。随着同位素质谱仪的发展，精确测量氢同位素的相对丰度成为可能。此后，植物水分来源问题引起了学者们的重视。有人分析了美国阿肯色州 *Taxodium distichum* 的木质部液，发现其不受降水影响，因为它的根系达浅水层（White et al.，1985）。有人提出，树木要在干旱的环境生存，需要具备利用地下水的能力，因此出现了河岸树木不利用河水的现象（Dawson and Ehleringer，1991）。有人发现，一些树种逐渐由利用土壤水转为利用地下水（Smith et al.，1991）。对美国佛罗里达州南部热带、亚热带硬木种类的研究表明，它们主要利用淡水（降水径流），耐盐种类几乎全部利用海水，红树林则利用两种来源的水（Sternberg and Swart，1987；Sternberg et al.，1991）。对美国犹他州和亚利桑那州交界处沙漠植物的研究表明，深根植物利用地下水（Ehleringer et al.，1991），在 Pinyon-Juniper 荒漠林群落中，侧根多的植物多夏季利用降水，深根种类几乎完全依赖地下水（Flanagan and Ehleringer，1991）。幼年植物更多地依赖夏季降水（Donovan and Ehleringer，1994）。植物水源问题研究受到高度重视，降水并非植被的唯一水源，植物环境中有可能存在不止一种可资利用的水分来源。在干旱地区，只有把地下水或高位径流吸引上来才能建立一个持久的植被覆盖。

　　21 世纪初，对于植物水分来源问题，国内学者尚缺乏研究，有一段时间，能够检索到的、关于植物水源的中文文献仅有曹燕丽等（2002）的研究。当时植物水分来源问题尚未引起足够的重视。人们感觉似乎"植物的水分来源"就不是一个问题。在不少人的脑海里有一种潜意识，认为在干旱荒漠地区，水分缺乏必然是植物成活和维持不可逾越的障碍，植物经常性地、长期地受到水分胁迫的影响，这是干旱地区植物水分关系中的普适性规律。人们对此没有产生过任何怀疑。然而，1998～2001 年中国和欧盟国家的科学家合作，在新疆塔克拉玛干沙漠边缘实施的一项合作研究——"亚洲中部荒漠区天然植被可持续管理的生态学基础"的实验数据和成果资料，使人们头脑中长期占有主导和支配地位的上述潜意识受到挑战。合作研究的重要结论之一，是被研究的胡杨、柽柳等植物没有受到明显的水分胁迫（李向义，2003；曾凡江，2003；Gries，2003；Thomas，2003；张希明和米夏埃勒，2004；Michael and Zhang，2004），其原因就是，实验数据证明了这些被研究对象的根系与地下水保持着联系，这几种植物的水分来源来自于地下水。从此，人们对干旱区植被水分关系的认识豁然开朗，认识水平有了很大的提升。我们从此认识到，植物水分来源问题是干旱区植被生态学的核心问题，是植被持续管理的理论精髓。无独有偶，有研究者（李彦等，2004）在新疆准噶尔盆地南缘对多汁盐柴类荒漠进行有关测定后写道："数据显示了一个明显违背植物水分关系一般规律的现象，当水流（潜热）通量明确显示土壤水分亏缺时，净光合（通量）却未受到影响。"我们推测，其原因与几年前我们在塔克拉玛干沙漠南缘所得到的结论一样。

由此，我们意识到，干旱地区植物水分来源问题是一个需要引起关注和研究的重要问题。这不仅是因为它与天然林的保护、恢复关系密切，而且可能会从植物水源的角度对一些生态学的传统认识和观点提出质疑的证据。它至少可以帮助人们澄清一些长期以来认识不清或者有争议的问题。

上述事实说明，在干旱地区由于存在着生境的多样性，植物的水分来源也具有多样性的特点，因此对干旱地区的天然林来说，查明水分来源对于保护和恢复工作具有重要指导意义。而且，对于干旱地区天然林的自然更新来说，不仅需要清楚地了解不同植物在发生时期的水分来源和维持阶段的水分来源，对于发生水源和维持水源不同者，还需要掌握植物利用不同水源在时间上的转换期。只有这样，才能真正掌握其中的规律。

20.4.2　曾经的困惑与梭梭水分来源的多样性

在过去很长一段时间，对于梭梭是否利用地下水的问题，国内学者持不同观点。

例如，中国生态学大家陈昌笃先生早年在新疆考察后写道："由于古尔班通古特是巨大的沙质荒漠，沙漠中没有地表径流，不形成水文网，地下水位又很深，在沙漠边缘地下水深度为 5～16m，在广大沙漠内部大于 16m。地下水不仅深而且矿化度很高。沙漠内部生长的植物一般不可能利用地下水，只能依靠湿沙层，少量的大气降水或沙层凝结水（赵运昌，1962）。因此，该沙漠的植物，除了短命和类短命植物（它们利用冬春降水，迅速完成生活史，逃避干旱）以及少数长营养期 1 年生植物外，几乎全为旱生和超旱生植物。"隐含了陈昌笃先生根据水文地质学家赵运昌先生的资料，持梭梭不利用地下水观点（陈昌笃等，1983）的依据。

胡文康（1984）认为梭梭不利用地下水。准噶尔盆地南缘地下水的埋藏深度，一般也自东向西和自南向北逐渐加深。在东段奇台县以北的冲积平原，地下水埋深 20～30m，水质较好，大部分地区矿化度小于 1g/L；在西段的莫索湾 150 团潜水埋深 10～80m，为矿化度小于 2g/L 的微咸水。上述地区的地下水，一般不能为植物所直接利用，特别是在覆沙较厚的沙丘地区，植被所依赖的水分主要来自湿沙层，这种湿沙层由大气降水和大气凝结水补给，湿沙层的深度可达 7m 以上。梭梭荒漠植被赖以生存的水分来自沙漠中的悬湿沙层，而沙层水分的补给主要取决于冬、春降水的多寡。

而郑度（1960）认为梭梭利用地下水。1959 年，他在参加中国科学院治沙队新疆准噶尔考察后写道："应当特别提出的是，与地下水（或其某种表现形式）有一定关联、稍耐盐分的梭梭柴所建造的植物群落。在这里梭梭柴得到较好的发育，组成半乔木层片，且往往形成较单一的梭梭柴林。由于其他条件（降水、沙的活动程度）的不同配合，发育成不同的梭梭柴沙质荒漠植被。"

贾志清等（2004）认为，梭梭利用地下水，适生于半荒漠和荒漠地区的沙漠中，可生长于土质平地（土漠）、砾漠（沙砾质戈壁）、盐漠（干涸湖盆）及沙漠沙丘和丘间低地，为一种潜水湿生植物。其生境多为地下水水位较高的沙丘间低地、干河床、湖盆边缘、山前平原或石质砾石地，以及含有一定量盐分（全盐量 20g/kg）的土壤或沙地。

Xu 和 Li（2006）认为梭梭不利用地下水。他们在古尔班通古特沙漠东南部研究发现，梭梭为非深根系植物，其根系主要分布在 0～90cm 处，主要依靠降水转化而来的浅层土壤水。徐贵青和李彦（2009）的研究表明，梭梭可以通过根系调整来利用降水和地下水两部分水分。刘斌等（2010）通过对古尔班通古特沙漠西部设置 16 眼水位观测井，分析大面积梭梭退化原因，发现地下水位过低显著地降低了梭梭的存活指数（活株与死株之比），所以梭梭主要利用的是地下水。

刘家琼等（1982）、张鸿铎（1990）和邹受益等（1995）认为，梭梭为一种吸地下水植物或称潜水湿生植物，多依靠地下水生存，生境地下水位一般埋深 1～5m。黄子深等（1983）认为，梭梭利用地下水。陈广庭（2004）则认为如果地下水较深，时而有洪水过境，梭梭也能生长；而张克斌和罗毓玺（1984）认为地下水水位下降并不影响整个梭梭林，不能把梭梭衰败归结为地下水水位下降，梭梭完全可以依靠降水生存。马全林等（2007）通过对天然梭梭林分布区气候和人工引种栽培资料的分析，认为干旱、极端干旱区降水仅能维持低密度的梭梭生长，天然分布区的梭梭林多依靠地下水位和过境径流生长。

20.4.3　植物功能水源与可持续管理

水分是植物赖以生存的重要资源，植物的水分来源受到其地理分布、地形地貌、植被性质、植物种类、植物生长发育阶段及年度季节变换等众多因素的影响，是一个十分重要又极其复杂的问题。

大气降水、土壤水和地下水是植物所能利用的主要水分来源形式。如果按照种群生活史，可以进一步将水源细分为发生水源、维持水源等。这种细分与研究，对深刻认识种群不同生活史的环境适应方式及策略，揭示种群生长、发育的生态规律，进而实施可能的目标调控，具有极其重大的意义。尤其是在干旱、半干旱地区，认识并揭示这些科学规律，对于植被生态系统的可持续管理具有根本性的意义。

长期以来，植物水分关系一直受到生态学工作者的高度关注，特别是在干旱地区，植物水分关系研究一直是生态学研究的热点，并获得了大量研究成果。然而，对于植物水源及其拓展的相关细节研究，一直未能得到应有的重视。其中一个重要原因是在稳定性同位素技术被广泛应用之前，植物的水源判定在技术上存在障碍，因而影响学科的发展。自从 20 世纪末、21 世纪初稳定性同位素技术被应用于生态学研究以来，植物水分来源研究得到了很大的推动。

从种群生态学的角度来看，特别是当我们聚焦"植被自然更新的关键条件"这类科学问题时，植物的水分来源及其变化形式至少可以被划分为发生水源和维持水源。这样的细分不仅有利于阐明自然更新的基本问题，而且对于植被恢复的生态实践也具有非常重要的指导意义。

不同植物所利用的水源有所不同，植物一生可以依赖某种水分生存，也可能同时利用几个水源，或者发生季节性水源利用的转换。然而，在植物所利用的水源中，总有一个或几个所占据的比例较大，因而成为关键水源，在维持种群整个生活史中扮演着决定性的作用，我们将这种水分来源定义为某种植物的维持水源。

如果没有这种水源的存在，植物将很难存活下去。植物几种重要的水源中，有些水源容易受到环境条件的制约，而产生较大的起伏。例如，通常降水的时空分布不均，年际变化较大，随着全球气候变化的加剧，降水的不确定性增加。另外，伴随着农业的快速发展，干旱区工农业用水量加剧，越来越多的地下水被利用，地下水下降态势严峻，严重影响干旱区建群植物的生存。所以深入研究干旱区主要建群植物梭梭的维持水源和水分利用策略，对于植被，尤其是干旱荒漠区植被的恢复、重建具有积极的作用。

干旱区植被可持续管理的核心问题，是掌握两个规律和一个适应。两个规律就是天然种群生活史中的水分来源规律和种群生境水资源状况随时间变化的基本规律；一个适应就是种群生活史与其生境水资源变化规律之间的适应。

历史的记载和现有的研究资料一再证明，干旱荒漠地区现存的天然植被，是经历世代交替、在过去更大范围天然植被遭受破坏后保留下来的部分。与其他天然植被一样，干旱区荒漠植物种群的发生、更新、定居和维持过程，无一例外都打下了自然属性的烙印，它们是自然发生、自我维持的。在这个过程中，既没有资金的投入，也没有对非自然性资源的特殊要求。一切都是自然而然地、顺理成章地发生与发展的。这就是自然界所提供的天然植被与生境资源默契配合、相互适应并维持平衡的经典范例。这对今天的人类思维和行为准则具有十分重要的规范和示范意义，尤其是在人们努力恢复生态平衡、寻求资源与环境可持续发展的今天，这种"近自然"思维和准则应当全面遵守。而这中间植物水分来源问题是近自然准则的核心和精髓。

植物水分来源是干旱区植被管理的核心问题，如果我们不了解、不掌握种群的水分来源，那么我们的植被维护与管理将是盲目的、非自然性的，也就是缺乏可持续性的。对于一些植物种群，还必须对其水分来源进行更为精细和深入的研究与把握，因为在种群生活史的不同阶段，植物种群的水分来源有可能发生变化，我们必须掌握种群整个生活史的水分来源。只有这样，才能真正实现科学化、精细化管理。例如，梭梭种群的发生水源和维持水源往往是不同的，这就要求我们进行具有针对性的管理。因此，对植被可持续管理，我们强调掌握种群水分来源，强调掌握两个规律、一个适应，强调管理措施和管理效果的自然性。

参 考 文 献

阿拉木萨, 蒋德明, 裴铁璠, 2003. 沙地人工小叶锦鸡儿植被根系分布与土壤水分关系研究. 水土保持学报, 17 (3): 78-81.

安守芹, 方天纵, 刘占魁, 等, 1996. 五种灌木种源实验与苗期生长对比研究. 内蒙古林学院学报（自然科学版）, 18 (3): 21-28.

巴吐宁 I O, 斯拉木·麦来, 1995. 植物根系的生态可塑性. 干旱区研究, 12 (1): 24-26.

白永飞, 1999. 降水量季节分配对克氏针茅草原群落初级生产力的影响. 植物生态学报, 23 (2): 155-160.

柏新富, 朱建军, 王仲礼, 等, 2010. 离子吸收分布与几种荒漠植物适应性的关系. 生态学报, 30 (12): 3247-3253.

柏新富, 朱建军, 赵爱芬, 等, 2008. 几种荒漠植物对干旱过程的生理适应性比较. 应用与环境生物学报, 14 (6): 763-768.

班勇, 1995. 植物生活史对策的进化. 生态学杂志, 14 (3): 33-39.

班勇, 徐化成, 1995. 大兴安岭北部原始老龄林内新兴安落叶松幼苗种群的生命统计研究. 应用生态学报, 6 (2): 113-118.

包梅荣, 托亚, 刘瑞军, 等, 2006. 乌兰布和沙漠东北部土壤水分变化特征的研究. 内蒙古农业大学学报, 27 (1): 64-68.

蔡飞, 宋永昌, 1997. 武夷山木荷种群结构和动态的研究. 植物生态学报, 21 (2): 138-148.

曹文炳, 万力, 周训, 等, 2003. 西北地区沙丘凝结水形成机制及对生态环境影响初步探讨. 水文地质工程地质 (2): 6-10.

曹燕丽, 卢琦, 林光辉, 2002. 氢稳定性同位素确定植物水源的应用和前景. 生态学报, 22 (1): 111-117.

常金宝, 方天纵, 1995. 梭梭林人工更新技术优化研究. 内蒙古林学院学报, 17 (2): 128-140.

常静, 潘存德, 师瑞锋, 2006. 梭梭—白梭梭群落优势种种群分布格局及其种间关系分析. 新疆农业大学学报, 29 (2): 26-29.

车涛, 李新, 2005. 1993—2002 年中国积雪水资源时空分布与变化特征. 冰川冻土, 27 (1): 64-67.

陈昌笃, 张立运, 胡文康, 1983. 古尔班通古特沙漠的沙地植物群落、区系及其分布的基本特征. 植物生态学与地植物学丛刊, 7 (2): 89-99.

陈广庭, 2004. 沙害防治技术. 北京: 化学工业出版社.

陈海滨, 孙长忠, 安锋, 等, 2003. 黄土高原沟壑区林地土壤水分特征的研究[I]: 土壤水分的垂直变化和季节变化特征. 西北林学院学报, 18 (4): 13-16.

陈钧杰, 蒋进, 付恒飞, 等, 2009. 古尔班通古特沙漠腹地土壤水分动态. 干旱区地理, 32 (4): 537-543.

陈奇凌, 张风, 窦中江, 等, 2001. 梭梭雪墒造林技术及其生长特性. 林业科技通讯 (9): 19-20.

陈荣毅, 张元明, 潘伯荣, 等, 2007. 古尔班通古特沙漠土壤养分空间分异与干扰的关系. 中国沙漠, 27 (2): 257-265.

陈小勇, 1994. 黄山青冈种子形态变异的初步研究. 种子 (5): 16-19.

陈晓德, 1998. 植物种群与群落结构动态量化分析方法研究. 生态学报, 18 (2): 214-217.

陈远征, 马祥庆, 冯丽贞, 等, 2006. 濒危植物沉水樟的种群生命表和谱分析. 生态学报, 26 (12): 4267-4272.

陈云龙, 2015. 古尔班通古特沙漠三种立地类型梭梭土壤种子库研究. 石河子: 石河子大学.

陈云龙, 宋于洋, 周朝彬, 2013. 梭梭土壤种子库空间分布的尺度依赖性研究. 水土保持研究, 20 (4): 55-60.

陈佐忠, 黄德华, 张鸿芳, 1988. 内蒙古锡林河流域羊草草原与大针茅草原地下部生产力和周转值的测定//中国科学院内蒙古草原生态系统定位站. 草原生态系统研究（第 2 集）. 北京: 科学出版社.

程积民, 1989. 黄土丘陵半干旱区几种牧草蒸腾作用的研究. 干旱区研究 (2): 62-65.

崔彩霞, 杨青, 王胜利, 2005. 1960—2003 年新疆山区与平原积雪长期变化的对比分析. 冰川冻土, 27 (4): 486-490.

崔望诚, 1989. 新疆梭梭人工林生长规律的研究. 新疆林业科技 (1): 1-9.

崔秀萍, 刘果厚, 张存厚, 2011. 浑善达克沙地黄柳人工林根系分布及生物量研究. 中国沙漠, 31 (2): 447-450.

戴岳, 郑新军, 唐立松, 等, 2014. 古尔班通古特沙漠南缘梭梭水分利用动态. 植物生态学报, 38 (11): 1214-1225.

邓自发，周兴民，王启基，1997. 青藏高原矮嵩草草甸种子库的初步研究. 生态学杂志，16（5）：19-23.

丁学伟，2014. 浅析新疆准噶尔盆地水资源量与土地用水矛盾分析. 甘肃水利水电技术（4）：54-58.

董全民，李青云，马玉寿，等，2004. 牦牛放牧率对小嵩草高寒草甸地上/地下生物量的影响初析. 四川草原（2）：20-27.

董占元，姚云峰，赵金仁，等，2000. 梭梭（Haloxylon ammodendron（C. A. Mey）Bunge）光合枝细胞组织学观察及其抗逆性特征. 干旱区资源与环境，14（S1）：78-83.

方炎明，曹航南，尤录祥，1999. 鹅掌楸苗期动态生命表. 应用生态学报，10（1）：7-10.

方正三，1960. 甘肃民勤沙地水分初步研究//中国地理学会，中国科学院地学部. 1960年全国地理学术会议论文集（自然地理）. 北京：科学出版社.

冯广龙，刘昌明，王立，1996. 土壤水分对作物根系生长及分布的调控作用. 生态农业研究（3）：5-9.

冯起，1994. 半湿润沙地干沙层特性的初步研究. 干旱区研究，11（1）：24-27.

冯起，高前兆，1995. 禹城沙地水分动态规律及其影响因子. 中国沙漠，15（2）：151-157.

付爱红，陈亚宁，李卫红，等，2005. 干旱、盐胁迫下的植物水势研究与进展. 中国沙漠，25（5）：744-749.

傅思华，胡顺军，杨涛，等，2016. 古尔班通古特沙漠南缘地下水深埋区幼龄梭梭春夏季土壤水分利用动态. 水土保持学报，30（5）：230-234.

甘肃森林编委会，1989. 甘肃森林. 北京：中国林业出版社.

高海峰，李银芳，张海波，等，1984. 几种旱生植物蒸腾强度的变化. 干旱区研究（2）：49-53.

高丽伟，2013. 梭梭种子萌发及组织培养的初步研究. 兰州：兰州大学.

关义新，戴俊英，林艳，1995. 水分胁迫下植物叶片光合的气孔和非气孔限制. 植物生理学报，31（4）：293-297.

郭春秀，万国北，刘淑娟，2008. 不同种源梭梭栽培实验与生长特性研究. 甘肃林业科技，33（1）：4-8.

郭继勋，祝廷成，1993. 草原枯枝落叶分解的研究：枯枝落叶分解与生态环境的关系. 生态学报，13（3）：214-220.

郭京衡，曾凡江，李尝君，等，2014. 塔克拉玛干沙漠南缘三种防护林植物根系构型及其生态适应策略. 植物生态学报，38（1）：36-44.

郭连生，1985. 木本植物水势研究的原理和方法. 内蒙古林学院学报（1）：22-31.

郭泉水，谭德远，刘玉军，等，2004. 梭梭对干旱的适应及抗旱机理研究进展. 林业科学研究，17（6）：796-803.

郭泉水，王春玲，郭志华，等，2005. 我国现存梭梭荒漠植被地理分布及其斑块特征. 林业科学，41（5）：2-7.

国家环境保护局，1991. 珍稀濒危植物保护与研究. 北京：中国环境科学出版社.

韩永伟，王堃，张汝民，等，2002. 吉兰泰地区退化梭梭蒸腾生态生理学特性. 草地学报，10（1）：40-43.

韩有志，王政权，2002. 天然次生林中水曲柳种子的扩散格局. 植物生态学报，26（1）：51-57.

郝日明，李晓征，毛志滨，等，2004. 醉香含笑和金叶含笑幼苗期的动态生命表. 植物资源与环境学报，13（2）：40-43.

何平，2005. 珍稀濒危植物保护生物学. 重庆：西南师范大学出版社.

何维明，2000. 不同生境中沙地柏根面积分布特征. 林业科学，36（5）：17-21.

洪伟，王新功，吴承祯，2004. 濒危植物南方红豆杉种群生命表及谱分析. 应用生态学报，15（6）：1109-1112.

侯琳，雷瑞德，刘建军，等，2005. 黄龙山林区封育油松种群动态研究. 生态学杂志，24（11）：1263-1266.

侯天侦，梁远强，1983. 新疆荒漠梭梭林光合生物特性研究初报. 新疆林业科技（2）：15-18.

侯天侦，梁远强，1991. 新疆甘家湖梭梭林的光合，水分生理生态的研究. 植物生态学与地植物学学报，15（2）：141-149.

胡启鹏，郭志华，李春燕，等，2008. 植物表型可塑性对非生物环境因子的响应研究进展. 林业科学，44（5）：135-142.

胡式之，1963. 中国西北地区的梭梭荒漠. 植物生态学报（z1）：83-111.

胡式之，卢云亭，吴正，1962. 新疆准噶尔盆地沙漠考察//中国科学院治沙队. 治沙研究（第3号）. 北京：科学出版社.

胡文康，1984. 准噶尔盆地南部梭梭荒漠类型、特征及其动态. 干旱区研究（2）：28-38.

胡小文，王娟，王彦荣，2012. 野豌豆属4种植物种子萌发的积温模型分析. 植物生态学报，36（8）：841-848.

胡星明，蔡永立，李恺，等，2005. 浙江天童常绿阔叶林梾树种子雨的时空格局. 应用生态学报，16（5）：815-819.

胡玉昆，徐新文，2002. 塔克拉玛干沙漠腹地不同灌溉形式（投入）生物防护林建设效果分析. 干旱区资源与环境，16（2）：45-49.

虎胆·吐马尔白，1999. 作物根系吸水率模型的实验研究. 灌溉排水学报，18（4）：15-19.

黄培祐，2002. 干旱区免灌植被及其恢复. 北京：科学出版社：139-141.

黄培祐，李启剑，袁勤芬，2008. 准噶尔盆地南缘梭梭群落对气候变化的响应. 生态学报，28（12）：270-278.

黄培祐，向斌，李启剑，2009. 入夏前梭梭实生苗生长动态与生境的关系. 中国沙漠，29（1）：87-94.

黄振英，GUTTERMAN，胡正海，等，2001a. 白沙蒿种子萌发特性的研究 II. 环境因素的影响. 植物生态学报，25（2）：240-246.

黄振英，张新时，GUTTERMAN，等，2001b. 光照、温度和盐分对梭梭种子萌发的影响. 植物生理学报，27（3）：275-580.

黄振英，张新时，郑光华，2002. 超干贮藏提高梭梭种子的耐贮藏性. 植物学报，44（2）：239-241.

黄志刚，李锋瑞，曹云，2007. 南方红壤丘陵区杜仲人工林土壤水分动态. 应用生态学报，18（9）：1937-1944.

黄子深，刘家琼，鲁作民，等，1983. 民勤地区梭梭固沙林衰亡原因的初步研究. 林业科学，19（1）：82-87.

吉小敏，宁虎森，梁继业，等，2012. 不同水分条件下梭梭和多花柽柳苗期光合特性及抗旱性比较. 中国沙漠，32（2）：399-406.

贾志清，卢琦，郭保贵，等，2004. 沙生植物：梭梭研究进展. 林业科学研究，17（1）：125-132.

江天然，张立新，毕玉蓉，等，2001. 水分胁迫对梭梭叶片气体交换特征的影响. 兰州大学学报（自然科学版），37（6）：57-62.

蒋高明，2004. 植物生理生态学. 北京：高等教育出版社.

蒋进，1992. 极旱环境中两种梭梭蒸腾的生理生态学特点. 干旱区研究，9（4）：14-17.

康华靖，陈子林，刘鹏，等，2007. 大盘山自然保护区香果树种群结构与分布格局. 生态学报（1）：389-396.

兰州沙漠研究所沙坡头沙漠科学研究站，1991. 包兰铁路沙坡头段固沙原理与措施. 银川：宁夏人民出版社.

李博，2000. 生态学. 北京：高等教育出版社.

李从娟，马健，2011. 梭梭和白梭梭主根周围土壤养分的梯度分布. 中国沙漠，31（5）：1174-1180.

李发江，孙得祥，常兆丰，2008. 民勤沙区梭梭林自然更新机理初步研究. 中国农学通报，24（9）：165-170.

李钢铁，史晴，任改莲，等，1995a. 确定梭梭年龄的初步探讨. 内蒙古林学院学报，17（2）：52-54.

李钢铁，杨美霞，1995. 吉兰泰地区梭梭林天然更新规律研究. 内蒙古林学院学报，17（2）：87-95.

李钢铁，张密柱，张补在，等，1995b. 梭梭林生物量研究. 内蒙古林学院学报，17（2）：35-43.

李宏，程平，郑myong晖，等，2011. 盐旱胁迫对新疆 3 种造林树木种子萌发的影响. 西北植物学报，31（7）：1466-1473.

李宏俊，张知彬，2001. 动物与植物种子更新的关系 II：动物对种子的捕食、扩散、贮藏及与幼苗建成的关系. 生物多样性，9（1）：25-37.

李晖，2007. 应用 δD 和 $\delta^{18}O$ 确定古尔班通古特沙漠植物水分来源. 北京：中国科学院研究生院.

李晖，蒋志诚，周宏飞，2008. 准噶尔盆地降水、土壤水和地下水中 $\delta^{18}O$ 和 δD 变化特征：以中国生态系统研究网络阜康站为例. 水土保持研究，15（5）：105-108.

李惠，李彦，范连连，2011. 两种梭梭出苗对生境土壤基质互换与沙埋深度的响应. 干旱区研究，28（5）：780-788.

李吉跃，周平，招礼军，2002. 干旱胁迫对苗木蒸腾耗水的影响. 生态学报，22（9）：1380-1386.

李建贵，宁虎森，刘斌，2003. 梭梭种群性状结构与空间分布格局的初步研究. 新疆农业大学学报，26（3）：51-54.

李军，郑师章，钱吉，等，1997. 野生大豆种子雨的研究. 应用生态学报，8（4）：372-376.

李君，赵成义，朱宏，等，2006. 融雪后梭梭林地土壤水的多尺度空间异质性. 中国科学（D 辑），36（增刊II）：45-50.

李俊清，李景文，2003. 中国东北小兴安岭阔叶红松林更新及其恢复研究. 生态学报，23（7）：1268-1277.

李利，张希明，何兴元，2005. 胡杨种子萌发和胚根生长对环境因子变化的响应. 干旱区研究，22（4）：520-525.

李培基，1999. 1951—1997 年中国西北地区积雪资源的变化. 中国科学（D 辑），29（增刊I）：63-69.

李鹏，李占斌，澹台湛，2005. 黄土高原退耕草地植被根系动态分布特征. 应用生态学报，5（16）：849-853.

李鹏菊，刘文杰，2008. 西双版纳石灰山热带季节性湿润林内几种植物的水分利用策略. 云南植物学报，30（4）：496-504.

李品芳，李保国，2000. 毛乌素沙地水分蒸发和草地蒸散特征的比较研究. 水利学报，21（3）：24-28.

李庆梅，徐化成，1992. 油松 P-V 曲线主要水分参数随季节和种源的变化. 植物生态学与地植物学学报，16（4）：326-335.

李秋艳, 赵文智, 2006. 风沙土中荒漠植物出苗和生长的比较研究. 土壤学报, 43 (4): 655-661.

李生宇, 李红忠, 雷加强, 2004. 塔克拉玛干沙漠不同立地条件下咸水滴灌苗木的生长差异. 水土保持学报, 18 (3): 118-122.

李生宇, 李红忠, 雷加强, 等, 2005. 塔克拉玛干沙漠高矿化度水灌溉苗木地下生物量研究. 西北植物学报, 25 (5): 999-1006.

李姝娟, 严成, 魏岩, 等, 2014. 高枝假木贼种子低温萌发与抗氧化酶系统的关系. 干旱区研究, 31 (2): 302-306.

李文良, 张小平, 郝朝运, 等, 2009. 湘鄂皖连香树种群的年龄结构和点格局分析. 生态学报, 29 (6): 3221-3230.

李先琨, 苏宗明, 向悟生, 2002. 濒危植物元宝山冷杉种群结构与分布格局. 生态学报, 22 (12): 2245-2253.

李向义, 2003. 自然条件下塔干南缘沙漠绿洲过渡带四种关键植物的水分特征及灌溉对它们的影响//塔克拉玛干沙漠河流绿洲前沿植被可持续管理学术研讨会. 乌鲁木齐: 中国科学院新疆生态与地理研究所: 91-103.

李小双, 彭明春, 党承林, 2007. 植物自然更新研究进展. 生态学杂志, 26 (12): 2081-2088.

李新荣, 马凤云, 龙立群, 等, 2001. 沙坡头地区固沙植被土壤水分动态研究. 中国沙漠, 21 (3): 217-222.

李兴, 蒋进, 宋春武, 等, 2013. 不同坡向梭梭幼苗的生长状况和适应特征. 中国沙漠, 33 (1): 101-105.

李亚, 张莹花, 王继和, 等, 2007. 不同盐分胁迫对梭梭种子发芽的影响. 中国农学通报, 23 (9): 293-297.

李彦, 王勤学, 马健, 等, 2004. 盐生荒漠地表水、热与 CO_2 输送的实验研究. 地理学报, 59 (1): 33-39.

李彦, 许皓, 2008. 梭梭对降水的响应与适应机制: 生理、个体与群落水平碳水平衡的整合研究. 干旱区地理, 31 (3): 313-323.

李银芳, 1986. 龟裂地蓄水沟梭梭种植水分平衡的研究. 干旱区研究 (2): 19-25.

李引滑, 2016. 土壤水分变化与土壤呼吸对梭梭生长的影响. 和田师范专科学校学报, 35 (2): 50-53.

李韵珠, 王凤仙, 刘来华, 1999. 土壤水氮资源的利用与管理Ⅰ: 土壤水氮条件与根系生长. 植物营养与肥料学报, 5 (3): 206-207, 209-213.

里昂节夫Ｂ Л, 1960. 卡拉库姆沙漠的梭梭林. 郑世锴, 译. 北京: 科学出版社: 16-20.

梁少民, 2009. 塔克拉玛干沙漠腹地植物水分生理特性及适应特征. 北京: 中国科学院研究生院.

梁少民, 李春发, 张仲伍, 等, 2013. 塔克拉玛干沙漠公路防护林苗木对干旱胁迫的水分生理响应. 西北植物学报, 33 (6): 1210-1215.

梁少民, 闫海龙, 张希明, 等, 2008. 天然条件下塔克拉玛干沙拐枣对潜水条件变化的生理响应. 科学通报, 53 (S2): 100-105.

梁远强, 侯天贞, 张洪峰, 1983. 干旱地区不同生境的梭梭有关水分因子的测定. 新疆林业科技 (3): 17-19.

梁远强, 任步远, 王永红, 等, 1990. 新疆梭梭林更新技术研究. 新疆农业科学 (5): 218-220.

林全业, 1996. 赤松次生林天然更新幼树数量通径分析. 植物生态学报, 20 (4): 348-354.

刘斌, 刘彤, 李磊, 等, 2010. 古尔班通古特沙漠西部梭梭大面积退化的原因. 生态学杂志, 29 (4): 637-642.

刘国军, 2009. 梭梭种群结构及其幼苗定居过程的研究. 乌鲁木齐: 中国科学院新疆生态与地理研究所.

刘国军, 张希明, 李建贵, 2010a. 供水量及沙埋厚度对两种梭梭出苗的影响. 中国沙漠, 30 (5): 1085-1091.

刘国军, 张希明, 李建贵, 等, 2010b. 准噶尔盆地东南缘天然更新梭梭苗期动态生命表及生存分析. 干旱区研究, 27 (1): 83-87.

刘国军, 张希明, 吕朝燕, 等, 2012. 不同供水条件下梭梭幼苗生长动态研究. 中国沙漠, 32 (2): 388-394.

刘国军, 张希明, 朱军涛, 等, 2011. 准噶尔盆地东南缘梭梭种群结构与动态研究. 西北植物学报, 31 (6): 1250-1256.

刘会良, 宋明方, 段士民, 等, 2012. 古尔班通古特沙漠南缘 32 种藜科植物种子萌发策略初探. 中国沙漠, 32 (2): 413-420.

刘济明, 1998. 栲树种子库及更新. 贵州大学学报 (自然科学版), 15 (3): 182-187.

刘家琼, 黄子琛, 鲁作民, 等, 1982. 民勤梭梭死亡原因的研究. 中国沙漠, 2 (2): 44-46.

刘建军, 1998. 林木根系生态研究综述. 西北林学院学报, 13 (3): 74-78.

刘晋, 2006. 准噶尔盆地荒漠区梭梭灌木林的自我修复能力研究. 中国水土保持 (3): 25-26.

刘帅华, 2013. 柴达木地区四种灌木的盐胁迫响应研究. 北京: 北京林业大学.

刘双, 金光泽, 2008. 小兴安岭阔叶红松 (*Pinus koraiensis*) 林种子雨的时空动态. 生态学报, 28 (11): 5731-5740.

刘文, 刘坤, 张春辉, 等, 2011. 种子萌发的积温效应: 以青藏高原东缘的 12 种菊科植物为例. 植物生态学报, 35 (7): 751-758.

刘文杰, 李鹏菊, 李红梅, 2006. 西双版纳热带季节雨林林下土壤蒸发的稳定性同位素分析. 生态学报, 26 (5): 1303-1311.

刘晓云, 刘速, 1996. 梭梭荒漠生态系统 I 初级生产力及其群落结构的动态变化. 中国沙漠, 16 (3): 287-292.

刘艳丽, 高润宏, 杨永华, 2009. 梭梭和驼绒藜种子萌发及出苗对沙埋的响应. 内蒙古农业大学学报 (自然科学版), 30 (2): 260-265.

刘㛃心, 1985. 中国沙漠志 (第 1 卷). 北京: 科学出版社.

刘㛃心, 1987. 中国沙漠志 (第 2 卷). 北京: 科学出版社.

刘㛃心, 1992. 中国沙漠志 (第 3 卷). 北京: 科学出版社.

刘钰华, 刘光宗, 1985. 北疆荒漠梭梭林恢复和发展途径的探讨. 新疆林业科技 (2): 7-15.

刘志民, 蒋德明, 高红瑛, 等, 2003, 植物生活史繁殖对策与干扰关系的研究. 应用生态学报, 14 (3): 418-422.

刘足根, 姬兰柱, 朱教君, 2005. 松果采摘对种子库及动物影响的探讨. 中国科学院研究生院学报, 22 (5): 596-603.

龙利群, 李新荣, 2003. 土壤微生物结皮对两种一年生植物幼苗存活和生长的影响. 中国沙漠, 23 (6): 656-660.

卢筱莉, 2008. 不同地理种源梭梭种子特性及造林实验. 新疆林业 (4): 27-28.

鲁小名, 魏永胜, 梁宗锁, 2012. 黄芪种子萌发的基础温度与积温需要一种模型方法. 西北农业学报, 21 (7): 127-133.

罗杰 A A, 1965. 土壤水分状况研究方法. 付作钧, 等译. 北京: 中国工业出版社: 87-160.

吕朝燕, 2013. 梭梭自然更新过程的生态学研究. 北京: 中国科学院研究生院.

吕朝燕, 高智席, 张希明, 等, 2016a. 准噶尔盆地梭梭个体种子产量预测. 湖北农业科学, 55 (12): 3128-3133, 3138.

吕朝燕, 张希明, 高智席, 等, 2016b. 梭梭幼苗出土及生长对沙埋深度的响应. 北方园艺 (3): 55-60.

吕朝燕, 张希明, 高智席, 等, 2017. 准噶尔盆地梭梭土壤种子库基本特征. 植物研究, 37 (1): 109-117.

吕朝燕, 张希明, 刘国军, 2012b. 准噶尔盆地东南缘梭梭种子雨特征. 生态学报, 32 (19): 6270-6278.

吕朝燕, 张希明, 刘国军, 等, 2012a. 准噶尔盆地西北缘梭梭种群结构和空间格局特征. 中国沙漠, 32 (2): 380-387.

吕金岭, 张希明, 吕朝燕, 等, 2013. 准噶尔盆地南缘荒漠区梭梭维持水源初步研究. 中国沙漠, 33 (1): 110-117.

吕贻忠, 杨佩国, 2004. 荒漠结皮对土壤水分状况的影响. 干旱区资源与环境, 18 (2): 76-79.

马海波, 2000. 内蒙古梭梭荒漠草地资源及其保护利用. 草业科学, 17 (4): 1-5.

马履一, 王华田, 2002. 油松边材液流时空变化及其影响因子研究. 北京林业大学学报 (3): 23-27.

马全林, 王继和, 纪永福, 等, 2003. 固沙树种梭梭在不同水分梯度下的光合生理特征. 西北植物学报, 23 (12): 2120-2126.

马全林, 王继和, 朱淑娟, 2007. 降水、土壤水分和结皮对人工梭梭 (Haloxylon ammodendron) 林的影响. 生态学报, 27 (12): 2057-2067.

马绍宾, 胡志浩, 1997. 小檗科鬼臼亚科的地理分布与系统发育. 云南植物研究, 19 (1): 48-56.

马绍宾, 姜汉侨, 黄衡宇, 2001. 药物植物桃儿七不同种群种子产量初步研究. 应用生态学报, 12 (3): 363-368.

马绍宾, 徐正尧, 胡志浩, 1997. 桃儿七繁殖生物学研究. 西北植物学报, 17 (1): 49-55.

马双龙, 马淼, 王光富, 等, 2010. 沙生类短命植物粗柄独尾草 (Eremurus inderiensis) 的种子扩散及种子库分布格局. 石河子大学学报 (自然科学版), 28 (1): 11-17.

毛祖美, 1991. 新疆短命植物研究//新疆植物学研究文集. 北京: 科学出版社: 93-101.

内蒙古森林编委会, 1989. 内蒙古森林. 北京: 中国林业出版社.

宁虎森, 罗青红, 吉小敏, 等, 2017. 新疆梭梭林生态系统服务价值评估. 生态科学, 36 (3): 74-81.

潘瑞炽, 2001. 植物生理学. 北京: 高等教育出版社.

潘伟斌, 1997. 古尔班通古特沙漠南缘中段梭梭群落初步研究. 新疆环境保护 (1): 38-40.

裴玉亮, 黄俊华, 宁虎森, 2012. 不同种源梭梭属植物生长特性及其与地理环境因子之间的关系分析. 新疆农业科学, 49 (4): 662-669.

彭闪江, 黄忠良, 彭少麟, 等, 2004. 植物天然更新过程中种子和幼苗死亡的影响因素. 广西植物, 24 (2): 113-121.

彭少麟, 郝艳茹, 2005. 森林演替过程中根系分布的动态变化. 中山大学学报 (自然科学版), 44 (5): 65-69.

钱鞠, 马金珠, 张惠昌, 等, 1999. 腾格里沙漠西南缘固定沙丘水分动态与水分势能变化特征研究. 兰州大学学报 (自然科学版), 35 (1): 218-224.

钱亦兵, 雷加强, 吴兆宁, 2002. 古尔班通古特沙漠风沙土水分垂直分布与受损植被的恢复. 干旱区资源与环境, 16 (4): 69-74.

钱亦兵, 吴兆宁, 张立运, 等, 2009. 古尔班通古特沙漠风沙土微量元素对植被格局的影响. 中国沙漠, 29 (6): 1100-1107.

青海森林编委会, 1989. 青海森林. 北京: 中国林业出版社.

渠晓霞, 黄振英, 2005. 盐生植物种子萌发对环境的适应对策. 生态学报, 25 (9): 2389-2398.

任安芝, 高玉葆, 王金龙, 2001. 不同沙地生境下黄柳 (*Salix gordejevii*) 的根系分布和冠层结构特征. 生态学报, 21 (3): 399-404.

任珺, 陶玲, 2005. 准噶尔盆地梭梭植物群落的聚类分析. 植物研究 (4): 410-414.

茹文明, 张桂萍, 毕润成, 等, 2007. 濒危植物脱皮榆种群结构与分布格局研究. 应用与环境生物学报, 13 (1): 14-17.

阮晓, 王强, 许宁一, 等, 2005. 白梭梭同化枝对干旱胁迫的生理生态响应. 林业科学, 41 (5): 28-32.

单长卷, 梁宗锁, 韩蕊莲, 等, 2005. 黄土高原陕北丘陵沟壑区不同立地条件下刺槐水分生理生态特性研究. 应用生态学报, 16 (7): 1205-1212.

单建平, 陶大立, 1992. 国外对树木细根的研究进展. 生态学杂志, 11 (4): 46-49.

单立山, 2007. 塔里木沙漠公路防护林植物幼苗根系分布特征对灌溉量的响应. 北京: 中国科学院研究生院.

单立山, 张希明, 王有科, 等, 2008. 水分条件对塔里木沙漠公路防护林植物幼苗生长及生物量分配的影响. 科学通报, 53 (S2): 82-88.

单立山, 张希明, 魏疆, 等, 2007. 塔克拉玛干沙漠腹地两种灌木有效根系密度分布规律的研究. 干旱区地理, 30 (3): 400-405.

申仕康, 马海英, 王跃华, 等, 2008. 濒危植物猪血木 (*Euryodendron excelsum* Hung T. Chang) 自然种群结构及动态. 生态学报, (5): 2404-2412.

沈有信, 2006. 滇中岩溶山地半湿润常绿阔叶林植物繁殖体与森林更新. 北京: 中国科学院研究生院.

沈泽昊, 吕楠, 赵俊, 2004. 山地常绿落叶阔叶混交林种子雨的地形格局. 生态学报, 24 (9): 1981-1987.

盛晋华, 乔永祥, 刘宏义, 等, 2004. 梭梭根系的研究. 草地学报, 12 (2): 91-94.

宋永昌, 由文辉, 王祥荣, 等, 2000. 城市生态学. 上海: 华东师范大学出版社: 24-27.

宋于洋, 2011. 古尔班通古特沙漠梭梭种群动态与持续发育. 杨凌: 西北农林科技大学.

宋于洋, 楚光明, 胡晓静, 2011. 古尔班通古特沙漠梭梭种群径级与龄级关系的研究. 西北植物学报, 31 (4): 808-814.

宋于洋, 李明艳, 张文辉, 2010. 生境对古尔班通古特沙漠梭梭种群波动及谱分析推绎的影响. 林业科学, 46 (12): 8-14.

宋于洋, 刘长青, 赵自玉, 2008. 石河子地区不同生境梭梭种群数量动态分析. 西北植物学报, 28 (10): 2118-2124.

苏培玺, 安黎哲, 马瑞君, 等, 2005. 荒漠植物梭梭和沙拐枣的花环结构及 C$_4$ 光合特征. 植物生态学报, 29 (1): 1-7.

苏培玺, 赵爱芬, 张立新, 等, 2003. 荒漠植物梭梭和沙拐枣光合作用、蒸腾作用及水分利用效率特征. 西北植物学报, 23 (1): 11-17.

孙德祥, 李少雄, 钱拴提, 等, 2005. 半荒漠风沙区人工柠条群落生物量动态及经济性状分析. 西北林学院学报, 20 (2): 24-27.

孙景宽, 张文辉, 陆兆华, 等, 2009. 沙枣和孩儿拳头幼苗气体交换特征与保护酶对干旱胁迫的响应. 生态学报, 29 (3): 1330-1340.

孙利鹏, 王继和, 王辉, 等, 2012. 乌兰布和沙漠天然梭梭种群径结构及种群动态分析. 甘肃农业大学学报, 47 (2): 110-114.

孙儒泳, 李博, 诸葛阳, 等, 1993. 等普通生态学. 北京: 高等教育出版社: 58-66.

孙书存, 陈灵芝, 2000. 东灵山地区辽东栎种子库统计. 植物生态学报, 24 (2): 215-221.

孙书存, 钱能斌, 1999. 刺旋花种群形态参数的通径分析与亚灌木个体生物量建模. 应用生态学报, 10 (2): 155-158.

孙祥，于卓，1992. 白刺根系的研究. 中国沙漠，12（4）：50-54.

孙园园，2015. 准噶尔荒漠植物幼苗定居的抗旱适应特性研究. 石河子：石河子大学.

孙长忠，黄宝龙，陈海滨，等，1998. 黄土高原人工植被与其水分环境相互作用关系研究. 北京林业大学学报，20（3）：7-14.

谭永芹，柏新富，朱建军，等，2011. 干旱区五种木本植物枝叶水分状况与其抗旱性能. 生态学报，31（22）：6815-6823.

陶建平，钟章成，1997. 不同环境中四川大头茶幼苗的发生及幼苗消亡过程的研究. 西南师范大学学报（自然科学版），22（3）：249-256.

田媛，李建贵，赵岩，2010. 梭梭幼苗死亡与土壤和大气干旱的关系研究. 中国沙漠，30（4）：878-884.

田媛，唐立松，乔瑞平，2016. 梭梭幼苗个体生长规律与死亡率关系研究. 植物研究，36（1）：84-89.

王葆芳，张景波，江泽平，等，2008. 梭梭种子性状和繁殖力的遗传变异与评价. 干旱区资源与环境，22(1)：167-173.

王葆芳，张景波，杨晓晖，等，2007. 梭梭种源间苗期性状的遗传变异及相关性分析. 植物资源与环境学报，16（2）：27-31.

王葆芳，张景波，杨晓晖，等，2009. 梭梭不同种源间种子性状和幼苗生长性状与地理和气候因子的关系. 植物资源与环境学报，18（1）：28-35.

王成云，魏岩，牟书勇，等，2006. 梭梭属植物同化枝的生长速率和PPO活性的季节性变化. 新疆农业大学学报，29（4）：10-13.

王春玲，郭泉水，谭德远，2005. 准噶尔盆地东南缘不同生境条件下梭梭群落结构特征研究. 应用生态学报，16（7）：1224-1229.

王国华，赵文智，2015. 埋藏深度对梭梭（Haloxylon ammodendron）种子萌发及幼苗生长的影响. 中国沙漠，35（2）：338-344.

王继和，张锦春，袁宏波，2007. 库姆塔格沙漠梭梭群落特征研究. 中国沙漠，27（5）：809-813.

王进鑫，王迪海，刘广全，2004. 刺槐和侧柏人工林有效根系密度分布规律研究. 西北植物学报，24(12)：2208-2214.

王梅英，刘义，刘坤，等，2011. 青藏高原东缘10种禾本科植物种子萌发的基温和积温. 草业科学，28(6)：983-987.

王猛，汪季，蒙仲举，2015. 巴丹吉林沙漠东缘天然梭梭种群空间分布异质性. 生态学报，36（13）：1-9.

王孟本，李洪建，1995. 晋西北黄土区人工林土壤水分动态的定量研究. 生态学报，15（2）：178-184.

王启基，周兴民，张堰青，等，1995. 高寒小嵩草草原化草甸植物群落结构特征及其生物量. 植物生态学报，19（3）：225-235.

王万里，1984. 压力室（Pressure Chamber）在植物水分状况研究中的应用. 植物生理学通讯（9）：52-57.

王巍，李庆康，马克平，2000. 东灵山地区辽东栎幼苗的建立和空间分布. 植物生态学报，24（5）：595-600.

王炜，梁存柱，朱宗元，等，2001. 梭梭年轮测定方法及生长动态的研究. 干旱区资源与环境，15（2）：67-74.

王习勇，魏岩，严成，2006. 温周期及果翅对梭梭种子萌发行为的调控. 干旱区研究，23（4）：558-561.

王喜勇，2006. 新疆两种梭梭种子的萌发特性研究. 乌鲁木齐：新疆农业大学.

王新平，康尔泗，张景光，等，2004. 草原化荒漠带人工固沙植丛区土壤水分动态. 水科学进展，15（2）：216-222.

王雪芹，蒋进，雷加强，2003. 古尔班通古特沙漠短命植物分布及其沙面稳定意义. 地理学报，58（4）：598-605.

王雪芹，张元明，蒋进，等，2006. 古尔班通古特沙漠南部沙垄水分动态：兼论积雪融化和冻土变化对沙丘水分分异作用. 冰川冻土（2）：262-268.

王雪芹，赵从举，2002. 古尔班通古特沙漠工程防护体系内的蚀积变化与植被的自然恢复. 干旱区地理，25（3）：201-207.

王娅，2007. 新疆四种猪毛菜种子萌发对主要生态因子的响应. 乌鲁木齐：新疆农业大学.

王娅，李利，钱翌，2007. 盐分与水分胁迫对两种猪毛菜种子萌发的影响. 干旱区地理，30（2）：217-222.

王艳芬，汪诗平，1999. 不同放牧对内蒙古典型草原地下生物量的影响. 草地学报，7（3）：198-203.

王烨，尹林克，1989. 梭梭属不同种源种子品质初评. 干旱区研究（1）：45-49.

王友凤，马祥庆，2007. 林木种子萌发的生理生态学机理研究进展. 世界林业研究，20（4）：19-23.

王战，张颂云，1992. 中国落叶松林. 北京：中国林业出版社.

王哲，2005. 毛乌素沙地臭柏群落的天然更新特征. 呼和浩特：内蒙古农业大学：1-49.

王峥峰，安树青，朱学雷，等，1998. 热带森林乔木种分布格局及其研究方法的比较. 应用生态学报（6）：17-22.

王志，王蕾，刘连友，2006. 毛乌素沙地沙丘干沙层水分特征初步研究. 干旱区研究，23（1）：89-92.

王卓，黄荣凤，王林和，等，2009. 毛乌素沙地天然臭柏种群生命表分析. 中国沙漠，29（1）：118-124.

韦莉莉，张小全，侯振宏，等，2005. 杉木苗木光合作用及其产物分配对水分胁迫的响应. 植物生态学报，29（3）：394-402.

魏宏图，GARY L W，贺善安，等，1992. 江苏省云台山宿城自然保护区赤松林年龄结构及其更新特点. 植物生态学报与地植物学报，16（1）：52-62.

魏疆，张希明，单立山，等，2006. 梭梭幼苗生长动态及其对沙漠腹地生境条件的适应策略. 中国科学：地球科学，36（S2）：95-102.

魏岩，王习勇，2006. 果翅对梭梭属（Haloxylon）种子萌发行为的调控. 生态学报，26（12）：4014-4018.

乌尔禾区党史办公室，1999. 克拉玛依市乌尔禾区志. 乌鲁木齐：新疆人民出版社.

吴俊侠，张希明，李利，等，2010. 塔里木河流域胡杨种群自然更新状况的种群生态学分析. 中国沙漠，30（3）：582-588.

吴楠，张元明，张静，等，2007. 生物结皮恢复过程中土壤生态因子分异特征. 中国沙漠，27（3）：397-404.

吴琦，2005. 不同水分条件下梭梭、白梭梭光合特征比较. 乌鲁木齐：中国科学院新疆生态与地理研究所.

吴琦，张希明，2005. 水分条件对梭梭气体交换特性的影响. 干旱区研究，22（1）：79-84.

吴涛，王雪芹，盖世广，等，2009. 春夏季放牧对古尔班通古特沙漠南部土壤种子库和地上植被的影响. 中国沙漠，29（3）：499-507.

郗金标，张福锁，田长彦，2006. 新疆盐生植物. 北京：科学出版社.

夏日帕提，力提甫，1996. 梭梭种子发芽生理初探. 新疆大学学报（自然科学版），13（3）：69-72.

夏阳，1993. 古尔班通古特沙漠南缘的主要植物群落类型和饲用植物. 干旱区研究，10（3）：21-27.

肖宜安，何平，李晓红，等，2004. 濒危植物长柄双花木自然种群数量动态. 植物生态学报，28（2）：252-257.

肖治术，张知彬，王玉山，2003. 以种子为繁殖体的植物更新模型研究. 生态学杂志，22（4）：70-75.

谢继萍，钟文昭，黄刚，等，2013. 准噶尔盆地南缘梭梭群落春季融雪期的土壤呼吸动态. 干旱区研究，30（3）：430-437.

谢文华，2007. 盐胁迫下梭梭幼苗生理生态响应机制的研究. 乌鲁木齐：新疆农业大学.

谢宗强，陈伟烈，胡东，等，1998. 濒危植物银杉的结实特性及动物对果实的危害性. 植物生态学报，22（4）：319-326.

谢宗强，陈伟烈，路鹏. 1999. 濒危植物银杉的种群统计与年龄结构. 生态学报，19（4）：523-528.

新疆林业科学院，2000. 新疆甘家湖梭梭自然保护区综合考察报告. 乌鲁木齐：新疆林业科学院.

新疆森林编委会，1989. 新疆森林. 北京：中国林业出版社.

熊伟，王彦辉，徐德应，2003. 宁南山区华北落叶松人工林蒸腾耗水规律及其对环境因子的响应. 林业科学（2）：1-7.

徐德炎，韩燕梁，1996. 梭梭林在荒漠生态系统中的生态效益分析. 新疆环境保护（2）：29-33.

徐贵青，李彦，2009. 共生条件下三种荒漠灌木的根系分布特征及其对降水的响应. 生态学报，29（1）：130-136.

徐皓，李彦，邹婷，等，2007. 梭梭（Haloxylon ammodendron）生理与个体用水策略对降水改变的响应. 生态学报，（27）12：5019-5028.

徐茜，陈亚宁，2012. 胡杨茎木质部解剖结构与水力特性对干旱胁迫处理的响应[J]. 中国生态农业学报，20（8）：1059-1065.

许大全，1997. 光合作用气孔限制分析中的一些问题. 植物生理学报，33（4）：241-244.

许浩，2006. 塔里木沙漠公路防护林植物耗水特性研究. 乌鲁木齐：中国科学院新疆生态与地理研究所.

许浩，张希明，王永东，2006. 塔里木沙漠公路防护林乔木状沙拐枣耗水特性. 干旱区研究，23（2）：216-222.

许浩，张希明，闫海龙，2007. 塔克拉玛干沙漠腹地多枝柽柳茎干液流及耗水量. 应用生态学报，18（4）：735-741.

许浩，张希明，闫海龙，2008. 塔克拉玛干沙漠腹地梭梭（Haloxylon ammodendron）蒸腾耗水规律. 生态学报，28（8）：3713-3720.

许皓，李彦，2005. 三种荒漠灌木的用水策略及相关的叶片生理表现. 西北植物学报，25（7）：1309-1316.

许皓，李彦，邹婷，等，2007. 梭梭（Haloxylon ammodendron）生理与个体用水策略对降水改变的响应. 生态学报，27（12）：5019-5028.

薛吉全, 任建宏, 2000. 不同生育期水分胁迫条件下脯氨酸变化与抗旱性的关系. 西安联合大学学报(自然科学版), 13 (2): 21-25.

薛建国, 韩建国, 王显国, 等, 2008. NaCl 和 PEG 对华北驼绒藜和梭梭种子萌发的影响. 草地学报, 16(5): 470-474.

闫海龙, 张希明, 梁少民, 2008. 塔克拉玛干沙漠特有灌木光合作用对生境中特殊温度、湿度及辐射变化的响应. 科学通报, 53 (zkII): 74-81.

闫海龙, 张希明, 梁少民, 2009. 塔克拉玛干沙漠特有灌木气体交换特性对严酷生境适应方式的比较//新疆第七届青年学术年会. 乌鲁木齐.

闫海龙, 张希明, 许浩, 2007. 塔里木沙漠公路防护林植物沙拐枣气体交换特性对干旱胁迫的响应. 中国沙漠, 27 (3): 460-465.

阎顺国, 沈禹颖, 1996. 生态因子对碱茅种子萌发期耐盐性影响的数量分析. 植物生态学报, 20 (5): 414-422.

颜正平, 2005. 植物根系分布生态学理论与体系模式之研究. 水土保持研究, 12 (5): 5-6.

杨玲, 2007. 花楸种子生物学和体细胞胚发生体系研究. 哈尔滨: 东北林业大学.

杨美霞, 邹受益, 赵学勇, 1995. 吉兰泰地区梭梭林天然更新研究. 内蒙古林学院学报 (2): 74-86.

杨培岭, 罗远培, 1994. 冬小麦根系形态的分形特征. 科学通报, 39 (20): 1911-1913.

杨淇越, 赵文智, 2014. 梭梭叶片气孔导度与气体交换对典型降水事件的响应. 中国沙漠, 34 (2): 419-425.

杨文斌, 包雪峰, 杨茂仁, 等, 1991. 梭梭抗旱的生理生态水分关系研究. 生态学报, 11 (4): 318-323.

杨文斌, 任建民, 1994. 不同立地梭梭林生长状况, 蒸腾速率及其影响因素初探. 内蒙古林业科技, 17 (2): 1-3.

杨文斌, 任建民, 贾翠萍, 1997. 柠条抗旱的生理生态与土壤水分关系的研究. 生态学报, 17 (3): 239-244.

杨艳凤, 周宏飞, 徐利岗, 2011. 古尔班通古特沙漠原生梭梭根区土壤水分变化特征应用生态学报, 22 (7): 1711-1716.

杨允菲, 祝玲, 李建东, 1995. 松嫩平原碱化草甸星星草种群营养繁殖及有性生殖的数量特征. 应用生态学报, 6 (2): 166-171.

野村安治, 1979. 灌水后干沙层的发展及其特征. 鸟取大学研究报告 (13): 23-27.

殷东生, 2007. 风箱果传粉及种子萌发影响因子的研究. 哈尔滨: 东北林业大学.

尹林克, 王烨, 1991. 白梭梭和梭梭柴苗期生长节律变化特点. 干旱区研究, 8 (1): 21-28.

于洁, 高丽, 闫志坚, 等, 2015. 库布齐沙漠东段不同演替阶段沙丘土壤种子库变化特征. 中国草地学报, 37 (4): 80-85.

于界芬, 2003. 树木蒸腾耗水特点及解剖结构的研究. 南京: 南京林业大学.

于晶, 陈君, 徐荣, 等, 2007. 不同单株梭梭种子质量比较研究, 中国种业, (3): 34-36.

于顺利, 郎南军, 彭明俊, 等, 2007. 种子雨研究进展. 生态学杂志, 26 (10): 1646-1652.

袁宏波, 张锦春, 褚建民, 等, 2011. 库姆塔格沙漠典型植物种群年龄结构特征. 西北植物学报, 31(11): 2304-2309.

原鹏飞, 张艳芬, 唐俊, 2009. 沙地干沙层形成规律. 水土保持应用技术 (6): 6-9.

曾凡江, 2003. 新疆策勒绿洲外围四种植物的水势变化//塔克拉玛干沙漠河流绿洲前沿植被可持续管理学术研讨会. 乌鲁木齐: 80-90.

曾凡江, 张希明, 李小明, 2002. 柽柳的水分生理特性研究进展. 应用生态学报, 13 (5): 611-614.

曾幼玲, 蔡忠贞, 马纪, 等, 2006. 盐分和水分胁迫对两种盐生植物盐爪爪和盐穗木种子萌发的影响. 生态学杂志, 25 (9): 1014-1018.

查同刚, 孙向阳, 王登芝, 等, 2003. 北京西山地区人工侧柏林种子雨的研究. 北京林业大学学报, 25 (1): 28-31.

占东霞, 庄丽, 王仲科, 等, 2011. 准噶尔盆地南缘干旱条件下胡杨、梭梭和柽柳水势对比研究. 新疆农业科学, 48 (3): 544-550.

张爱良, 苗果园, 王建平, 1997. 作物根系与水分的关系. 作物研究 (2): 4-6.

张广军, 1996. 沙漠学. 北京: 中国林业出版社.

张国盛, 王林和, 李玉灵, 等, 1999. 毛乌素沙地臭柏根系分布及根量. 中国沙漠, 19 (4): 378-383.

张鸿铎, 1990. 准噶尔盆地梭梭林型及其特点. 中国沙漠, 10 (1): 41-49.

张锦春, 王继和, 安富博, 等, 2009. 民勤天然梭梭种群特征初步研究. 中国沙漠, 29 (6): 1124-1128.

张景波, 2010. 我国梭梭林地理分布和适应环境及种源变异. 干旱区资源与环境, 25 (5): 166-171.

张凯, 冯起, 吕永清, 等, 2011. 民勤绿洲荒漠带土壤水分的空间分异研究. 中国沙漠, 31 (5): 1149-1155.

张克斌, 罗毓玺, 1984. 甘肃民勤地区梭梭林调查及合理密度的探讨. 北京林学院学报, 6 (1): 1-10.

张立运, 1985. 新疆莫索湾地区短命植物的初步研究. 植物生态学与地植物学丛刊, 9 (3): 213-221.

张立运, 陈昌笃, 2002. 论古尔班通古特沙漠植物多样性的一般特点. 生态学报, 22 (11): 1923-1932.

张立运, 刘速, 周兴佳, 等, 1998. 古尔班通古特沙漠植被及工程行为影响. 干旱区研究, 15 (4): 16-21.

张利刚, 曾凡江, 刘波, 等, 2012. 绿洲-荒漠过渡带四种植物光合及生理特征的研究. 草业学报, 21 (1): 103-111.

张利平, 滕元文, 王新平, 等, 1996. 沙生植物花棒气孔导度的周期波动. 兰州大学学报 (自然科学版), 32 (4): 128-131.

张世军, 2004. 古尔班通古特沙漠边缘梭梭、白梭梭自然更新水分支撑条件初步研究. 乌鲁木齐: 中国科学院新疆生态与地理研究所.

张世军, 2010a. 梭梭、白梭梭萌发过程的初探. 干旱环境监测, 24 (2): 89-93.

张世军, 2010b. 准噶尔盆地南缘活化沙丘植被自然恢复初探, 以梭梭、白梭梭为例. 干旱环境监测, 24 (3): 153-157.

张世军, 张希明, 王雪梅, 等, 2005. 古尔班通古特沙漠边缘春秋季沙丘水分状况初步研究. 干旱区资源与环境, 19 (3): 131-136.

张树新, 邹受益, 杨美霞, 1995. 梭梭种子发芽特性实验研究. 内蒙古林学院学报 (自然科学版), 2: 56-63.

张文辉, 1998. 裂叶沙参种群生态学研究. 哈尔滨: 东北林业大学出版社: 46-48.

张文辉, 王延平, 康永祥, 等, 2004. 濒危植物太白红杉种群年龄结构及其时间序列预测分析. 生物多样性 (3): 361-369.

张文辉, 许晓波, 周建云, 等, 2005. 濒危植物秦岭冷杉种群数量动态. 应用生态学报, 16 (10): 1799-1804.

张文辉, 祖元刚, 2002. 十种濒危植物的种群生态学特征及致危因素分析. 生态学报, 22 (9): 1512-1520.

张希明, MICHAEL R, 2006. 塔克拉玛干沙漠边缘植被可持续管理的生态学基础. 北京: 科学出版社.

张希明, 米夏埃勒·龙格, 2004. 塔克拉玛干沙漠-绿洲生态环境与植被问题. 北京: 科学出版社.

张勇, 薛林贵, 高天鹏, 等, 2005. 荒漠植物种子萌发研究进展. 中国沙漠, 25 (1): 106-112.

赵爱芬, 赵学勇, 常学礼, 1997. 奈曼旗沙丘植被根系特征研究. 中国沙漠, 17 (增刊1): 41-45.

赵从举, 康慕谊, 徐广才, 等, 2006. 非灌溉条件下不同年龄梭梭蒸腾耗水比较. 干旱区研究, 23 (2): 295-301.

赵从举, 雷加强, 王雪芹, 等, 2003. 古尔班通古特沙漠腹地春季土壤水分空间分异研究, 干旱区地理, 26 (2): 154-158.

赵可夫, 范海, 2005. 盐生植物及其对盐渍生境的适应生理. 北京: 科学出版社.

赵凌平, 程积民, 万惠娥, 2008. 土壤种子库研究进展. 中国水土保持科学, 6 (5): 112-118.

赵鹏, 徐先英, 屈建军, 2017. 民勤绿洲荒漠过渡带人工梭梭群落与水土因子的关系. 生态学报, 37 (5): 1496-1505.

赵文智, 程国栋, 2001. 干旱区生态水文过程研究若干问题评述, 科学通报, 46 (22): 1851-1857.

赵学勇, 左小安, 赵哈林, 等, 2006. 科尔沁不同类型沙地土壤水分在降水后的空间变异特征. 干旱区地理, 29 (2): 275-281.

赵姚阳, 刘文兆, 濮励杰, 2005. 黄土丘陵沟壑区苜蓿地土壤水分环境效应. 自然资源学报, 20 (1): 85-90.

赵运昌, 1962. 准噶尔盆地地下水及其对治沙意义的初步探讨//中国科学院治沙队. 治沙研究 (第4号). 北京: 科学出版社.

郑度, 1960. 新疆准噶尔沙漠植被与环境的关系//中国地理学会, 中国科学院地学部. 1960年全国地理学术会议论文集 (自然地理). 北京: 科学出版社.

郑光华, 1980. 种子组织活力的研究. 中国草业科学, 27 (20): 12-14.

郑婷婷, 李生宇, 靳正忠, 等, 2011. 4种固沙植物在塔克拉玛干沙漠腹地的水势特征. 西北林学院学报, 26 (3): 21-25.

郑新军, 2009. 准噶尔盆地东南缘盐生荒漠生态系统的凝结水输入. 自然科学进展, 11 (19): 1175-1186.

中国科学院兰州冰川冻土沙漠研究所沙漠研究室, 1974. 中国沙漠概论. 北京: 科学出版社.

中国科学院新疆综合考察队, 中国科学院土壤研究所, 1965. 新疆土壤地理. 北京: 科学出版社.

仲延凯, 张海燕, 2001. 割草干扰对典型草原土壤种子库种子数量与组成的影响V: 土壤种子库研究方法的探讨. 内蒙古大学学报 (自然科学版), 32 (6): 644-648.

周纪纶, 1993. 植物种群生态学. 北京: 高等教育出版社.

周培之, 侯彩霞, 陈世民, 1988. 超旱生小乔木梭梭对水分胁迫反应的某些生理生化特殊性(初报). 干旱区研究 (1): 3-10.

周艳松, 王立群, 2011. 星毛委陵菜根系构型对草原退化的生态适应. 植物生态学报, 35 (5): 490-499.

周志强, 魏晓雪, 刘彤, 2007. 新疆奇台荒漠植物群落的数量分类及土壤环境解释. 生物多性, 15 (3): 264-270.

周智彬, 2006. 塔克拉玛干沙漠腹地人工绿地对沙地盐分时空分布的影响. 水土保持学报, 12 (2): 16-19.

周智彬, 徐新文, 2002. 塔克拉玛干水沙漠腹地人工绿地三种灌木的离子吸收特性. 干旱区研究, 19 (1): 49-52.

周智彬, 徐新文, 2004. 塔克拉玛干沙漠腹地植物引种实验. 干旱区研究, 21 (4): 363-368.

朱海, 胡顺军, 陈永宝, 2016. 古尔班通特沙漠南缘固定沙丘土壤水分时空变化特征. 土壤学报, 53(1): 117-126.

朱选伟, 2004. 浑善达克沙地几种优势植物的生态适应. 北京: 植物生态学研究中心.

朱雅娟, 贾志清, 2012. 秋季巴丹吉林沙漠东南缘人工梭梭林水分来源. 林业科学, 48 (8): 1-5.

邹春静, 徐文铎, 刘广田, 1998. 沙地云杉种群种子雨的时空分布规律. 生态学杂志, 17 (3): 16-19.

邹受益, 常金保, 杨美霞, 1995. 梭梭林修复工程研究. 内蒙古林学院学报, 17 (2): 9-16.

邹婷, 李彦, 2011. 不同生境梭梭对降水变化的生理响应及形态调节. 中国沙漠, 31 (2): 428-435.

ABRAHAMSON W G, 1979. Patterns of resource allocation in wildflower populations of fields and woods. American journal of botany, 66(1): 71-79.

ADEL J, BEHNAM H, YOUNES A, 2003. Soil seed banks in the Arabian Protested area of Iran and their significance for conservation management. Biological conservation, 109: 425-431.

AGUILERA M O, LAUENROTH, W K, 1993. Seedling establishment in adult neighbourhoods intraspecific constraints in the regeneration of the bunchgrass *Bouteloua graeilis*. Journal of ecology, 81: 253-261.

ALLAN L F, 1989. Relationships between components of plant form and seed output in *Collinsonia verticillata*//BOCK J H, LINHART Y B. The evolutionary ecology of plants. Boulder: Westview Press: 257-171.

ANDREN O, PAUSTAIN K, 1987. Barley straw decomposition in the field: a comparison of models. Ecology, 43: 1-20.

BAKKER J P, BAKKER E S, ROSEN E, et al., 1996. Soil seed bank composition along a gradient from dry alvar grassland to *Juniperus shrubland*. Journal of vegetation science, 7: 166-176.

BALDWIN K A, MAUN M A, 1983. Microenvironment of Lake Huron sand dunes. Canadian journal of botany, 61: 241-255.

BARTLETT M K, SCOFFONI C, SACK L, 2012. The determinants of leaf turgor loss point and prediction of drought tolerance of species and biomes: a global meta-analysis. Ecology letters, 15: 393-405.

BASKIN C C, BASKIN J M, 1998. Seeds: ecology, biogeography, and evolution of dormancy and germination. San Diego: Academic Press.

BAZZAZ F A, GRACE J, 1997. Plant resource allocation. SanDiego: Academic Press.

BEGON M, HARPER J L, TOWNSEND C R, 1986. Ecology: individuals, populations and communities. Oxford: Blackwell Scientific Publications.

BERTIN R I, 1982. Flora biology, hummingbird pollination and fruit production of trumpet creeper(*Campsis radicans*, Bignoniaceae). American journal of botany, 69: 122-134.

BEWLEY J D, BLACK M, 1994. Seeds: physiology of development and germination. New York: Plenum Press.

BIGWOOD D W, INOUYE D W, 1988. Spatial pattern analysis of seed bank: an improved method and optimized sampling. Ecology, 69(2): 497-507.

BLACKMAN G E, BLACK J N, 1959. Physiological and ecological studies in the analysis of plant environment XI. A further assessment of the influence of shading on the growth of different species in the vegetative phase. Annals of botany, 23: 51-63.

BONSER S P, AARSSEN L W, 2001. Allometry and plasticity of meristem allocation throughout development in *Arabidopsis thaliana*. Journal of ecology, 89: 72-79.

BOYER J S, 1982. Plant productivity and environment. Science, 218: 443-448.

BROWN J F, 1997. Effects of experimental burial on survival, growth, and resource allocation of three species of dune plants. Journal of ecology, 85: 151-158.

BRUNEI J P, WALKER G R, KEENNETT-SMITH A K, 1995. Field validation of isotopic procedures for determining source water used by plants in semi-arid environment. Journal of hydrology, 167: 351-368.

BU H Y, CHEN X L, WANG Y, et al. , 2007a. Germination time, other plant traits and phylogeny in an alpine meadow on the eastern Qinghai-Tibet plateau. Community ecology, 8(2): 221-227.

BU H Y, DU G Z, CHEN X, et al. , 2007b. Community-wide germinationstrategies in an alpine meadow on the eastern Qinghai-Tibet plateau: phylogenetic and life-history correlates. Plant ecology, 191: 127-149.

BUSCH D E, INGRAHAM N L, SMITH S D, 1992. Water uptake in a woody riparian phreatophytes of the southwestern United States: a stable study. Ecological application, 2: 450-459.

CALDWEL M M, CAMP L B, 1984. Belowground productivity of two cool desert communities. Oecologia, 17: 123-130.

CAMPBELL G S, 1985. Soil physics with basic: transport models for soil plant system. New York: Elsevier.

CAMPBELL G S, NORMAN J M, 2001. Introduction to environmental biophysics//Introduction to environmental physics. New York: Taylor & Francis.

CANADELL J, ZEDLER P H, 1995. Ecology and biogeography of mediterranean ecosystems in Chile, California and Australia. New York: Springer-Verlag.

CANNELL M G R, DEWAR R C, 1994. Carbon allocation in trees: a review of concepts for modeling. Advances in ecological research, 25: 59-104.

CASATI P, ANDREO C S, EDWARDS G E, 1999, Characterization of NADP-malic enzyme from two species of Chenopodiaceae: *Haloxylon persicum*(C4) and *Chenopodium album*(C3). Phytochemistry, 52(6): 985-992.

CASPER B B, FORSETH I N, WAIT D A, 2006. A stage-based study of drought response in Cryptantha flava(Boraginaceae): GAS exchange, water use efficiency, and whole plant performance. American journal of botany, 93(7): 978-987.

CHAMBERS J C, MACMAHON J A, 1994. A day in the life of a seed: movements and fates of seeds and their implications for natural and managed systems. Annual review of ecology and systematics, 25: 263-292.

CHAPIN F S, AUTUMN K, PUGNAIRE F, et al. , 1993. Evolution of suites of traits in response to environmental stress. American naturalist, 142: S78-S92.

CHE T, LI X, 2005. Spatial distribution and temporal variation of snow water resources in China during 1993-2002. Journal of glaciology and geocryology, 27(1): 64-67.

CHENG X L, AN S Q, 2006. Summer rain pulse size and rainwater uptake by three dominant desert plants in a desertified grassland ecosystem in northwestern China. Plant ecology, 184: 1-12.

CHEPLICK G P, 1996. Do seed germination patterns in cleistogamous annual grasses reduce the risk of sibling competition?Journal of ecology, 84: 247-252.

CHIMNER R A, COOPER D J, 2004. Using stable oxygen isotopes to quantify the water source used for transpiration by native shrubs in the San Luis Valley, Colorado U. S. A. Plant and soil, 260: 225-236.

CHOAT B, JANSEN S, BRODRIBB T J, et al. , 2012. Global convergence in the vulnerability of forests to drought. Nature, 491: 752-755.

CLARK J S, BECKAGE B, CAMILL P, et al. , 1999b. Interpreting recruitment limitation in forests. American journal of botany, 86: 1-16.

CLARK J S, FASTIE C, HURTT G, et al. , 1998. Reid's paradox of rapid plant migration: dispersal theory and interpretation of paleoecological records. Bioscience, 48(1): 13-24.

CLARK J S, SILMAN M, KERN R, et al. , 1999a. Seed dispersal near and far: patterns across temperate and tropical forests. Ecology, 80(5): 1475-1494.

CRAWLEY M J, 1986. Plant ecology. London: Blackwell Scientific Publications.

CUI C X, YANG Q, WANG S L, 2005. Comparison analysis ofthe long-term variations of snow cover between mountain and plain areas in Xinjiang region from 1960 to 2003. Journal of glaciology and geocryology, 27(4): 486-490.

DAHAL BRADFORD K J, JONES R A, 1990. Effects of priming and endosperm integrity on seed germination rates of tomato genotypes. I. Germination at suboptimal temperature. Journal of experimental botany, 41: 1431-1439.

DANIN A, 1996. Plants of desert dunes. Adaptations of desert organisms, 45(3): 576.

DANNOWSKI M, BLOCK A, 2005. Fractal geometry and root system structures of heterogeneous plant communities. Plant and soil, 272: 61-76.

DAWSON T E, 1996. Determining water use by trees and forests from isotopic, energy balance and transpiration analyses: the role of tree size and hydraulic lift. Tree physiology, 16: 263-272.

DAWSON T E, EHLERINGER J R, 1993. Isotopic enrichment of water in the "woody" tissues of plants: implications for plant water source, water uptake, and other studies which use the stable isotopic composition of cellulose. Geochimica et cosmochimica acta, 57: 3487-3492.

DAWSON T E, PATE J S, 1995. Seasonal water uptake and movement in root systems of phraeatophytic plants of dimorphic root morphology: a stable isotope investigation. Oecologia, 107: 13-20.

DEEVEY E, 1947. Life tables for natural populations of animals. Quarterly review of biology, 22(4): 283-314.

DONOVAN L A, EHLERINGER J R, 1994. Water stress and use of summer precipitation in Great Basin shrub community. Functional ecology, 8: 289-297.

DRENNAN P M, NOBEL P S, 1996. Temperature influences on root growth for *Encelia farinosa*(Asteraceae), *Pleuraphis rigida*(Poaceae), and *Agave deserti*(Agavaceae)under current and doubled CO_2 concentrations. American journal of botany, 83: 133-139.

DUBE O, PICKUP G, 2001. Effects of rainfall variability and communal and semi-commercial grazing on land cover in southern African rangelands. Climate research, 17(2): 195-208.

EAGLESON P S, 1982. Ecological optimality in water limited natural soil vegetation systems. Water Resources research, 18: 325-354.

EGAN T P, UNGAR I A, MEEKINS J F, 1997. The effect of different salts of sodium and potassium on the germination of *Atriplex prostrata*(Chenopodiaceae). Journal of plant nutrition, (20): 1723-1730.

EHLERINGER J R, DAWSON T E, 1992. Water uptake by plants: perspectives from stable isotope composition. Plant cell environment, 15: 1073-1082.

EHLERINGER J R, SCHWINNING S, GEBAUER R, 1998. Water use in arid land ecosystems//The 39th Symposium of the British Ecological Society held at the University of York Physiological. Plant ecology: 347-365.

EHLERINGER J R, PHILLIPS S L, SCHUSTER W S F, et al. , 1991. Differential utilization of summer rains by desert plants. Oecologia, 88: 430-434.

EVANS C E, ETHERINGTON J R, 1990. The effect of water potential on seed germination of some British plants. New physiologist, 115: 539-548.

FAHEY T J, HUGHES J W, 1994. Fine root dynamics in northern hardwood forest ecosystem, Hubbard Brook experimental forest. Journal of ecology, 82: 533-548.

FENNER M, 1985. Seed ecology. London: Chapman and Hall: 57-60.

FENNER M, 2000. Seeds: the ecology of regeneration in plant communities. New York: CABI Publishing: 31-57.

FENNER M, THOMPSON K, 2005. The ecology of seeds. UK: Cam-bridge University Press.

FILELLA I, PENUELAS J, 2003. Partitioning of water and nitrogen in co-occurring Mediterranean woody shrub species of different evolutionary history. Oecologia, 137: 51-61.

FISHER B L, HOWE H F, WRIGHT S J, 1991. Survival and growth of *Virola surinamensis yearlings*: water augmentation in gap and understory. Oecologia, 86(2): 292-297.

FLANAGAN L B, Ehleringer J R, 1991. Stable isotopic composition of stem and leaf water: application to study of plant water use. Function ecology, 5: 270-277.

FRITTON D D, KIRKHAM D, SHAW R H, 1967. Soil water chloride redistribution under various evaporation potentials. Soil science society of America proceedings, 31: 599-603.

FRITTON D D, KIRKHAM D, SHAW R H, 1970. Soil water evaporation, isothermal diffusion, and heat and water transfer. Soil science society of America proceedings, 34: 183-189.

FROST I, RYDIN H, 2000. Spatial pattern and size distribution of the animal dispersed *Quercus robur* in two spruce dominated forests. Ecoscience, 7: 38-44.

GALE M R, GRIGAL D E, 1987. Vertical root distribution of northern tree species in relation to successional status. Canadian journal of forestry research, 17: 829-834.

GEDROC J J, MCCONNAUGHAY K D M, COLEMAN J S, 1996. Plasticity in root/shoot partitioning: optimal, ontogenetic or both?Functional ecology, 10: 44-50.

GIBSON C, 1989. Nature management by grazing and cutting//BAKKER J F. Trends in ecology and evolution. Dordrecht: Kluwer: 1145-1152.

GOD NEZ-ALVAREZ H, VALIENTE-BANUET A, BANUET L V, 1999. Biotic interactions and the population dynamics of the long-lived columnar cactus *Neobuxbaumia tetetzoin* the Tehuacan Valley, Mexico. Canadian journal of botany, 77: 203-208.

GONG J R, ZHAO A F, HUANG Y M, et al. , 2006. Water relations, gas exchange, photochemical efficiency, and peroxidative stress of four plant species in the Heihe drainage basin of northern China. Photosynthetica, 44(3): 355-364.

GREENE D F, QUESADA M, CALOGEROPOULOS C, 2008. Dispersal of seeds by the tropical sea breeze. Ecology, 89(1): 118-125.

GRIES D, 2003. Biomass and production of key species//Workshop on sustainable management of the shelterbelt vegetation of river oases in the Taklimakan Desert Urumqi Xinjiang China: 129-139.

GRIME J P, 2002. Plant strategies, vegetation processes, and ecosystem properties. 2nd ed. New York: John Wiley & Sons.

GRIME J P, MASON G, CURTIS A V, et al. , 1981. A comparative study of germination characteristics in a local flora. Journal of ecology, 69(3): 1017-1059.

GRUBB P J, TURNER I M, 1996. Responses to simulated drought and elevated nutrient supply among shade-tolerant tree seedlings of lowland tropical forest in Singapore. Biotropica, 28(4): 636-648.

GUO K, 1999. Seedling performance of dominant tree species in Chinese beech forests. Utrecht: Universiteit Utrecht: 33-46.

GUTTERMAN Y, 1993. Seed germination in desert plants. Berlin: Springer: 145-230.

GUTTERMAN Y, 2000. Environmental factors and survival strategies of annual plant species in the Negev Desert, Israel. Plant species biology, 15: 113-125.

GUTTERMAN Y, 2002. Survival strategies of annual desert plants. Berlin: Springer.

HAIG D, WESTOBY M, 1991. Seed size, pollination costs and angiosperm success. Evolutionary ecology, 5: 231-247.

HANCOCK F, PRITTS M P, 1987. Does reproductive effort vary across different life forms and serial environments? A review of the literature. Bulletin of the Torrey botanical club, 11(4): 53-59.

HANLEY M E, 1998. Seedling herbivory, community composition and plant life history traits. Perspectives in plant ecology, evolution and systematics, 1(2): 191-205.

HAPRER J L, 1977. Population biology of plants. New York: Academic Press: 122-152.

HARCOMBE P A, 1987. Tree life tables. Bioscience, 37: 557-567.

HARPER J L, 1967. A darwinian approach to plant ecology. Journal of ecology, 55(4): 267.

HARPER J L, 1977. Population biology of plant. New York: Academic Press: 1-892.

HARPER J L, BENTON R A, 1966. The behaviour of seeds in soil: II. The germination of seeds on the surface of a water supplying substrate. Journal of ecology, 54(1): 151-166.

HARPER J L, SILVERTOWN J, FRANEO M, 1997. Plant life histories: ecology, phylogeny and evolution. Cambridge: Cambridge University Press.

HEYDECKER W, 1972. Seed ecology. London: Butterworths.

HILLEL D, 1971. Soil and water: physical principles and processes. New York: Academic Press: 288.

HIROSE T, 1987. A vegetative plant growth model: adaptive significance of phenotypic plasticity in matter partitioning. Functional ecology, 1: 195-202.

HOFMANN M, ISSELSTEIN J, 2004. Effects of drought and competition by a ryegrass sward on seedling growth of a range of grassland species. Journal of agronomy and crop science, 190: 277-286.

HOWE H F, SMALLWOOD J, 1982. Ecology of seed dispersal. Annual review of ecology and systematics, 13: 201-228.

HSIAO T C, 1973. Plant response to water stress. Annual review of plant physiology, 24: 519-570.

HUANG Z Y, GUTTERMAN Y, 1998. *Artemisia monosperma* achene germination in sand: effects of sand depth, sand/moisture content, cyanobacterial sand crust and temperature. Journal of arid environments, 38: 27-43.

HUANG Z Y, GUTTERMAN Y, 1999. Water absorption by mucilaginous achenes of *Artemisia monosperma*, floating and germination affected by salt concentrations. Israel journal of plant science, 47: 27-34.

HUANG Z, ZHANG X, ZHENG G, et al. , 2003, Influence of light, temperature, salinity and storage on seed germination of *Haloxylon ammodendron*. Journal of arid environments, 55(3): 453-464.

HUGHES L, DUNLOP M, FRENCH K, et al. , 1994. Predicting dispersal spectra: a minimal set of hypotheses based on plant attributes. Journal of ecology, 82: 933-950.

HULME P E, 1994. Post-Dispersal seed predation in grassland: its magnitude and sources of variation. Journal of ecology, 82: 645-652.

HUSTON M, SMITH T, 1987. Plant succession: life history and competition. American naturalist, 130(2): 168-198.

JACKSON R B, CANADELL J, MOONEY H A, 1996. A global analysis of root distribution for terrestrial biomes. Oecologia, 180: 389-411.

JOHNSON J B, 1997. Stand structure and vegetation dynamics of a subalpine wooded fen in Rocky Mountain National Park, Colorado. Journal of vegetation science, 8(3): 337-342.

JOLLY I D, WALKER O R, 1996. Is the field water use of *Eucalyptus lar-giflorens* F. Muell. affected by short-term flooding. Australia journal of ecology, 21: 173-183.

JONES H G, POMEROY J W, WALKER D A, 2003. Snow ecology, an interdisciplinary examination of snow-covered ecosys-tems. Beijing: Ocean Press: 7-10, 73-77.

JONG G D, 2005. Evolution of phenotypic plasticity: patterns of plasticity and the emergence of ecotypes. New phytologist, 166: 101-118.

KARA M, HIRATA K, FUJIHARA M, et al. , 1996. Vegetation structure in relation tomicro-landform in an evergreen broad-leaved forest on Amami Ohshima Island, south-west Japan. Ecological research, 11(3): 325-337.

KATEMBE W J, UNGAR I A, MITCHELL J P, 1998. Effect of salinity on germination and seedling growth of two *Atriplex species*(Chenopodiaceae). Annals of botany, 82: 167-175.

KHAN M A, GULZAR S, 2003. Germination responses of Sporobolus ioclados: a saline desert grass. Journal of arid environments, 53(3): 387-394.

KHAN M A, SHEITH K H, 1996: Effects of different levels of salinity on seed germination and growth of *Capsicum annuum*. Biologia, 22: 15-16.

KHAN M A, UNGAR I A, 1997. Effects of thermoperiod on recovery of seed germination of halophytes from saline conditions. American journal of botany, 84(2): 279-283.

KIKUCHI T, 2001. Vegetation and land forms. Tokyo: University of Tokyo Press: 2-93.

KITAJIMA K, FENNER M, 2000, Ecology of seedling regeneration, in seeds: the ecology of regeneration in plant Communities. 2nd ed. New York: CABI.

KLIMES L, KLIMESOVA J, OSBORNOVA J, 1993. Regeneration capacity and carbohydrate reserves in a clonal plant *Rumes alpinus*: effect of burial. Vegetation, 109: 153-160.

KOELEWIJN H P, 2004. Rapid change in relative growth rate between the vegetative and reproductive stage of the life cycle in *Plantago coronopus*. New phytologist, 163: 67-76.

KOLB T E, HART S C, AMUNDSON R, 1997. Water source and physiology at perennial and ephemeral stream sites in Arizona. Tree physiology, 17: 151-160.

KOZLOWSKI T T, 1971. Growth and development of trees 1: seed germination, ontogeny, and shoot growth. New York and London: Academic Press.

KOZLOWSKI T T, 2002. Physiological ecology of natural regeneration of harvested and disturbed forest stands: implications for forest management. Forest ecology & management, 158(1): 195-221.

KROON H D, VISSER E J W, 2003. Root ecology. Now York: Springer-Verlag: 150-191.

LAMBERS H, POORTER H, 2004. Inherent variation in growth rate between higher plants: a search for physiological causes and ecological consequences. Advances in ecological research, 23(6): 187-261.

LECK M A, PAKER V T, SIMPSON R L, 1989. Ecology of soil seed banks. Pittsburgh: Academic Press: 1-21.

LEISHMAN M R, WESTOBY M, 1992. Classifying plants into groups on the basis of associations of individual traits-evidence from Australian semi-arid woodlands. Journal of ecology, 80(3): 417-424.

LEISHMAN M R, WESTOBY M, JURADO E, 1995. Correlates of seed size variation: a comparison among five temperate floras. Journal of ecology, 83(3): 517-530.

LEVITT J, 1980. Responses of plants to environmental stresses. New York: Academical Press: 1-496.

LI L, ZHANG X M, RUNGE M, et al. , 2006. Responses of germination and radicle growth of two populus species to water potential and salinity. Forstey studies in China, 8(1): 10-15.

LI P F, LI B G, 2000. Study on some characteristics of evaporation of sand dune and evapotranspiration of grassland in Mu Us Desert. Journal of hydraulic engineering, 3(3): 24-28.

LI P J, 1983. The distribution of snow cover in China. Journal of glaciology and geocryology, 5(4): 9-18.

LI P J, 1993. The dynamic characteristic of snow cover in western China. Acta geographica sinica, 48(6): 505-515.

LI P J, 1999. Variation of snow water resources in northwestern China, 1951-1997. Science in China(Series D), 29(Suppl. 1): 63-69.

LI P, ZHAO Z, 2004. Vertical root distribution character of *Robinia pseudoacacia* on the loess plateau in China. Journal of forestry research, 15(4): 87-92.

LIU B, PHILLIPS F, HOINES S, 1995. Water movement in desert soil traced by hydrogen and oxygen isotopes, chloride, and chlorine-36, south Arizona. Journal of hydrology, 168(1-4): 91-110.

LIU G J, LV C Y, ZHANG X M, et al. , 2015, Effect of water supply and sowing depth on seedling emergence in two *Haloxylon* species in the Jungar Basin. Pakistan journal of botany, 47(3): 859-865.

LIU Z G, ZHU J J, HU L L, et al. , 2005. Effects of thinning on microsite conditions and regeneration of *Larix olgensis* plantation in mountainous secondary forest ecosystems of Northeast China. Journal of forestry research, 16: 193-199.

LIU Z M, YAN Q L, LI X H, et al. , 2007. Seed mass and shape, germi-nation and plant abundance in a desertified grassland in north-eastern Inner Mongolia, China. Journal of arid environment, 69: 198-211.

LLORET F, CASANOVAS C, PEÑUELAS J, 1999. Seedling survival of Mediterranean shrubland species in relation to root: shoot ratio, seed size and water and nitrogen use. Functional ecology, 13(2): 210-216.

LLOYD J E, HERMS D A, ROSE M A, et al. , 2006. Fertilization rate and irrigation scheduling in the nursery influence growth, insect performance, and stress tolerance of 'Sutyzam' crabapple in the landscape. Hortscience, 41(2): 442-445.

LORENZI H, 2002. Brazilian trees: a guide to the identification and cultivation of brazilian native trees. Nova Odessa, Spain: Instituto Plantarum de Estudos da Flora.

LU Y Z, YANG P G, 2004. The effects of desert crust on the character of soil water. Journal of arid land resources and environment, 18(2): 76-79.

LV C Y, ZHANG X M, LIU G J, et al. , 2012. Seed yield model of *Haloxylon ammodendron*(C. A. Mey)Bunge in Junggar basin. Pakistan journal of botany, 44(4): 1233-1239.

LV C Y, ZHANG X M, LIU G J, et al. , 2014. Population characteristics of *Haloxylon ammodendron*(C. A. Mey)Bunge in Gurbantunggut desert. Pakistan journal of botany, 46(6): 1963-1973.

MAESTRE F T, CORTINA J, BAUTISTA S, 2003. Small-scale environmental heterogeneity and spatiotemporal dynamics of seedling establishment in a semiarid degraded ecosystem. Ecosystems, 7(6): 630-643.

MARASHALL J D, WARING R H, 1985. Predicting fine root production and turnover by monitoring root starch and soil temperature. Canadian journal forestry research, 15(5): 791-800.

MASTSUDA A, YANO T, CHO T, 1972. Studies on the micrometeorology in the sand dune(1): on the radiation balance.

Journal of agricultural meteorology, 28(1): 11-17.

MATSUDA J F, NOILHAN J, 1991. Comparative study of various formulations of evaporation from bare soil using in situ data. Journal of applied meteorology, 30(9): 1354-1365.

MAUN M A, 1981. Seed germination and seedling establishment of *Calamovilfa longifolia* on Lake Huron sand dunes. Revue Canadienne de botanique, 59(59): 460-469.

MAUN M A, 1996. Adaptations of plants to burial in coastal sand dunes. Canadian journal of botany, 76(5): 713-738.

MAUN M A, 1998. Adaptations of plants to burial in coastal sand dunes. Canada journal of botany, 76(5): 713-738.

MAUN M A, LAPIERRE J, 1986. Effects of burial by sand on seed germination and seedling emergence of four dune species. American journal of botany, 73(3): 450-455.

MCMICHAEL B L, BURKE J J, 1996. Temperature effects on root growth. New York: Marcel Dekker: 383-396.

MCNAUGHTON S L, 1985. Ecology of a grazing ecosystem: the Serengti. Ecological monographs, 55: 259-294.

MEDRANO H, ESCALONA J M, BOTA J, et al. 2002. Regulation of photosynthesis to progressive drought: stomatal conductance as a reference parameter. Annual of botany, 89: 895-905.

MEIDAN E, 1990. The effects of soil water potential on seed germination of four winter annuals in the Negev Desert highlands, Israel. Journal of arid environments, 19: 77-83.

MENSFORTH L J, THORBURN P J, TYERMAN S D, et al. , 1994. Sources of water used by riparian *Eucalyptus camaldulensis* overlying highly saline groundwater. Oecologia, 100(1): 21-28.

MEYER B S, ANDERSON D B, BOHNING R H, et al. , 1973. Introduction to plant physiology. New York: D. Van. Nostrand Company: 63.

MICHAEL F, 1985. Seed ecology. New York: Chapman and Hall: 57-116.

MICHAEL R, ZHANG X M, 2004. Ecophysiology and habitat requirements of perennial plant species in the Taklimakan Desert. Aachen: Shaker-Verlag.

MICHELBE D R, 1995. A computer program relating solute potential to solution composition for five solutes. Agronomy journal, 87: 126-130.

MOLES A T, FALSTER D S, LEISHMAN M R, et al. , 2004. Small-seeded species produce more seeds per square meter of canopy per year, but not per individual per life time. Journal of ecology, 92(3): 384-396.

MOLLES M C, 2005. Ecology: concepts and applications. New York: McGraw-Hill Education.

NAGAMATSU D, HIRABUKI Y, MOCHIDA Y, 2003. Influence of micro-land forms on forest structure, tree death and recruitmentina Japanese temperate mixed forest. Ecological research, 18(5): 533-547.

NATHAN R, MULLER-LANDAU H C, 2000a. Spatial patterns of seed dispersal, their determinants and consequences for recruitment. Trends in ecology and evolution, 15(5): 278-285.

NATHAN R, SAFRIEL U N, NOY-MEIR I, et al. , 2000b. Spatiotemporal variation in seed dispersal and recruitment near and far from *Pinus halepensis* trees. Ecology, 81(8): 2156-2169.

NELSON S T, 2000. A simple, practical methodology for routine VSMOW/SLAP normalization of water samples analyzed by continuous flow methods. Rapid commun mass spectrum, 14(2): 1044-1046.

NICOTRA A B, CHAZDON R L, IRIATE S V B, 1999. Spatial heterogeneity of light and wood seedling regeneration in tropical wet forests. Ecology, 80(6): 1908-1926.

NORDEN N, DAWS M I, ANTOINE C, et al. , 2009. The relationship be-tween seed mass and mean time to germination for 1037 treespecies across five tropical forests. Functional ecology, 23: 203-210.

OSUNKOYA O O, ASH J E, GRAHAM A W, et al. , 1993. Growth of tree seedlings in tropical rain forests of North Queensland, Australia. Journal of tropical ecology, 9(1): 1-18.

PALLARDY S G, 1981. Closely Related Woody Plants//Woody Plant Communities. New York: Academic Press: 511-548.

PARCIAK W, 2002. Environmental variation in seed number, size, and dispersal of a fleshy-fruited plant. Ecology, 83(3): 780-793.

PAROLIN P, 2001. Morphological and physiological adjustments to water logging and drought in seedlings of Amazonian flood plain trees. Oecologia, 128(3): 326-335.

PHILIPPI T, SEGER J, 1989. Hedging one's evolutionary bets, revisited. Trends in ecology & evolution, 4(2): 41-44.

PHILLIPS D L, 2001. Mixing models in analysis of diet using multiple stable isotopes: a critique. Oecologia, 127(2): 166-170.

PHILLIPS D L, GREGG J W, 2003. Source partitioning using stable isotopes: coping with too many sources. Oecologia, 136(2): 261-269.

PONGE J, 1998. The forest regeneration puzzle. Bioscience, 48(7): 523-530.

PREGITZER K S, KING J S, BURTON A J, 2000. Response of tree fine roots to temperature. New phytologist, 147: 105-115.

PYANKOV V I, ARTYUSHEVA E G, EDWARDS G E, et al. , 2001. Phylogenetic analysis of tribe *Salsoleae*(Chenopodiaceae)based on ribosomal ITS sequences: implications for the evolution of photosynthesis types. American journal of botany, 88(7): 1189-1198.

QUNINN J A, HODGKINSON K C, 1984. Plastic and population difference. in reproductive characters and resources allocation in *Danthonia caespitosa*(Gramineae). Bulletin of the Torrey botanical club, 111(1): 19-27.

REBECCA A, MONTGOMERY L, ROBIN L, 2001. Chazdon forest structure, canopy architecture, and light transmittance in tropical wet forests. Eeology, 82(10): 2707-2718.

REN J, TAO L, LIU X M, 2002. Effect of sand burial depth on seed germination and seedling emergence of *Calligonum* L. species. Journal of arid environments, 51(4): 601-609.

ROBINSON D, RORISON I, 1988. Plasticity in grass species in relation to nitrogen supply. Functional ecology, 2(2): 249-257.

ROUHI V, SAMSON R, LEMEUR R, et al. , 2007. Photosynthetic gas exchange characteristics in three different almond species during drought stress and subsequent recovery. Environmental and experimental botany, 59(2): 117-129.

SAKAI A, OHSAWA M, 1994. Topographical pattern of the forest vegetation on a river basin in a warm-temperate hill region, central Japan. Ecological research, 9(3): 269-280.

SAMANTHA J G, GREGORY S B, EDWARD C, 2000. Modeling conifer tree crown radius and estimating canopy cover. Forest ecology and management, 126(3): 405-416.

SANDRA J, ZENCICH R, JEFFREY V, 2002. Influence of groundwater depth on the seasonal sources of water accessed by Banksia tree species on a shallow, sandy coastal aquifer. Oecologia, 131(1): 8-19.

SARA D, CARMEN M, SERGIO A C, 2000. Structure and population dynamics of *Pinus lagunae* M. F. Passini. Forest ecology and management, 134(1-3): 249-256.

SCHENK H J, JACKSON R B, 2002. Rooting depths, lateral root spreads and below ground/aboveground allometries of plants in water-limited ecosystems. Journal of ecology, 90(90): 480-494.

SCHOLANDER P F, HAMMEL H T, HEMMAGSELL E A, et al. , 1964. Hydrostatic pressure and osmotic potential inleaves of mangroves and some other plants. PNAS, 52(1): 119-125.

SCHULZE E, MOONEY H A, SALA O E, 1996. Rooting depth, water availability, and vegetation cover along an aridity gradient in Patagonia. Oecologia, 108(3): 503-511.

SCHWINNING S, EHLERINGER J R, 2001. Water use trade-offs and optimal adaptations to pulse-driven arid ecosystems. Journal of ecology, 89(3): 464-480.

SEELY M K, LOUW G N, 1980. First approximation of the effects of rainfall on the ecology and energetics of a Namib Desert dune ecosystem. Journal of arid environments, 3(1): 25-54.

SEIDLER T G, PLOTKIN J B, 2006. Seed dispersal and spatial pattern in tropical trees. PLOS biology, 4(11): e344-e344.

SHI S Q, ZHENG S, QI L W, 2009. Molecular responses and expression analysis of genes in a xerophytic desert shrub *Haloxylon ammodendron*(Chenopodiaceae)to environmental stresses. African journal of biotechnology, 8(12): 2667-2676.

SHURBAJI A R M, PHILLIPS F M, CAMPBELL A R, et al. , 1995. Application of a numerical model for simulating water flow, isotope transport, and heat transfer in the unsaturated zone. Journal of hydrology, 171: 143-163.

SILVERTOWN J W, 1982. Introduction to plant population ecology. New York: Longman Press.

SIMPSON R L, 1989. Ecology of soil seed bank. San Diego: Academic Press: 149-209.

SMITH S D, HERR C A, LEARY K L, et al. , 1995. Soil-plant water relations in a Mojave Desert mixed shrub community: a comparison of three geomorphic surfaces. Journal of arid environments, 29(3): 339-351.

SMITH S D, WELLING A B, NACHLINGER J A, et al. , 1991. Functional responses of riparian vegetation to streamflow diversions in eastern Sierra Nevada. Ecological application, 1(1): 89-97.

SNYDER K A, WILLIAMS D G, 2000. Water sources used by riparian trees varies among stream types on the San Pedro River, Arizona. Agricultural and forest meteorology, 105(1-3): 227-240.

SOLBRIG O T, 1981. Studies on the population biology of the *Genus Viola*. II. The effect of plant size on fitness in *Viola Sororia*. Evolution, 35(6): 1080-1093.

STEFAN K A, CHRISTINA A, ANDREA F, 2004. Contrasting patterns of leaf solute accumulation and salt adaptation in four phreatophytic desert plants in a hyperarid desert with saline groundwater. Journal of arid environments, 59: 259-270.

STERNBERG L d S L, ISH-SHALOM-GORDON N, ROSS M, et al. , 1991. Water relations of coastal plant communities near the ocean/freshwater boundary. Oecologia, 88(3): 305-310.

STERNBERG L d S L, SWART P K, 1987. Utilization of freshwater and ocean water by coastal plants of southern Florida. Ecology, 68(6): 1898-1905.

STEVEN D D, 1991, Experiments on mechanisms of tree establishment in old-field succession: seedling emergence. Ecology, 72(3): 1066-1075.

SU P X, CHEN G D, YAN Q D, et al. , 2007. Photosynthetic regulation of C4 desert plant *Haloxylon ammodendron* under drought stress. Plant growth regulation, 51(2): 139-147.

SU P X, CHEN H S, AN L Z, et al. , 2004. Carbon assimilation characteristics of plants in oasis-desert ecotone and their response to CO_2 enrichment. Science in China, 47(S1): 39-49.

SU P X, ZHAO A F, ZHANG L X, et al. , 2003. Characteristic in photosynthesis, transpiration and water use efficiency of *Haloxylon ammodendron* and *Calligonum mongolicum* of desert species. Acta bot boreal-occident sin, 23(1): 11-17.

SYNDER K A, WILLIAM D C, 2000. Water resources used by riparian trees varies among stream types on the Pedro River, Arizona. Agricultural and forest meterology, 105(1-2): 227-240.

TAKYU M, AIHA S I, KILAYAMA K, 2002. Effects of topography on tropical lower montane forests under different geological conditions on Mount Kinahalu, Borneo. Plant ecology, 159(1): 35-49.

THOMAS F M, 2003. Water use of *Alhagi sparsifolia*, *Calligonum caput-medusae*, *Populus euphratica* and *Tamarix ramosissima*//Workshop on Sustainable Management of the Shelterbelt Vegetation of River Oases in the Taklimakan Desert Urumqi Xinjiang China: 113-128.

THOMPSON K, 2000. The functional ecology of soil seed banks//FENNER M. The ecology of regeneration in plant communities. Wallingford: CAB International: 215-235.

THOMPSON K, GRIME J P, 1979. Seasonal variation in the seed banks of herbaceous species in ten contrasting habitats. Journal of ecology, 67(3): 893-921.

THOMPSON P A, 1969. Germination of *Lycopus europaeus* in response to fluctuating temperatures and light. Journal of experimental botany, 20(1): 1-11.

THORBURN P J, WALKER G R, 1994. Variations in stream water uptake by *Eucalyptus camaldulensis* with differing access to stream water. Oecologia, 100(3): 293-301.

TOBE K, Li X M, OMASA K, 2000b. Effects of sodium chloride on seed germination and growth of two Chinese desert shrubs, *Haloxylon ammodendron* and *H. persicum*(Chenopodiaceae). Australian journal of botany, 48(4): 455-460.

TOBE K, LI X M, OMASA K, 2000a. Seed germination and growth of a halophyte, *Kalidium caspicum*(Chenopodiaceae). Annals of botany, 85(3): 391-396.

TOBE K, LI X, OMASA K, 2005. Effects of irrigation on seedling emergence and seedling survival of a desert shrub *Haloxylon ammodendron*(Chenopodiaceae). Australian journal of botany, 53(6): 529-534.

TYREE M T, HAMMEL, H T, 1972. The measurement of the turgor pressure and the water relations of plant by the pressure-bomb technique. Journal of experimental botany, 23(1): 267-282.

TYREE M, EWER F E, 1991. The hydraulic architecture of trees and other woody plants. New phytologist, 119(3): 345-360.

UHL C, CLARK K, CLARK H, et al. , 1981. Early plant succession after cutting and burning in the upper Rio Negro region of the Amazon Basin. Journal of ecology, 69(2): 631-649.

UNGAR I A, 1978. Halophyte seed germination. Botanical review, 44(2): 233-264.

UNGAR I A, 1987. Population ecology of halophyte seeds. Botanical review, 53(3): 301-344.

UNGAR I A, 1991. Ecophysiology of vascular halophytes. Boca Raton: CRC Press: 9-48.

UNGAR I A, 1995. Seed germination and seed-bank ecology in halophytes//KIGEL J, GALILI G. Seed development and germination. New York: Marcel Dekker: 599-628.

VALVERDE T, QUIJAS S L, VILLAVICENCIO M, 2004. Population dynamics of *Mammillaria magnimamma* Haworth(Cactaceae)in a lava-Field in Central Mexico. Plant ecology, 170(2): 167-184.

VAN DER VALK A G, 1974. Environmental factors controlling the distribution of forbs on coastal foredunes in Cape Hatteras National Seashore. Canadian journal of botany, 52: 1057-1073.

VENABLE D L, BROWN J S, 1988. The selective interactions of dispersal, dormancy, and seed size as adaptations for reducing risk invariable environments. The American naturalist, 131(3): 360.

VLEASHOUWERS L M. 1997, Modeling the effect of temperature, soil penetration resistance, burial depth and seed weight on proemergence growth of weeds. Annals of botany, 79(5): 553-563.

WALTER H, 1963. The water relations of plants. New York: John Wiley & Sons: 199-205.

WANG B C, SMITH T B, 2002. Closing the seed dispersal loop. Trends in ecology and evolution, 18: 379-385.

WANG J H, BASKIN C C, CUI X L, 2009. Effect of phylogeny, life history and habitat correlates on seed germination of 69 arid and semi-arid zone species from northwest China. Evolutionary ecology, 23(6): 827-846.

WANG Z L, WANG G, LIU X M, 1998. Germination strategy of the temperate sandy desert annual chenopod *Agriophyllum squarrosum*. Journal of arid environments, 40(1): 69-76.

WEI J, ZHANG X M, SHAN L S, et al. , 2007. Seedling growth dynamic of *Haloxylon ammodendron* and its adaptation strategy to habitant condition in hinterland of desert. Science in China series D: earth sciences, 50(Supp1): 107-114.

WESTOBY M, JURADO E, LEISHMAN M R, 1992. Comparative evolutionary ecology of seed size. Trends in ecology & evolution, 7(11): 368-372.

WHITE J W C, COOK E R, LAWRENCE J R, et al. , 1985. The D/H ratios of sap in tree: implications for water sources and tree ring D/H ratios. Geochimica et cosmochimica acta, 49(1): 237-246.

WILLSON M F, 1985. Plant reproductive ecology. Systematic Botany, 10(3): 375.

WILLSON M F, 1993. Mammals as seed-dispersal mutualists in North America. Oikos, 67(1): 159.

WINTER E J, 1974. Water, soil and the plant. London: McMillan.

WOODS K D, 1984. Patterns of tree replacement: canopy effects on understory pattern in hemlock-northern hardwood forests. Vegetatio, 56(2): 87-107.

WRETEN S D, 1980, Field and laboratory exercise in ecology. New York: Edward Arnod: 66-105.

XU H, LI Y, 2006. Water-use strategy of three central Asian desert shrubs and their responses to rain pulse events. Plant and soil, 285(1/2): 5-17.

XU H, LI Y, XU G Q, et al. , 2007. Ecophysiological response and morphological adjustment of two Central Asian desert shrubs towards variation in summer precipitation. Plant cell and environment, 30(4): 399-409.

XU H, ZHANG X M, YAN H L, et al. , 2008. Plants water status of the shelterbelt along the Tarim Desert Highway. Chinese science bulletin, 2008, 53(Supp. II): 146-155.

YAMANAKA T, TAKEDA A, SHIMADA J, 1998. Evaporation beneath the soil surface: some observational evidence and numerical experiments. Hydrological processes, 12(13/14): 2193-2203.

YAMANAKA T, YONETANI T, 1999. Dynamics of the evaporation zone in dry sandy soils. Journal of hydrology, 217(1-2): 135-148.

YAN S G, SHEN Y Y, 1996. Effects of ecological factors on salt-tolerance of *Puccinellia tenuiflora* seeds during germination. Acta phytoecologica sinica, 20(5): 414-422.

ZANGVIL A, 1996. Six years of dew observations in the Negev Desert, Israel. Journal of arid environments, 32(4): 361-371.

ZHANG C, YU F, DONG M, 2002. Effects of sand burial on the survival, growth, and biomass allocation in semi-shrub *Hedysarum laeve* seedlings. Journal of plant(Chinese), 44(3): 337-343.

ZHANG D Y, 1998. Evolutionarily stable reproductive strategies in sexual organisms: IV. Parent-offspring conflict and selection of seed size in perennial plants. Journal of theoretical Biology, 192: 143-153.

ZHANG X M, LI X M, ZHANG H N, 2001. The control of drift sand on the southern fringe of the Taklamakan desert: an example from the Cele Oasis. Berlin: Springer-Verlag.

ZHENG Y R, XIE Z X, GAO Y, 2004. Germination responses of *Caragana korshinskii* Kom. to light, temperature and water stress. Ecological research, 19(5): 553-558.

ZHU J J, MATSUZAKI T, LI F Q, 2003. Effects of gap size created by thinning on seedling emergency, survival and establishment in a coastal pine forest. Forest ecology and management, 182(1-3): 339-354.

后　记

在我结束近 40 年沙漠化治理及荒漠生态研究生涯之际，本书就要出版了，这也标志着团队数十年的持之以恒、不懈努力终于结出了硕果。无论如何，这是年轻学者们人生历程中的一件大事、一个学术生涯的里程碑，可喜可贺。同时，也了却了我的一个心愿。

我从事野外荒漠生态研究几十年，研究对象主要聚焦于新疆两个十分重要的植物种：南疆的胡杨和北疆的梭梭。长期研究生涯中的朝夕相处使我与梭梭结下了深厚的感情。虽然研究环境十分艰苦、研究过程异常艰辛，但当我和团队成员克服重重困难，完成野外模拟实验，得到系统数据，揭示出不为人们所认识的新结果、新规律时，会感到这一切都是值得的。也许这就是认识大自然、从事野外科学研究的乐趣。

我们非常享受整个研究过程和最终的研究成果，因为我们可能比别人更加了解自己所从事研究的重要意义。对研究者来说，学术专著的出版意味着该研究较为圆满地告一段落，也是对研究成果的系统总结和理论升华。

在本书即将问世之时，我数十年研究生涯中的一幕幕浮现在脑海里，心中的感慨实难言表。它撩起我近 40 年研究生涯中的许多往事，使我的心情难以平静。借此机会简述我们的研究历程、研究成果和研究团队，让读者有机会更多地了解我们的研究、我们的成果和我们这个以年轻人为主体的研究团队。

1. 梭梭研究历程

我是 20 世纪 70 年代末大学毕业后直接进入中国科学院新疆生态与地理研究所的前身——中国科学院新疆生物土壤沙漠研究所沙漠研究室工作的。梭梭是我参加工作初期涉足沙漠化治理及荒漠生态研究工作较早的研究对象之一。记得 20 世纪 80 年代初，在吐鲁番沙漠研究站工作两年后，我被派往莫索湾沙漠研究站工作。当时，有一批老一辈科学家在莫索湾从事研究，主要研究方向集中于沙漠化治理（重点是生物固沙）和荒漠生态系统研究。应该说当时的莫索湾站是集中了一批新疆沙漠化治理和荒漠生态系统研究领域的顶尖专家的学术基地，当时还很年轻的我们在那里接受了许多有关梭梭的基础知识。我就是在这样一个沙漠化治理及荒漠生态研究的氛围和熏陶中开始了自己研究生涯中最初的研究实践。

记得我较早发表的学术论文中，有几篇就是在莫索湾站老先生的指导下，通过小实验所获得的数据而写成的，而这几篇研究论文都与梭梭生态学研究相关。

没有想到的是，从此我与梭梭结下了不解之缘。随后，我有机会参加阿尔金山科学考察，再后来到南疆策勒沙漠研究站开展防沙治沙的实践与研究。在那里，我也没有中断对梭梭的研究。在策勒，我有机会独立设计、完成了自己在南疆从事野外生态研究的第一个模拟实验，获得了一些较好的量化研究成果，并发表了梭梭造林初期灌溉量方面的论文。使我感到意外的是，在完成这个实验十几年后的一天，潘伯荣研究员告诉我，我的这个梭梭初期灌溉量的实验结果成为当年沙漠公路研究团队在沙漠公路防护林早期研究和实验的重要参考，并且他们的梭梭造林实验获得了成功。有一次，他带领由中国科学院资源环境科学与技术局有关研究所的专家组成的考察组穿越沙漠公路，我也同行。在肖塘附近，他特意安排大家参观沙漠公路建设初期的梭梭造林实验点。看到当初他们造林成功的梭梭生长旺盛，更加深了我的梭梭情结。从那以后，每当有机会路过，我都会去看这些梭梭。

此后，因为长期在南疆从事荒漠生态研究，我对梭梭的研究有一段空档。直到 21 世纪初院地合作初期，奇台县林业局找我商议开展梭梭无灌溉造林合作。而那时我已经成为硕士生导师，每年招收研究生，因此有机会继续对梭梭开展研究。当时，我先后安排两位研究生分别从事梭梭自然更新的水分支撑条件和梭梭气体交换对水分条件的响应研究，随后中国科学院方向性项目"沙漠公路防护林可持续性研究项目"启动。在该项目中，我们团队承担了沙漠公路防护林植物逆境适应途径、能力及沙漠公路防护林耗水量测算研究。梭梭作为沙漠公路防护林主要构成植物种之一，使我们又获得了在塔克拉玛干沙漠腹地研究梭梭的机会。恰好当时在读的研究生较多，我先后安排了六七位研究生对极端环境条件下梭梭的生理生态学特性开展研究。2008 年，我们团队又申请到国家自然科学基金项目，重点从种群生态学角度对梭梭自然更新所涉及的方方面面进行了探索，同时对梭梭水分来源问题进行了探讨。其后，我们团队的刘国军博士又申请到涉及梭梭研究的基金项目。也就是说，从 21 世纪开始，直到 2013 年我的最后一个博士生毕业，也就是到我退休，我们团队的梭梭研究工作还一直在持续。

2. 梭梭研究成果和研究团队

我们团队对梭梭的研究基本上集中于梭梭生理生态学和梭梭种群生态学两大生态学研究方向。在生理生态学方面，主要集中于梭梭水分关系、盐分关系，通过不同梯度条件下梭梭气体交换、梭梭水势、梭梭 PV 曲线的测定及稳定性同位素技术的应用，探讨梭梭的逆境适应途径、逆境适应能力及水分来源问题。在种群生态学方面，主要围绕种子生产、种子雨、种子库、幼苗库、幼苗建成、根系生长、种群更新、水分动态、种子萌发、种群结构、生命表、维持条件等探讨梭梭的自然更新及维持条件。据不完全统计，我们团队研究生在国内外期刊上所发表的、涉及梭梭研究的论文有 30 余篇，2010 年中国科学院知识创新工程重要方向性项目"沙漠公路防护林可持续性研究"（项目编号：KZCX3-SW-342-02）项目成果获得新疆维吾尔自治区科技进步二等奖。

迄今为止，国内涉及梭梭研究出版的专著和科学考察集为数不多，与此前出版的著作相比，本书的学术性更为突出，聚焦梭梭"自然更新与持续管理"问题，较为深入地研究了其中所涉及的重大关键问题，揭示了梭梭自然更新的生态规律，阐明了梭梭植被持续管理的基本原理。所有研究资料，绝大部分来自团队野外实验的第一手资料，内容丰富、数据翔实。

我们团队是由一群素不相识，因梭梭而结缘的硕、博士研究生为主体的研究群体。每个人的研究方向各有侧重，研究任务各不相同，但都聚焦于"自然更新和生态适应"这样一个大的目标框架。幸运的是，进入21世纪以来，我们的梭梭研究得到持续支持，从而使研究工作的系统性得到了保证。

大自然是生态学研究最好的实验室，除少数研究生有机会在研究所的野外站做实验外，其他同学都要在茫茫大漠开展野外实验。风餐露宿、居无定所是大家工作、生活环境的基本特点。团队研究生的工作环境基本上可以用几个词汇来简单概括：艰苦、寂寞和孤独。团队中的每一个成员都不同程度地为梭梭研究付出了自己的辛劳与努力，他们中有的在塔克拉玛干沙漠腹地，有的在古尔班通古特沙漠边缘，有的在塔克拉玛干沙漠公路沿线，有的在荒无人烟的、干涸的玛纳斯湖盆，有的在近乎无人区、没有交通条件的甘家湖梭梭自然保护区核心区开展观测、获得数据，有时候他们通过独自一人在沙漠中工作来完成自己的研究和学位论文。虽然工作和生活条件十分艰苦，环境条件近乎极端，但他们中没有一个叫苦、没有一人退缩。正如有团队的博士生在博士论文最后的感言中写道，"风餐露宿的野外实验，披星戴月的实验室工作""保护区深处皑皑白雪下的孤寂"。这种情景对不从事野外生态学研究的人来说，绝对难以置信。然而，我要负责任地告诉大家，这就是21世纪中国科学院大学生态学研究生研究经历的真实写照。这对于憧憬"现代科学研究环境"、对于向往"自己的诗和远方"、对于生活在21世纪的青年人来说，的确是一个巨大的挑战和考验。这种环境、这种生活，对于当下来自大都市的年轻人是不可想象、不可思议的。而我们团队的每个研究生都克服了常人难以想象的困难，经受住了寂寞和孤独的考验，用汗水和辛劳书写下了不一样的青春。我想本书是对他们工作和青春的最好总结和汇报。

人们常说，人是要有一点精神的。我想我们团队的年轻人就是一群具备了这种挑战人生、艰苦奋斗、勤奋努力、永不言退精神的人。他们没有豪言壮语，有的只是脚踏实地、兢兢业业。我为他们这种充满正能量的表现感到骄傲和欣慰。可以预言，他们一定有能力战胜今后人生道路上的一切艰难险阻。他们是一群最有希望的、值得信赖的人。他们的工作态度和多彩"梭梭岁月"的经历，注定未来他们一定是人生的赢家！

　　梭梭是温带荒漠生态系统最重要的建群种，在干旱区的生态地位非常显赫，然而，欲坚持对其开展长期、连续的研究，对我们这些普通科技工作者而言，并非一件易事。我们是幸运的，因为我们通过团队的力量对梭梭进行了长达数十年的、接力式的持续研究，才使我们获得了今天的成果。让我们用这本充满艰苦、艰难和艰辛努力的学术专著，为我们团队年轻人的不懈努力和奉献精神点赞、喝彩！

张希明

2018 年 10 月